DEUTSCHE NUTZFAHRZEUGE

Last- und Lieferwagen von 1945 bis heute

ZENTNERS ILLUSTRIERTE

CHRONIK

DEUTSCHE NUTZFAHRZEUGE

Last- und Lieferwagen von 1945 bis heute

OTUS

L
DON J 456

VORWORT

Schon seit Beginn der Verkehrsmotorisierung stand auch die deutsche Nutzfahrzeugindustrie im internationalen Vergleich stets an führender Stelle.
Nach dem Zusammenbruch 1945 – fast alle Nutzfahrzeugfabriken waren zu über 75 Prozent zerstört – musste man sich zunächst auf die Ersatzteilfertigung und die Montage von Fahrzeugmodellen aus der Kriegsproduktion beschränken. Mit der Währungsreform, dem Ende der Bewirtschaftungspolitik und der Lockerung der alliierten Restriktionen setzten dann die Neuproduktion von Fahrzeugen und eine intensive Entwicklungsphase für neue Konstruktionen ein. Die großen Hersteller Büssing, Mercedes-Benz, Magirus, MAN und Henschel boten wieder ein Programm mit gewöhnlich drei Leistungsklassen an, während sich Borgward, Ford, Krupp, Opel sowie FAUN und Kaelble auf bestimmte Klassen oder Spezialausführungen konzentrierten.
Gesetzliche Bestimmungen führten zu einer Verringerung der Motor- und Fahrzeuggewichte durch den verstärkten Einsatz von Leichtmetallen. Daneben wurde bei den bewährten Modellen der Rahmen verstärkt, sodass sie in eine höhere Nutzlastklasse aufsteigen konnten. Gesetzliche Bestimmungen waren es auch, die den lange vernachlässigten Bau von Frontlenkern förderte, die eine ökonomischere Ausnutzung der Fahrzeuglänge ermöglichten. Hier waren es die Magirus-Werke, die 1957 mit den Modellen Mercur F und Saturn F die ersten serienmäßigen Frontlenkerfahrzeuge anboten. Auch stellte Magirus mit dem Saturn 195 FS 6X4 den ersten Frontlenkersattelzug mit einem Dreiachs-Fahrgestell vor. Mercedes-Benz folgte mit dem LP 333, Henschel mit dem HS 22, Krupp mit dem Typ 301 und MAN mit dem Typ 10210. Heute haben bei mittelschweren bis schweren Lkw die Frontlenker die Haubenfahrzeuge in Deutschland und Europa nahezu vollständig verdrängt.
Diese Entwicklung der deutschen Nutzfahrzeuge von 1945 bis heute will die vorliegende Darstellung dokumentieren. Sie ist sowohl eine Firmengeschichte wie auch eine Geschichte der technischen Entwicklung, die zeigt, dass sich die deutsche Nutzfahrzeugindustrie auch im Zeichen der Globalisierung auf dem Weltmarkt behauptet hat und weiterhin behaupten wird.

Der Mercedes-Benz 1846 Actros 2 wird ab 2002 gebaut. Mit einem Hubraum von 11.946 ccm leistet der V6-Zylinder-Motor 456 PS. Sein zulässiges Gesamtgewicht beträgt 18 000 kg.

BORGWARD

Die neben dem einstigen Opel-Werk in Brandenburg 1938 neu errichteten Borgward-Werke in Sebaldsbrück waren durch alliierte Luftangriffe zu 80 Prozent zerstört worden. Auch das Stammwerk der einstigen Hansa-Lloyd-Werke in Hastedt war schwer beschädigt. Carl F. W. Borgward (1890-1963) wurde nach dem Krieg von der US-Besatzungsmacht als Wehrwirtschaftsführer in Ludwigsburg bis 1948 interniert. Der Verkaufsleiter der Borgward-Werke, Dr. Wilhelm Schindelhauer (1887-1959) übernahm als Treuhänder der Stadt Bremen und als „Custodian" der Amerikaner die Leitung des Unternehmens und konnte von den amerikanischen Offizieren erreichen, dass das Werk in Hastedt zunächst wieder Ersatzteile herstellen und den Großreparaturbetrieb aufnehmen konnte. Dabei wurde, ohne dass eine Genehmigung beantragt worden war, aus noch vorhandenen und mit heimlich gefertigten Teilen auch gleich der Kriegs-Dreitonner mit dem Vergasermotor wieder montiert.

Die Motoren lieferte der kaum beschädigte Auslagerungsbetrieb in Ottersberg, die Getriebe der Auslagerungsbetrieb in Delmenhorst. Daneben produzierte die von 8000 auf 400 Mann gesunkene Belegschaft Pferdewagen, Handkarren und Schlitten.

Der seit 1942 im Programm stehende B 3000 ging auf eine Konstruktion von 1938 zurück und wurde nun mit einer hydraulischen Bremsanlage mit Druckluftvorspann ausgerüstet. Das Fahrzeug besaß einen Pressstahlrahmen mit offenem U-Profil, der durch vier eingenietete Querträger verbunden wurde. Ab 1946 wurde der Dreitonner auch wieder mit dem bewährten Wirbelkammer-Dieselmotor mit 75 PS angeboten.

1945 wurden 117, 1946 1164, 1947 679, 1948 903 und 1949 1778 Dreitonner dieser Kriegstypen hergestellt.

Im Jahre 1950 führte Borgward als Nachfolgetyp des Dreitonners den B 4000 vor, der die auf 85 PS gesteigerte Dieselmaschine erhielt. Die Leistung des sehr elastischen und laufruhigen Langhubmotors wurde 1953 dann mit dem B 4500 schließlich auf 95 PS angehoben. Neben dem Druckluftvorspannsystem war die als zweite Bremse dienende Scheibenbremse auf einem Zwischenlager am Getriebe eine weitere Borgward-Besonderheit dieses Typs und der folgenden Modelle. Das im Baugewerbe beliebte Fahrzeug besaß ein Verteilergetriebe für den Kipperantrieb. In der Feuerwehrausführung diente diese Einrichtung zum Antrieb der Pumpe. Eine besondere Ausführung war der Scherenkipper von Toussaint und Hess (Teha), der die Kippmulde auf 2,5 m Höhe anheben konnte.

Das Fahrzeug wurde mit vier verschiedenen Radständen ausgeführt und auch als Kastenwagen, als Omnibus und als Sattelschlepperfahrzeug gefertigt. Auch in einer Allradausführung war der B 4000 lieferbar. 1957 erhielt der Nachfolgetyp B 4500 einen im Hubraum geänderten Motor, der nun 110 PS leistete. Die bis 1962 produzierte Modellreihe erreichte eine Auflage von 7663 Stück.

Im Jahre 1951 erweiterte das Borgward-Werk das Programm neben dem kleinen 1,25-Tonner und dem Dreitonner um einen Zweitonner vom Typ B 2000. Das mit nahezu gleicher Karosserie wie der B 3000 ausgerüstete Fahrzeug, das eine etwas kürzere Motorhaube erhielt, besaß einen 60-PS-Vierzylinder-Dieselmotor. Auch mit einem 82 PS leistenden Sechszylinder-Vergasermotor aus dem Pkw-Modell Hansa 2400 wurde der B 2000 ausgestattet. Das in dieser Version auch mit einer Treibgasanlage lieferbare Modell wies eine gute Beschleunigung auf, die Höchstgeschwindigkeit betrug 95 km/h. Das Fahrzeug wurde mit verschiedenen Radständen als Pritschen- und als Kastenwagen sowie als Kleinomnibus bis1960 in über 20000 Exemplaren gefertigt.

Eine Spezialausführung war der B 2500 A/0 mit Vergasermotor. Er war mit einem zuschaltbaren Vorderradantrieb ausgerüstet, der sich nur bei eingelegtem Geländegang zuschalten ließ. Darüber hinaus trieb das Verteilergetriebe

bei der Feuerwehrausführung die Pumpe an. Das Fahrzeug besaß als äußeres Kennzeichen eine hochgesetzte, kurze Haube und wurde mit hinterer Zwillings- oder Einfachbereifung als Pritschenwagen, als Kipper, als Rüstwagen für die Feuerwehr und als Militärlastwagen an die britische Rheinarmee geliefert.

Schließlich vervollständigte 1952 der B 1500 das erste Nachkriegsprogramm der Borgward-Werke. Ein 42 PS starker Dieselmotor oder ein 60 PS starker Vergasermotor aus dem Pkw-Modell Hansa 1800 trieb das Fahrzeug mit teilsynchronisiertem Getriebe und Lenkradschaltung an. Beide Motoren hatten die gleichen Maße. Zunächst besaß der B 1500 das Fahrerhaus und die Motorverkleidung des B 2000, ab 1953 dann eine flache, die Kotflügel integrierende „Alligatorhaube".

Für die Erstausstattung der Bundeswehr mit Fahrzeugen erhielt das Bremer Werk gegenüber den Mitbewerbern Hanomag und Opel den Zuschlag für die Produktion eines 0,75- und eines 1,5-Tonners, wobei das größere Modell sich nur durch einen verstärkten Rahmen unterschied. Die unter der Bezeichnung B 2000 A/0 hergestellten Fahrzeuge besaßen den schon erwähnten 82 PS starken Vergasermotor.

Borgward B 4500 A · 1953–1957

Das 0,75-Tonnen-Fahrzeug wurde vorwiegend als neunsitziger Kübelwagen mit offenem Aufbau oder als Fernmeldewagen mit einer Kabine gebaut. Bemerkenswert war der große, von hinten zugängliche Kofferraum dieses Fahrzeugtyps. Ein in nur 14 Exemplaren gefertigter 1,5-Tonner besaß einen Pritschenaufbau. Von Nachteil für den rauen Betrieb bei den Streitkräften, wo die Fahrzeuge später vor allem als Fahrschulwagen eingesetzt wurden, war die Verwendung eines nicht synchronisierten Getriebes. 6758 Exemplare dieses geländegängigen Fahrzeugtyps wurden gefertigt, wobei die letzte Serie 1960 einen im Hubraum vergrößerten 80-PS-Motor des Borgward-Pkws P 100 erhielt. Nach dem Zusammenbruch der Borgward-Gruppe ließ 1962 Büssing nochmals 162 B 2000 A/0 für den Bundesgrenzschutz nachbauen, wobei der Borgward-Rhombus auf der Motorhaube nicht mehr angebracht wurde.

Das in der Mitte der fünfziger Jahre gut florierende Unternehmen erwarb 1956 die Fahrzeugwerke Fritz Drettmann in Osterholz-Scharmbeck, um dort den Bau von 42-PS-Traktoren aufzunehmen. Nachdem dieses Projekt verworfen worden war, wurde dorthin ab 1957 die Nutzfahrzeugproduktion verlagert. Montagewerke wurden in dieser Zeit in Surabaja/ Indonesien, Buenos Aires/Argentinien, Südafrika und auf den Philippinen errichtet, wo Pkw- und Lkw-Modelle hergestellt wurden.

Das zweite Nachkriegsprogramm bestand aus leichten und mittleren Frontlenkertypen, die die Firma parallel zu den Haubenlastwagen ab 1955/56 fertigte.

Erstes Modell war der B 2500 F, der mit dem 60 PS starken Dieselmotor versehen wurde. Motor und Getriebe ruhten auf einem Hilfsrahmen. Die Vorderräder waren einzeln an Querlenkern aufgehängt. Die Bodengruppe bestand aus einem geschlossenen Kastenrahmen mit einem zusätzlichen Außenrahmen. Stockbremse, Lenkradschaltung und Vollsynchronisation waren weitere Details dieses damals überaus fortschrittlichen Wagens. Der Motor befand sich unter dem Mittelsitz, so dass keine Einrichtungen im Fußbereich störten. Das B-1500-Modell wurde gewöhnlich mit einer Stahlpritsche, aber auch als Möbel- und Kastenwagen sowie als Kleinomnibus geliefert. Auch mit dem bewährten 82-PS-Vergasermotor war dieser Typ lieferbar. Der große Borgward 4500 wurde von der Firma Pollmann als 4500 F in einer Frontlenkerversion karossiert.

Gleichzeitig stellte das Borgward-Werk einen neuen Dieselmotorentyp in vier- und sechszylindriger Ausführung mit 70 und 110 PS Leistung vor. Der mit einem verbesserten Wirbelkammerverfahren arbeitende Motor zeichnete sich durch außerordentliche Laufruhe aufgrund der weichen Verbrennung, durch Elastizität und durch eine geringe Baulänge aus.

Im Jahre 1959 erhielt der B 2500 F den neuentwickelten 70-PS-Dieselmotor.

Goliath Goli · 1955–1961

Das Fahrzeugprogramm wurde von 1957 bis 1959 mit den Modellen B 611 und B 622 ergänzt, so dass, abgesehen von dem großen Haubenlastwagen, Fahrzeuge in beiden Ausführungen mit 1,5, 1,7 und 2,8 Tonnen Nutzlast zur Verfügung standen.
Der seit 1957 im Programm stehende schwere Hauben-Lkw B 555 für 5,5 Tonnen wurde nochmals überarbeitet und mit dem 110-PS-Motor ausgerüstet. Dieses Modell sowie der 2,5-Tonner B 522 wurden in größeren Stückzahlen an das THW und an den Zivilen Bevölkerungsschutz geliefert.
Der schließlich im Jahre 1959 erschienene B 655 Frontlenker erhielt als letzte Borgward-Neuschöpfung ebenfalls die bewährte Öldruck-Bremsanlage mit Druckluftvorspann und die Getriebe-Scheibenbremse. Das synchronisierte Borgward-Getriebe wurde über ein Gestänge „ferngeschaltet“ und ermöglichte eine Höchstgeschwindigkeit von 80 km/h. Allerdings wurden nur noch 470 Ausführungen dieses Fünftonners mit der überaus modern gestalteten Vollsicht-Karosserie gefertigt. 1960 kam das Werk durch die Schwierigkeiten mit dem Pkw-Modell Arabella der Borgward-Tochter Lloyd, durch den Rückgang des Amerikageschäftes, durch die kostenaufwendige Entwicklung von Hubschraubern sowie durch eine ungeschickte Modellpolitik in eine ernste Liquiditätskrise. Das Land Bremen übernahm 1961 das Unternehmen und führte es als Borgward Werke AG zunächst weiter. Carl F. W. Borgward musste aus seiner Firma ausscheiden. Aufgrund von politischen Fehlentscheidungen ließ sich das Borgward-Imperium mit den Marken Borgward, Goliath und Lloyd nicht durch den Wirtschaftsberater Dr. Johannes Semmler sanieren, der zuvor die BMW- und die Henschel-Werke zu gesunden Unternehmen umstrukturiert hatte. Im September 1961 musste der Konkurs angemeldet werden. Nach Abschluss des Konkursverfahrens stellte sich heraus, dass alle Gläubiger in ihren Forderungen ausreichend befriedigt werden konnten.

Goliath. Erinnerungen an das wieder erwachende Handelsleben zu Wirtschaftswunderzeiten sind untrennbar verbunden mit dem Namen Goliath. Der Autounternehmer Carl F.W. Borgward hatte unter diesem Markennamen bereits zu Zeiten der Weimarer Republik dreirädrige Transportvehikel verkauft, die so genannten Blitzkarren. 1949 kam der Goliath GD 750 auf den Markt. Es handelte sich um eine leicht verbesserte Version des Vorkriegsmodells mit nun 400 Kubikzentimetern Hubraum und 14 PS. Die Verkaufszahlen schnellten gleich wieder in die

Höhe, weil der Bedarf an solch einfachen und günstigen Gefährten groß war. 1955 war die Zeit reif für eine Weiterentwicklung. Der nun so genannte „Goli" war optisch aufgehübscht und mit stärkerem Motor (500 Kubikzentimeter und 17 PS) versehen worden. Doch die Ansprüche der Kundschaft stiegen. Drei Räder waren vielen nicht mehr genug. Borgward hatte bereits 1952 ein vierrädriges Transportgefährt eingeführt, den GV 800, aus dem schnell der GV 800A wurde. Doch das Modell setzte sich nicht durch. Also reagierte der Konzern und entwickelte den Goliath Express. Diese Neukonstruktion wurde von einem 27 PS starken Zweizylinder-Zweitakter mit Einspritzer und 700 Kubikzentimeter Hubraum angetrieben, 1955 waren es schon 900 Kubikzentimeter Hubraum und 40 PS. Doch die Wägen schafften den Durchbruch nicht. Zu groß war ihre Pannenanfälligkeit. Mit diesem schlechten Ruf hatte dann auch der Goliath Express 1100 ab 1957 zu kämpfen, der, optisch gleich, aber mit neuem Motor (1100 Kubikzentimeter und 40 PS), keine zufriedendenstellenden Verkaufszahlen mehr erreichte. Die Kunden griffen lieber zu Vierrad-Transportern anderer Hersteller. Diese Misserfolge führten unter anderen letztlich zum Zusammenbruch des Borgward-Imperiums 1961 – und damit zum Verschwinden der Goliath-Lieferwagen.

Lloyd. Auch unter dem Markennamen Lloyd stellte Borgward Nutzfahrzeuge her, zunächst Elektrowägen. Doch 1952 kam der Lloyd LT 500 neu hinzu. Er basierte technisch auf dem als „Leukoplastbomber" berühmt gewordenen Pkw Lloyd LP 300. Der LT 500 hatte einen luftgekühlten Zweizylinder-Zweitakt-Motor mit 400 Kubikzentimetern. Die Karosserie bestand im Wesentlichen aus Sperrholz, bezogen mit Kunstleder. Ab 1954 kam auch Stahlblech ins Spiel. Es ließen sich dafür aber mit dem 13 PS starken LT 500 keine großen Sprünge in Sachen Transport unternehmen. Das untermotorisierte Modell wurde 1955 durch den Nachfolger LT 600 abgelöst. Der hatte einen Zweizylinder-Viertakter mit 600 Kubikzentimetern Hubraum an Bord. Damit stieg die Leistung auf 19 PS. Ein Jahr später wurde zunächst auch die Karosseriekonstruktion flexibler. Der Lloyd 600 war als Modell mit sechs Sitzen zu kaufen und zudem als verlängerter Kastenwagen. Noch im gleichen Jahr wurde auch das Dach zur Stahlkonstruktion. Doch auch für die Marke Lloyd kam mit dem Ende des Borgward-Konzerns das Aus.

Lloyd LT 600 · 1955–1961

BÜSSING

Das Büssing-NAG-Werk in Braunschweig war durch zehn Luftangriffe zu 50 Prozent und schließlich noch durch direkten Artilleriebeschuß weiter beschädigt worden. Auch große Teile des Karosseriewerkes II und des Schmiedewerkes III in Braunschweig-Querum waren zerstört. Nachdem das Werk Anfang April 1945 von britischen Truppen besetzt worden war, gelang es Generaldirektor Rudolf Egger und Direktor Otto C. Schiri, bei den britischen Offizieren eine Genehmigung zur Trümmerbeseitigung und zum Wiederaufbau des Werkes zu erhalten, obgleich die amerikanischen Verbindungsoffiziere dies verhindern wollten. Mit 200 zurückgebliebenen Büssing-Mitarbeitern wurde ein Montageband wieder funktionsfähig gemacht, so dass am 2. Mai 1945 unter freiem Himmel der erste Fünftonner der neuen Produktion vom Band laufen konnte.

Von Vorteil war, dass die Teilemontage während des Krieges in 18 verschiedene Auslagerungsbetriebe dezentralisiert worden war, so dass aus diesen unbeschädigt gebliebenen Kleinbetrieben die Materialversorgung sichergestellt werden konnte.

Der ehemalige Kriegstyp 4500/5000 S wurde mit dem 105-PS-Motor, der auf eine Konstruktion von 1932 zurückging, bis 1950 gefertigt. Die Maschine arbeitete nach dem Büssing-Vorkammer-Energiespeicherverfahren, das mit seiner indirekten Einspritzung einen wirtschaftlichen und vor allem laufruhigen Betrieb gewährleistete. Die Verdichtung lag bei 1:18,5. Nasse, auswechselbare Zylinderlaufbüchsen und Leichtmetallkolben waren eingebaut. Die Kurbelwelle ruhte auf sieben Gleitlagern. Eine Zweischeibentrockenkupplung übertrug die Kraft auf ein fünfgängiges Zahnradschubgetriebe mit Kugelschaltung. Der 5. Gang dieses von Büssing hergestellten Getriebes war in direkter Übersetzung als Schon- oder Schnellgang ausgebildet. Die Hinterachse war doppelt untersetzt. Eine kombinierte Druckluft-Öldruckbremse sorgte für die Verzögerung, die Bremstrommeln waren mit Kühlrippen versehen. Die Handbremse fasste auf eine Vorgelegewelle am Getriebe an.

Das Fahrgestell war in Fischbauchart aus U-förmigen Stahlträgern gepresst. Den Kühler zierte das Büssing-NAG-Emblem.

Die im Krieg durchgeführten Entfeinerungen am Fahrzeug wurden rückgängig gemacht; allerdings wurden die Fahrzeuge in Details je nach Materiallage unterschiedlich ausgestattet.

Die Fahrerhäuser wurden nach Aufbrauchen der eigenen Vorräte später vom VW-Presswerk und von der Firma Hubertia in Küps, die 1960 von Büssing übernommen wurde, bezogen.

Die Höchstgeschwindigkeit des Büssing 5000 S, auch mit der auf die Motorleistung bezogenen volkstümlichen Bezeichnung „105er“ versehen, betrug 66 km/h.

1945 konnten mit inzwischen 300 Mitarbeitern, zu denen immer mehr Angehörige aus den ehemaligen Eibinger, Leipziger und Berliner Werken zustießen, insgesamt 1032 und 1946 1507 Fünftonner gefertigt werden. Der strenge Winter des Jahres 1947 und die nun auftretenden Materialengpässe beeinträchtigten in diesem Jahr die so glatt angelaufene Produktion, so dass der Ausstoß auf 908 Fahrzeuge sank. 1948 waren es wieder 1401 und 1949 1553 Fahrzeuge dieses Typs. Mitzurechnen sind hierbei einige Frontlenker-Fünftonner, die auf der Basis des Omnibusses 5000 T aufgebaut worden waren. Auf dem durchgekröpften Tiefrahmen waren der vorne stehende Motor und das Getriebe vertieft angebracht.

Im Jahre 1948 stellte Büssing in einer Vorserie von 10 Stück den ehemaligen Siebentonner 650 von 1940 wie-

Büssing 5000 S · 1949–1950

der als Typ 7000 S vor. Der leistungsstarke und sparsame, nunmehr 150 PS leistende Motor stammte aus dem Jahre 1935. Das Getriebe war getrennt vom Motor in Gummi gelagert. Der 5. Gang war wiederum als Schnell- und Schongang ausgebildet. Kräftige Schubstreben sollten die Kräfte beim Beschleunigen und beim Abbremsen aufnehmen. Die doppelt untersetzte Hinterachse und die Bettung der Hinterachsfedern waren in wartungslosen Abwälzlagern untergebracht. Eine Zentral-Eindruckschmierung und eine kombinierte Druckluft-Öldruck-Vierradbremse waren auch hier Konstruktionsmerkmale dieses Büssing-Erzeugnisses.

Äußerlich unterschied sich der Siebentonner vom Büssing 5000 S durch eine etwas längere Motorhaube.

1949 wurden dann schon 470 Stück dieses mittelschweren Fernverkehrslastwagens gefertigt.

1949 folgten als erste Versuchsmodelle in Trambusbauart (Frontlenkerbauart) die Typen 5000 TU und 6000 TU, deren Unterflurmotor in einem Omnibusfahrgestell rechts am Rahmen hinter der Vorderachse montiert war. Den zunächst großen Vorteilen, dass der Motor mit Hitze- und Geruchsentwicklung sowie durch seine Größe nicht mehr im Fahrgastraum störte, dass das Fahrzeug ausgeglichener belastet war und der Motor leichter ausgebaut werden konnte, standen jedoch enorme Bauprobleme und ein erhöhter Konstruktionsaufwand entgegen, was erst im Laufe der Zeit behoben werden konnte. Die horizontale Arbeitsweise der Kolben erforderte eine besondere Gestaltung der Ölwanne. Zwei Ölpumpen vorne und hinten sorgten auch bei Berg- und Talfahrten für eine stets durchgängige Schmierung. Für Wasserdurchfahrten musste der Motor besonders abgekapselt werden. Auch die Kühlprobleme des liegenden Motors mussten bewältigt werden. Da sich der Fahrer nicht mehr auf die Geräuschentwicklung des Motors verlassen konnte, die ihm ein rechtzeitiges Schalten ermöglichte, musste ein Drehzahl-

Büssing 8000 S · 1950–1952

messer eingebaut werden. Schließlich musste eine Fernschaltung entwickelt werden, um das Getriebe betätigen zu können.

Ende 1949, nachdem 6000 Fahrzeuge in der Nachkriegsproduktion hergestellt worden waren, stellte das Werk als dritten Typ das Modell 8000 S vor. Der 13,5-Liter-Motor des Modells 7000 S wurde bei diesem Typ auf 180 PS gesteigert. Die Kardanwelle war mit Gelenken unterteilt. Ein Fünfgang-Klauenschaltgetriebe mit einem druckluftbetätigten Untersetzungsgetriebe war vorhanden, so dass 10 Vorwärts- und 2 Rückwärtsgänge zur Verfügung standen. Die Lenkung erhielt ebenfalls eine Druckluftunterstützung.

Die Fahrerkabine war breiter gestaltet, die Haube war länger vorgezogen und die Höchstgeschwindigkeit des Fahrzeugs lag bei 85 km/h. Das Modell wurde 1952 durch den Typ 8000 S-13 abgelöst, der mit einer überarbeiteten Druckluft-Servolenkung ausgestattet war. Eine besondere Ausführung war der für den Export vorgesehene Muldenkipper mit einem Stoffverdeck, der bis 1957 geliefert wurde. Das Fünftonnen-Modell wurde 1950 durch Anhebung der Motorstärke auf 120 PS, wobei auch der Hub vergrößert wurde, für 5,5 Tonnen ausgelegt. Gleichzeitig war diese Maschine für das neue Büssing-Wirbelkammer-Vorkammer-Verfahren umkonstruiert worden, das mit einer gesteuerten Wirbelbildung arbeitete. Die seitlich im Zylinderkopf liegenden Vorkammern waren birnenförmig ausgebildet, so dass durch diese Motortechnik ein wirtschaftlicherer Verbrauch erzielt werden konnte. Gegengewichte und Schwingungsdämpfer waren auf der Kurbelwelle angebracht.

Als Pritschenwagen, als Kipper, als Allradantriebsfahrzeug und als Sattelschlepper wurde dieses Modell bis 1952 gefertigt. Die Belegschaft des Büssing-Werkes, das rund 200 Lastwagen und Omnibusse monatlich produzierte, war zu Beginn der fünfziger Jahre auf 4100 Mann angewachsen.

Im Rahmen der Neuordnung der AEG, die mit ihrer ehemaligen Marke NAG Teilhaberin an der Büssing-NAG, Vereinigte Nutzkraftwagenwerke AG war, aber ihren gesamten von Büssing-NAG gepachteten Grundbesitz in Berlin und in Leipzig verloren hatte, erwarb die Familie Büssing die AEG-Aktienanteile und gliederte das Werk 1950 wieder in eine reine Familiengesellschaft als Büssing Nutzkraftwagen GmbH um. Die Kühler- bzw. Frontpartie zierte nun wieder der Welfenlöwe.

Büssing 6000 S · 1952–1957

Trotz der ersten großen Absatzkrise auf dem deutschen Markt konnte Büssing inzwischen auf 10000 produzierte Nutzfahrzeuge zurückblicken. Der Export war auf 55 Prozent der Gesamtproduktion gesteigert worden.
Die Wiederaufbauarbeiten, die 1947 abgeschlossen worden waren, wurden 1950 durch den Bau einer neuen Großschmiede und eines geräumigen Karosseriewerkes in Braunschweig-Querum ergänzt, wobei das Gelände der demontierten Flugmotorenfabrik Niedersächsische Motorenwerke (Niemo) verwendet wurde.
Schließlich ist noch zu erwähnen, dass Büssing in dieser Zeit begann, die Duewag-Schienenbusse der Bundesbahn mit Motoren auszurüsten. Ein weiterer Höhepunkt in der Büssing-Fahrzeugentwicklung war 1951 die Vorstellung des Typs 12000 S, der als Frontlenker und als erstes Serien-Unterflurmodell mit dem 180-PS-Motor in der Fahrzeugmitte ausgerüstet wurde.
Der auf Gummilagern ruhende Motor, der kurzzeitig auch 200 PS abgab, war auch mit den neuen Zylinderköpfen und den neuen Vorkammern ausgestattet. Das dreiachsige Fahrzeug, das an die Büssing-Dreiachser-Tradition der zwanziger und dreißiger Jahre anknüpfte, war für eine Nutzlast von 12 Tonnen konzipiert. Das Fünfganggetriebe wirkte auf beide Hinterachsen. Ein mittels Druckluft schaltbares Verteilergetriebe erhöhte die Gangzahl auf 10 Geschwindigkeitsstufen, und eine Lenkstockschaltung erleichterte dem Fahrer die Schaltarbeit. Die Hinterräder waren mit Einfachbereifung in der traditionellen Büssing-Waagebalken-Konstruktion ausgeführt. Die langen Halbelliptikfedern ruhten in Gummigelenken. Zwei Getriebebremsen waren als Feststellbremsen neben der kombinierten Druckluft-Öldruckbremse als Betriebsbremse eingebaut. Eine druckluftbetätigte Servo-Lenkung sowie eine weit vorgelegte Fahrerkabine waren weitere Details dieses überaus modern gestalteten Fahrzeugtyps.
Anzumerken ist, dass die Vorserie als Dreizehntonner bei einem Eigengewicht von 11 Tonnen mit dem auf 175 PS gedrosselten Motor entwickelt worden war.
Das Fahrgestell wurde gleichzeitig für die Berliner Doppeldecker-Omnibusse verwendet. Schließlich kam 1954 ein großvolumiger 15-Liter-Motor zum Einbau, der eine Dauerleistung von 200 PS entwickelte. Eine schnelle Motordemontage war durch eingebaute Seilwinden möglich.
Nachdem 1952 der Achttonner 8000 U als Frontlenker mit dem liegenden Unterflurmotor erschienen war, folgte 1953 als 4,5-Tonnen-Modell der Büssing 4000

Büssing 7500 S · 1954–1956

mit dem neu konstruierten 5,4-Liter-Wirbelkammer-Vorkammermotor, der bei der relativ hohen Drehzahl von 2600 Umdrehungen 100 PS abgab. Auch hier waren nach Büssing-Motorentechnik nasse Zylinderlaufbüchsen, Leichtmetallkolben und eine siebenfach gelagerte Kurbelwelle eingebaut.

Eine Besonderheit dieses Frontlenkermodells war die synchronisierte ZF-Fünfgang-Lenkstockschaltung. Neben der Kombinationsbremse gab es hier eine fußbetätigte Motorbremse. Das Fahrgestell war als Bodengerippe-Konstruktion in Trambusbauart ausgeführt, ein als Pritschen- und als Kastenwagen lieferbares Modell konnte 88 km/h erreichen.

Allerdings wurde der Bau des Mittelklasse-Lkws Büssing 4000, der1955 als Typ 4500 angeboten wurde, 1955 auch schon wieder eingestellt und durch den LS 5 mit 5 Tonnen Nutzlast und dem auf 110 PS Leistung angehobenen Motor ersetzt.

Das Konzept des liegenden Unterflurmotors weitete Büssing nun auch auf die mittelschwere 8-Tonnen-Klasse mit dem Typ 8000 U 13 aus. Das zweiachsige Trambus-Fahrgestell wurde für diesen Typ herangezogen und umgestaltet. Der 13-Liter-Motor mit 180 PS, der auch in den großen 12000 T eingebaut wurde, fand hier Verwendung. Eine Motorbremse und auf Wunsch eine Servolenkung standen zur Verfügung.

Das geräumige Doppelfahrerhaus war weit vor der Vorderachse aufgesetzt. Durch die sich verjüngenden Querstreifen erhielt die Frontpartie wie auch beim Büssing 12 000 ein charakteristisches Aussehen. Als Weiterentwicklung des 5500 S erschien der von 1952 bis 1957 gebaute 6000 S mit leicht geänderten Kotflügeln.

Das auch mit einem Allradantrieb lieferbare Fahrzeug erhielt den bewährten 120-PS-Motor des Vorläufermodells; die Nutzlast war jedoch auf 6,3 Tonnen gesteigert worden.

Bis zur Ablösung durch den LS 7 wurde dieses Modell in Deutschland mit verschiedenen Aufbauversionen angeboten; danach gingen die 6000-S-Fahrzeuge in den Export. Auch in einem Montagebetrieb der Firma Verdi Ltd. in Tuzla/Türkei wurde dieses Modell gefertigt.

Der 1953 erschienene 6,5-Tonner 6500 S wurde mit dem neuen, kleinvolumigen 150-PS-Motor ausgestattet.

Abgelöst wurde der Typ 8000 U 13 durch das neu konstruierte Modell 7500 U, das bei einem Eigengewicht von 6 Tonnen für eine Nutzlast von 8 bis 9 Tonnen vorgesehen war, so dass hier ein äußerst günstiges Nutzlast-Eigengewicht-Verhältnis vorlag. Der 150-PS-Motor beschleunigte das Fahrzeug mit seiner Stahl-Holz-Kabine auf 70 km/h. Beliebt war der 7500 U vor allem in der Kofferausführung, die von vielen Möbelspeditionen verwendet wurde. Parallel zum Unterflurtyp baute Büssing, vor allem als Baustellenmodell, wo der Unterflurmotor gefährdet gewesen wäre, das Haubenfahrzeug 7500 S, das den Typ 6500 S ersetzte. Auch hier waren neukonstruierte Kotflügel angeschraubt. Das anfängliche Fünfganggetriebe mit Schaltsperre wurde durch ein Sechsgang-Allklauengetriebe ersetzt.

1955 präsentierte Büssing eine neue Fahrzeugreihe mit den 6,5-Tonnern LS/LU 7 und den Achttonnern LS/LU 11, wobei sich die Zahlenangaben auf den Hubraum in Litern bezogen. Der kleinvolumige, elastische und laufruhige 7-Liter–Motor leistete in der ersten Baureihe 130 PS bei einer Drehzahl von 2400 Touren. Nasse Zylinderlaufbüchsen und ein geteilter Zylinderkopf waren vorhanden.

Das mit einem Anhänger für ein Gesamtgewicht von 27,8 Tonnen ausgelegte Fahrzeug konnte damit die Seebohmsche Forderung nach 6 PS pro Tonne erfüllen. Ein synchronisiertes Büssing-5-Gang-Allklauengetriebe, hydraulische Bremsen mit Druckluftvorspann sowie auf Wunsch eine Motorbremse, die mit einem kleinen Fußpedal betätigt wurde, kamen zum Einbau.

1957 wurde der Motor geringfügig aufgebohrt und leistete nun 145 PS. Ein ZF-Sechsganggetriebe mit oder ohne Synchronisation wurde verwendet.

Das LU-7-Fahrzeug wurde mit einem neuen Fahrerhaus mit an den Ecken gewölbten Scheiben versehen. Die harmonisch leicht gewölbte Frontpartie besaß eine klare Formgebung gegenüber den früheren Tramfahrerhäusern. Die Lenkstockschaltung kam in diesem Unterflurfahrzeug zum Einbau.

Weitere Besonderheiten des LS-7-Haubenfahrzeugs waren die verkürzte Motorhaube und die vorne im unteren Bereich abgerundeten Türen. Die Fahrerscheibe konnte ausgestellt werden.

Abgelöst wurden diese Modelle 1959 durch die Typen LS/LU 77. Die Parallelbaureihe LS/LU 11 war mit einem neuen 10,8-Liter-Motor ausgerüstet, der 170 PS leistete. Das Unterflurmodell besaß das leicht modernisierte Fahrerhaus mit einer aufwendigen Innenausstattung. Eine mit einem Gitter verdeckte Öffnung in der unteren Vorderfront diente als Einlass für den Luftschacht zum Wärmetauscher für den Ölkühler. Das Fahrzeug bot auf einem gekröpften Rahmen mit genieteten Querstangen ein kur-

Büssing LS/LU 11 · 1955–1959

zes oder ein verlängertes Fahrerhaus zur Auswahl. Die Sattelzugmaschine LS 11 F erhielt, da der Unterflurmotor hier nicht zwischen den Achsen untergebracht werden konnte, den stehend eingebauten Motor.

Das besondere Problem der Unterbringung des Unterflurmotors im Allradantriebsmodell löste Büssing im LU 11 AW dadurch, dass die Gelenkwellen seitlich am Motorgehäuse angeflanscht und vorbeigeführt wurden. Der Allradantrieb wurde elektropneumatisch geschaltet. 1960 wurde die Leistung des Motors durch Aufbohrung auf 192 PS angehoben.

Das LU-11-Modell führte dann zur Commodore-Ausführung. Das Haubenmodell LS 11, das von 1955 bis 1959 gefertigt wurde, besaß eine verlängerte Haube und ersetzte den Typ 7500 S. Bei einem Gesamtgewicht von 14,5 Tonnen erreichte das Fahrzeug eine Höchstgeschwindigkeit von 70 km/h.

Anzumerken ist, dass das Büssing-Werk, das zu früheren Zeiten stets große Serien von Militärlastwagen geliefert hatte, aufgrund seiner Auslastung und seiner geringen Kapazität nicht für Aufträge zur Erstausstattung der Bundeswehr mit Lastwagen herangezogen wurde. Einzig einige Serien von Omnibussen lieferte das Braunschweiger Werk.

Mit dem 110-PS-Motor des 4,5-Tonners 4000 erschien als völlige Neukonstruktion 1957 der LS 5. Die Haube war nun in glatter, kantiger Form ausgeführt, wobei die typischen Querstreifen wegfielen. Lediglich ein oberer Chromstreifen mit dem Büssing-Burglöwen war angebracht. Die seitlichen Sicken waren durch ovale Lüftungsöffnungen ersetzt worden.

Bei der Gestaltung des Fahrerhauses waren auch Versuche angestellt worden, das des Borgward-Typs 4500 zu verwenden. Rahmenlängsträger für verschiedene Radstände konnten gewählt werden. Ein synchronisiertes ZF-Fünfganggetriebe wurde eingebaut. Ab 1958 erhielt der LS 5 den auf 115 PS gesteigerten Motor.

Als kleinste Büssing-Modelle der Nachkriegszeit erschienen 1959 die wendigen LS/LU-55-Typen, die für 4,8 und 4 Tonnen Nutzlast zugelassen waren und mit einem Personenwagenführerschein gefahren werden konnten. In Anlehnung an die kleinen Modelle der Vorkriegszeit erhielten diese Typen die Zusatzbezeichnung „Burglöwe“. Die 100 bzw. die 115 PS starke Maschine kam dabei in liegender und in stehender Bauweise zum Einbau.

Das schmale, eigenwillig konstruierte Stahl-Kunststoff-Fahrerhaus besaß in der ersten Tramausführung geteilte Scheiben und ein nur noch auf einen Chromstreifen reduziertes Büssing-Emblem. Die Ausführungen ab 1959 erhielten eine überarbeitete Fahrerkabine mit einer Panoramascheibe und einer Rundumverglasung. Das Büssing-Abzeichen mit den sich verjüngenden Querstreifen zierte nun wieder die Vorderfront.

Die Übertragung des Drehmoments erfolgte über eine Rollengelenkwelle auf die Hinterachse. Ein ZF-Fünfganggetriebe mit Lenkrad- oder Knüppelschaltung wurde eingebaut. Ein Gruppengetriebe zur besseren Untersetzung war vorhanden. Die Öldruckbremse wurde durch einen Druckluftvorspann verstärkt. Auch eine Motorbremse war eingebaut.

Vom Grundtyp aus waren verschiedene Varianten mit längerem oder mit kurzem Radstand entwickelt worden, die als Kipper, Allradkipper, Pritschen- und Kastenwagen sowie als Sattelzugmaschine gebaut wurden. Eine besondere Ausführung war der Langeisentransporter mit einer schmalen, in der Mitte aufgesetzten Fahrerkabine mit der Fronttür, der von den Firmen Clerck in Wuppertal und Rappold in Wülfrath hergestellt wurde.

Nächste Modellreihen war die LS/LU-75-Generation mit dem 110/115-PS-Motor. Diese Modelle waren als 7,5-Tonner für den Verteilerverkehr entwickelt worden, so dass

Büssing Commodore „Burglöwe“ · 1963–1967

diese Motorleistung für den Solobetrieb genügte. Gegenüber der LS/LU-55-Serie besaß diese Reihe ein synchronisiertes Fünfganggetriebe.
Mit starker Motorleistung bot Büssing hierzu die Paralleltypen LS/LU 75 an. Ein neu entworfener 145-PS-Motor, der wiederum nach dem Wirbelkammer-Vorkammer-Verfahren arbeitete, kam hier zum Einbau. Das Sechsgang-Allklauengetriebe war unsynchronisiert. Hervorgehoben wurde bei diesen als Pritschen-, Kastenwagen und als Möbelwagen sowie als Sattelzugmaschinen konstruierten Frontlenkertypen das Verhältnis von Nutzlast zu Eigengewicht, das bei 1:1,5 lag.
Eine Sonderausführung war der LS 77 F, der in Frontlenkerbauweise mit dem stehenden Motor als Kipper für 6,5 Tonnen gefertigt wurde. 1960 wurde schon die LS/LU-75-Baureihe eingestellt. Auch die LS/LU77-Reihe wurde schon bald auf den Allradkipper LS 77 reduziert. Schließlich erschienen im Rahmen dieser Baureihe die Sattelschleppertypen LS 77F und LS 711F. In den Typ LS 711 wurde der 170-PS-Motor mit 10,8 Litern Hubraum eingebaut. Die Sattelzugmaschine war für 32 Tonnen Gesamtgewicht vorgesehen. Auch mit drei Achsen konnte dieses Modell geliefert werden, das u.a. mit Einfachbereifung für den Betonmischeraufbau gedacht war.

Vor allem für den Export wurde der LS1111 F/3 als Dreiachser mit hinterer Einfachbereifung für eine Nutzlast von 17 Tonnen gebaut. Der 170-PS-Motor kam auch hier zum Einbau. Ein neues Frontlenker-Fahrerhaus mit einer quadratischen Motoröffnung für den stehenden Motor gab diesem Modell ein besonderes Aussehen.
Schon 1959 jedoch wurde nur noch der 170 PS starke Sattelschleppertyp LS 711 mit einer etwas verlängerten Haube im Serienbau hergestellt. Der LU 11/16 für 9 Tonnen Nutzlast verfügte als Zwischenmodell auch über den 170 PS starken Motor.
1960 wurde die Firmenstruktur erneut geändert. Büssing wurde wieder eine Aktiengesellschaft unter der Bezeichnung Büssing Automobilwerke AG.
Ab 1961 plante Büssing, die Verwaltung in Braunschweig zu konzentrieren; die Fahrzeugmontage sollte in ein neues Werk in Salzgitter-Watenstedt umgesiedelt werden, da das Braunschweiger Werk keine Erweiterungsmöglichkeiten mehr bot und zu unrationell strukturiert war. Die Werke in Braunschweig-Querum sollten weiterhin der Motoren- und Getriebefertigung sowie dem Karosseriebau dienen.
Im gleichen Jahr erwarb Büssing das ehemalige Borgward-Lkw-Werk in Osterholz-Scharmbeck, wo zunächst noch Borgward-Lastwagen aus vorhandenen Teilesätzen gefertigt wurden. Auch eine Serie des Borgward-Militärlastwagens wurde ohne Firmenemblem noch einmal aufgelegt. Anschließend stellte das Werk Ersatzteile für die Borgward-Lastwagen und vor allem Fahrerhäuser für die Büssing-Fahrzeuge her.
Anfang der sechziger Jahre ordnete Büssing das Programm neu. Neben dem kleinen LS 55S stand nun der Burglöwe LU 5/10, der als 6,5-Tonner mit dem aufgebohrten 5,9-Liter-Motor versehen war, der nun 126 PS leistete. Ein druckluftgesteuertes Gruppengetriebe wurde eingebaut. Die Fahrgestelle waren in Verbundbauweise zusammengeschweißt. Die Höchstgeschwindigkeit betrug 77 km/h. Auch als Sattelschlepper vom Typ Burglöwe US wurde dieses Modell hergestellt. Dabei ist zu vermerken, dass diese Modelle in einem seit 1961 in Emden auf dem Larrelter Polder errichteten Werk gefertigt wurden, in das auch der Omnibus-Getriebebau ausgelagert worden war.
Die nächstgrößere Baureihe war der Achttonner Supercargo LU 7/10, der mit einem 7,1-Liter-Motor (145 PS) ausgestattet wurde. Fünf Grundtypen in Hauben- und in Frontlenkerausführungen standen für den für 14,5 t Gesamtgewicht ausgelegten Fahrzeugtyp zur Verfügung. Gleiche

Büssing LU 5/10 · 1961–1963

Fahrerhäuser wie bei den Burglöwen wurden verwendet.
In der schweren Klasse bot Büssing die Hauben- und Frontlenkermodelle der Baureihe Commodore an, die für 16 Tonnen Gesamtgewicht ausgelegt waren und den 192-PS-Motor aus der LS/LU-11-Serie erhielten.
Das Frontlenkermodell mit dem Unterflurmotor wurde auch als Dreiachser für 18 Tonnen Gesamtgewicht gebaut. Als Typ LS 11/18 F3 war es als Zugmaschine für den 32-Tonnen-Zug vorgesehen. Geräumige, lange Fahrerhäuser wurden bei den Frontlenkertypen aufgesetzt. Das Haubenmodell besaß gegenüber der Supercargo-Serie eine längere Vorderhaube.
Erwähnenswert ist dabei, dass die Unterflurbaureihen, bei denen Büssing auf eine dreißigjährige Erfahrung zurückblicken konnte, zu 80 Prozent an der Gesamtproduktion vertreten waren.
Der Commodore 11/16 konnte als 8,7-Tonnen-Haubenfahrzeug und als 8,5-Tonnen-Frontlenkerkipper mit stehendem Motor geliefert werden.
Die Commodore-Fahrzeuge erhielten leicht überarbeitete Fahrerhäuser mit einer gewölbten, durchgehenden Frontscheibe. Ab 1963 wurde beim Typ Burglöwe Universal in Frontlenkerbauweise der kompakte Motor-Getriebeblock in der Fahrzeugmitte unter dem Fahrerhaus angebracht. Ein synchronisiertes Achtgang-Sperrgetriebe war eingebaut, wobei die Antriebskraft des 132-PS-Motors beim Allradantriebsmodell Burglöwe SAK ohne zusätzliches Verteilergetriebe direkt über Gelenkwellen zu den Achsen geführt wurde. Das Fahrzeug verfügte über Scheibenbremsen und Portalachsen, wodurch eine überdurchschnittliche Bodenfreiheit gegeben war. Der Allradtyp konnte auch in einer Haubenversion geliefert werden.
Der Supercargo erhielt 1963 einen aufgeladenen Motor, der 150 PS leistete.
Der Commodore wurde erneut leicht überarbeitet: eine höher angesetzte Scheibe sowie seitliche Ausstellfenster waren das Ergebnis. Sowohl in den Ausführungen als Pritschenwagen, als Kipper und als Sattelzugmaschine konnten diese Lastwagen mit dem Unterflurmotor, aber auch als Frontlenker und als Haubenfahrzeug mit dem stehenden Motor bezogen werden.
Eine weitere Büssing-Neuschöpfung war der in Zusammenarbeit mit der Firma Rationorm AG in Zürich entwickelte und 1963 vorgestellte Supercargo 22-150, der als sogenannter „Decklaster" die gesamte Fahrzeuglänge für die Nutzlast berücksichtigte, während das Fahrerhaus

Büssing Commodore S · 1963–1965

vorne weit überhängend ebenfalls unter der Ladebrücke angesetzt wurde. Der Großraumlaster war speziell für den Großverteilerbetrieb in der Lebensmittelbranche konstruiert worden, wobei das Fahrzeug sowohl mit der Front- als auch mit der Heckseite an eine Laderampe zum Be- und Entladen der Paletten heranfahren konnte. Das Modell besaß zwei gelenkte Vorderachsen. Weitere Details dieses 150-PS-Fahrzeugs waren die Servolenkung, die Luftfederung und das hydraulische Wandlergetriebe. Bei einer Nutzlast von 14,7 Tonnen betrug das Eigengewicht nur 7,3 Tonnen.

Die Entwürfe für diese sowie für die folgenden Karosserien stammten wie bei den Henschel-Fahrzeugen von dem französischen Designer Lepoix.

Im Jahre 1964 wurde nach der Fertigstellung des ersten Bauabschnitts in Salzgitter die Fertigung der Burglöwen-Typen, die zuvor in Emden produziert worden waren, aufgenommen. Auch die Braunschweiger Fertigung der Supercargo- und der Commodore-Typen wurde immer stärker in dem 60000 m^2 großen Werk in Salzgitter konzentriert. Die beiden Montagehallen besaßen Breiten von 60 und von 120 Metern bei einer Länge von 320 Metern, die Fertigungsbänder eine Länge von 240 Metern. Gleichzeitig wurde ein neues Entwicklungszentrum bei Salzgitter eingerichtet. Die Presserei, die Blechverarbeitung und der Trambusbau wurden aus Braunschweig-Querum nach Fertigstellung des zweiten Bauabschnitts ebenfalls nach Salzgitter verlegt. Die Betriebsteile in Braunschweig-Querum standen nun ganz für den Aggregatebau zur Verfügung.

Durch die Erhöhung der Aktienanteile durch die bundeseigene Salzgitter AG konnte großzügig Kapital zur Verfügung gestellt werden, so dass Büssing seine Innovationstätigkeit ausweiten konnte. Hierzu wurde das schon erwähnte Entwicklungszentrum in Salzgitter eingerichtet, das gemeinsam mit der Schwesterfirma Linke-Hofmann-Busch für die Erprobung von Straßen- und Schienenfahrzeugen betrieben wurde. Hinzu kam eine Versuchsstrecke für Straßenfahrzeuge. Zur Abrundung des Programms stellte das Werk nun wieder schwere Hauben-Fahrzeuge mit zwei angetriebenen Hinterachsen und Kippmulde für den Baustellenverkehr und für den Einsatz in schwierigem Gelände her. Das Dreiachsermodell Commodore FS 3 war mit dem 192-PS-Motor versehen. Das konventionelle Modell besaß ein kurzes oder ein langes Fahrerhaus. Der Motor und die mechanisch betätigte Zweischeibenkupplung bildeten eine Einheit. Daran angeflanscht war

Büssing Burglöwe Universal · 1963–1967

das serienmäßige ZF-Sechsgang-Allklauengetriebe. Eine leichtgängige Hydrolenkung war vorhanden. Auch hier wurde der 192-PS-Motor eingebaut. Im gleichen Jahr vereinbarte Büssing mit der italienischen Nutzfahrzeugfirma OM SA (Officine Mecchanice) in Mailand, einer Tochterfirma von Fiat, den gemeinsamen Vertrieb der Erzeugnisse. Hierzu wurde in München die OM-Vertriebs-GmbH mit hundertprozentiger Beteiligung von Büssing gegründet.

Die Büssing-OM-Schnelllaster sollten Nutzlastklassen von 2, 2,7, 3,5, 3,9 und 4,4 Tonnen abdecken. Die Schnelllaster waren mit 80, 87 und 103 PS starken Saurer-Direkteinspritzmotoren ausgestattet. Wichtige Aggregate wie die Lichtmaschine, die Batterie und die Einspritzpumpe wurden von Bosch bezogen. Dem italienischen Fahrzeugbau folgend besaßen die OM-Lastwagen abklappbare Metallbordwände. Der zwischen den Längsträgern abgesenkte, unter den Sitzbänken angebrachte Motor gab den Fahrzeugen eine tiefe Schwerpunktlage.

Mit einem vor der Vorderachse auf dem genieteten und vorne tief abgekröpften Rahmen aufgesetzten Fahrerhaus erschien 1965 der neu entworfene Burglöwe mit dem im Hubraum vergrößerten 150-PS-Motor. Die Höchstgeschwindigkeit dieses für den Stadtverteilerdienst vorgesehenen Fahrzeugs lag bei 87 km/h.

Der Supercargo wurde als Achttonner mit einem neuen 185-PS-Motor ausgestattet. Auch dieses Modell erhielt ein rundum verglastes, kantiges Fahrerhaus mit seitlichen Ausstellfenstern.

Schließlich erhielten im gleichen Jahr die Commodore-Typen einen neuen, flachen 11,6-Liter-Direkteinspritzmotor mit 200/210 PS Leistung, der aus dem bekannten 11,4-Liter-Wirbelkammer-Vorkammer-Motor entwickelt worden war. Das neue Triebwerk mit einer Dralleinspritzung beruhte auf einer MAN-Lizenz.

Bei dem Büssing-Direkteinspritzverfahren spritzt eine Dreilochdüse den Kraftstoff in die Wandungen eines Omegamuldenkolbens ein, wobei die größere Menge des Kraftstofffilms an der Wand des Brennraums verteilt und dann schichtweise im Zuge der Verbrennung gleichmäßig abgetragen wird. Von unten wird der Kolbenboden durch Ölanspritzung gekühlt, die Auslassventile mit Natrium. Ein äußerst guter thermodynamischer Wirkungsgrad konnte dadurch erzielt werden.

Die Höchstgeschwindigkeit lag bei 80 km/h, die günstigste Geschwindigkeit betrug 75 km/h.

Aus der alten Baureihe wurde als Veteran der Commodore-Fahrzeuge der Allradtyp für 38 Tonnen Gesamtgewicht mit dem 192-PS-Motor weiterhin gebaut. Als Commodore U wurde er dann mit dem neuen 210-PS-Motor ausgestattet.
Der Commodore 16-210 S besaß nun eine weniger weit vorragende Kurzhaube.
Nur kurz blieb die schwere 210-PS-Zugmaschine der Commodore-Baureihe für den 38-t-Zug im Programm. Auffallendes Merkmal dieses außergewöhnlichen Allradantriebs-Sattelschleppers war der unter der kantigen, kurzen und vorspringenden Vorderhaube und vor der Vorderachse angebrachte Unterflurmotor. Erstmalig wurde hier bei einem deutschen Lkw der Auspuff hinter dem Fahrerhaus hochgezogen. Prototypen eines Amphibien-Lkws mit einem 4 x 4-Antrieb und einem Unterflurmotor sowie Prototypen eines Panzerspähwagens stellte Büssing 1966 im Auftrage des Bundesministeriums der Verteidigung her, ohne dass es jedoch zu einem Großauftrag gekommen ist.
Im Lkw-Programm stand mit dem „Stadtwagen" Burglöwe 09-110 (mit dem vorgesetzten Fahrerhaus) für 5 Tonnen Nutzlast bei einem Gesamtgewicht von 8950 kg ein Grundtyp in der leichten Mittelklasse zur Verfügung.
In der mittelschweren Klasse bot Büssing den Supercargo 14-185 mit 14,4 Tonnen Gesamtgewicht als Standardtyp an.
Der Commodore 16-210 S war als Zweiachs-Sattelschlepper für den 32-Tonnen-Zug vorgesehen.
Mit dem stehenden 200-PS-Motor wurde der Commodore FS als schwerer Kipper gebaut. Das Fahrerhaus war wiederum in Stahl-Holzbauweise ausgeführt. Hinzu kam zum Büssing-Programm der leider ohne Erfolg angebotene futuristische „Decklaster".
1967 wurde die Bezeichnungsart wieder geändert. Hinter dem „BS" für Büssing stand nun eine zweistellige Zahl, die das Gesamtgewicht angab.
Das kleinste Modell BS 09 LT, der ehemalige Burglöwe 09-110, wurde immer noch mit dem 110-PS-Motor versehen, jedoch schon bald als untermotorisiertes Modell aufgegeben.
Als weiteres Modell in dieser Klasse folgte der BS 11, anfänglich noch mit dem 126-PS-, im Laufe des Jahres dann mit dem gedrosselten 7,4-Liter-Motor ausgestat-

Büssing BS 15 · 1967–1968

tet, der als erster kleiner Unterflur-Direkteinspritzer (Typ U7D) 135 PS abgab.
Der BS 14 L wurde von dem 11,4-Liter-Motor angetrieben, der hier auf 185 PS gedrosselt worden war.
Der BS 16 L erhielt als 8,8-Tonnen den durch einen Turbolader auf 240 PS gesteigerten 11,4-Liter-Motor.
Im Rahmen dieser Baukastenserien mit einheitlichen Konzeptionen und nach einheitlichen Gesichtspunkten gestalteten Fahrerhäusern bekam der BS 19 L einen neuen 12,3-Liter-Direkteinspritzmotor, der 210 PS leistete. Der BS 22 L als 13,4-Tonnen wurde mit dem 240-PS-Motor versehen.
Die als Inbegriff für den schweren Fernverkehrslaster anerkannten Commodore-Typen wurden von diesen weiterentwickelten Modellen abgelöst. Als Rückschritt wurde jedoch empfunden, dass vermehrt kleine Fahrerhäuser verwendet wurden.
Mit stehenden Motoren und mit einem quadratisch eingesetzten Kühlergrill in der Frontpartie wurde der Kipper BS 22 S hergestellt. Auch der Frontlenker-Allradkipper BS 14 AK wurde mit dem 240-PS-Triebwerk versehen.
In diesem Jahr (1967) wurde das Emdener Montagewerk an das Volkswagenwerk verkauft, das dort eine Polsterei und Sitzefertigung einrichtete. Ein Reparaturwerk und ein Büssing-OM-Servicebetrieb wurden dafür in Emden neu errichtet. Die Umsiedlung der Braunschweiger Werksteile nach Salzgitter wurde trotz einiger Umstellungsschwierigkeiten abgeschlossen.
1968 kaufte die Salzgitter AG die restlichen 17 Prozent der Aktienanteile, die noch von der Büssing-Familie gehalten wurden. Die Tagesleistung des neuen Werkes lag nun bei zehn Lastwagen und vier Omnibussen. Der Absatz der OM-Modelle betrug 1968 207 und 1969 402 Stück.
Um das immer noch mit Verlust arbeitende Werk wieder in die schwarzen Zahlen zu bringen, wurde das Typenprogramm nochmals bereinigt. Die Produktion wurde auf eine einheitliche Konzeption ausgerichtet, wobei die Unterflurbauart im Vordergrund stand. Die sich als Fehlentwicklung herausstellenden „Stadtwagen"-Typen mit dem vorverlegten Fahrerhaus und die mit hohem Entwicklungsaufwand geschaffenen „Decklaster" wurden aufgegeben.
Erste Kontakte wurden zu MAN geknüpft. Die Firma hielt mittlerweile 25 Prozent der Aktien. Büssing konzentrierte sich im Zuge der beginnenden Zusammenarbeit immer mehr auf schwere Fahrzeuge im Bereich der Sieben- bis Zweiundzwanzigtonner.
Nach einigen Experimenten mit Fernlastern im Bereich von 16 bis 22 Tonnen Gesamtgewicht setzte Büssing nun ganz auf den 240-PS-Motor, der in Unterflurbauweise an die Tradition der Commodore-Typen anknüpfte.
In kurzer Ausführung kamen noch vereinzelt die Modelle BS 11, BS 12 und BS 13 hinzu. Mit dem 7,4-Liter-Motor

MAN-Büssing 16 320 UK · 1972–1973

stellte Büssing den BS 12 LT, den BS 13 L und den BS 15 AK her, wobei der BS 15 AK mit einem kantigen und quadratischen Kühlergrill für den stehenden Motor gestylt wurde.
Der 11,5-Liter-Motor trieb den BS 15 L an. Mit dem 240-PS-Triebwerk wurden die Modelle BS 16 L, BS 19 L, BS 22 L und BS 19 K hergestellt. 1969 wurde das Büssing-Management aufgrund der rückläufigen Verkaufszahlen trotz der optimalen Rationalisierung und Modernisierung des Werkes ausgetauscht. Das Unternehmen versuchte, sich nun erneut ganz auf den Bau von Unterflur-Frontlenkerfahrzeugen für den Ferntransport und auf den Bau von schweren Kippern für den Baustellenverkehr mit stehenden Motoren zu konzentrieren.
Zur Internationalen Automobil-Ausstellung im Jahre 1969 stellte Büssing den BS 16 L mit einem neuen Fahrer-

hausstyling und mit besserer Innenausstattung vor, wozu auch eine Klimaanlage gehörte. Der 11,5-Liter-Motor, der nun 217 PS leistete, kam in der Standardausführung zum Einbau. Mit einem Turbolader konnte der Motor mit milder Aufladung auch in einer 280-PS- und mit einer starken Aufladung in einer 310-PS-Version geliefert werden. Schließlich gab es die Möglichkeit, in diesen und in die anderen schweren Fernlaster luftgefederte Hinterachsen einzubauen, was die Fahrzeuge besonders für die leichte Übernahme von Containern und von Wechselbauten geeignet erscheinen ließ.
Mit einer gelenkten Vorlaufachse wurde der schwere Sattelzugmaschinentyp BS 20-S2 für den 20-Tonnen-Zug entwickelt. Der hier eingebaute stehende Motor leistete 240 PS. Eine quadratische Öffnung an der Vorderfront war an dem kippbaren Fahrerhaus angebracht, das in kurzer oder in langer Ausführung aufgesetzt werden konnte. Im Zuge der immer stärkeren Kooperationen mit MAN wurde das Programm auf die drei Grundmodelle mit den Baureihen BS 13 L, BS 14 L, BS 15 L, BS 16 L, BS 20-S2, BS 22 L mit Leistungen von 135,156, 217, 240, 280 und 310 PS gestrafft. Die Modelle BS 16 L und BS 22 L konnten dabei wahlweise mit dem 240, 280 und 310 PS starken 12,3-Liter-Motor ausgestattet werden. Die OM-Schnelllaster, die nur in ganz geringer Zahl verkauft wurden, vertrieb das Werk nun von Salzgitter aus. Das Bremer Zweigwerk Osterholz-Scharmbeck wurde im Rahmen dieser Rationalisierungs- und Gesundungsmaßnahmen an die FAUN-Werke verkauft.
1970 erwarb MAN die Hälfte der Aktienanteile; die andere Hälfte hielt die MAN-Muttergesellschaft Gutehoffnungshütte (GHH), so dass MAN alle Büssing-Aktivitäten in das eigene Programm integrierte, wobei die Paralleltypen ausgesondert wurden. Schwerpunkte wurden neben den Typen BS 12 L, BS 15 L und BS 16 SK die schweren Fernlaster und die Sattelzugmaschinen für den Straßengüterverkehr. Als schwere Baustellenfahrzeuge standen die Modelle BS 22 K, BS 26 K und BS 32 K mit dem 280-PS-Motor zur Verfügung, der hier stehend eingesetzt wurde.
1971 wurde die Leistung des 12,3-Liter-Motors auf 320 PS gesteigert, um größere Leistungsreserven für die geplante 8-PS/t-Formel zur Verfügung zu haben. Eine Vierlochdüse zerstäubte sofort den Ölstrahl, was zu äußerst günstigen Abgaswerten führte.
In der Mittelklasse war Büssing noch mit der Modellreihe BS 13 FSA mit dem 135-PS-Motor vertreten.
Mit einem neuen Fünfzylinder-Motor mit 9,6 1 Hubraum und 192 PS von MAN wurden der BS 12 L, BS 13 L, BS 14 L und der BS 15 L ausgestattet. Der BS 16 L, der BS 20-S2 und der BS 22 L wurden mit dem aufgeladenen 320-PS-Motor ausgerüstet.
Die Eigenständigkeit des Büssing-Unternehmens endete 1971. Noch vorhandene Büssing-Fahrerhäuser sowie die anschließend verwendeten MAN-Fahrerhäuser erhielten den MAN-Büssing-Schriftzug an der Vorderfront.
1972 erhielt das Werk in Salzgitter den Auftrag, für MAN eine neue Mittelklasse-Lastwagenserie zu entwickeln.
Die Typen 11.136 U und 13.136 U wurden nun auch mit dem schnelllaufenden MAN-Motor (136 PS) versehen. Die Modelle 12.192 U, 13.192 U, 14.192 U und 15.192 U erhielten den Fünfzylinder-MAN-Motor.
Noch bis 1979 wurden mit dem Doppelnamen MAN-Büssing Fahrzeuge aus dem ehemaligen Büssing-Programm mit den Typenbezeichnungen 16.256 U, 16.320 U, 22.320 UNL (für Unterflur-Nachlaufachse-Luftfederung) und 26.320 UNL gefertigt.
Nach dem Auslaufen der Büssing-Modelle wurde das Werk vollständig für die Montage der MAN-Unterflurfahrzeuge und der Reiseomnibusse umgestellt.

FAUN

Die aus dem Zusammenschluss der Firma Nürnberger Feuerlöschgeräte-, Automobillastwagen- und Fahrzeugfabrik mit der Fahrzeugfabrik Ansbach im Jahre 1918 hervorgegangenen FAUN-Werke hatten während des Krieges den zivilen Nutzfahrzeugbau eingestellt und sich neben der Produktion von Rüstungsgütern auf den Bau von schweren Zugmaschinen und von Kranfahrzeugen der Typenreihe LK 5 konzentriert. Die Nürnberger Werksanlagen wurden 1944 total zerstört. Völlig neu errichtete Werke entstanden kurz nach Kriegsende bei Schnaittach auf einem Reichsbahngelände (Werk Bahnhof Schnaittach), das Mitte der sechziger Jahre in Werk Neunkirchen am Sand umbenannt wurde.

1946 entstanden wieder die ersten 22 Exemplare des Müllfahrzeugs vom Typ M6 mit dem 100-PS-Maybach-Vergasermotor, der für die Verwendung von Flüssig- und von Methangas geeignet war. Der Rahmen war in gekröpfter Bauart ausgeführt. 1947 folgte der 8 m^3 fassende Müllwagen M8, der 1947 zusammen mit dem M6 in 35 Exemplaren gefertigt wurde. Der Müllwagenaufbau konnte gegen einen Sprengwagen- oder einen Fäkalienwagenaufbau ausgetauscht werden. 1948 erschien dann auch der erste 4,5-Tonner mit dem luftgekühlten 90-PS-Deutz- oder dem 100-PS-Maybach-Motor. 98 Stück wurden davon hergestellt. Eigene Karosserien kamen wie in den Modellen vor dem Krieg und auch später zum Einbau in die FAUN-Fahrzeuge.

Erstes Großmodell war 1949 der L7, ein 7,5-Tonner mit einem 150-PS Deutz-Motor, mit dem das Unternehmen an die Vorkriegsmodelle anknüpfte. Das mit einem oder mit zwei Anhängern als „Güterzug der Landstraße" bezeichnete Fahrzeug besaß ein ZF-Vierganggetriebe, dem ein Maybach-Schnellganggetriebe zugeschaltet war.

In Pritschen-, Kastenwagen-, Kipper-, Sattelschlepper- und schließlich in einer Frontlenkerversion unter der Bezeichnung L7V (das V stand für „vorgebauten Sitz") wurde der Siebentonner bis 1951 gefertigt. Von dieser Modellreihe wurden 1949 318 Stück gefertigt. Hinzu kam der Sechstonner F60, der in 6 Exemplaren gebaut wurde, sowie in 88 Exemplaren der 4,5-Tonner F45. Der F60 mit der Zusatzbezeichnung „Sepp" wurde 1950 für eine Ladefähigkeit von 7,1 Tonnen verstärkt. Der luftgekühlte Deutz-Motor mit 130 PS kam hier erstmals zum Einbau in einen Lastwagen, noch bevor Magirus diesen Motor verwendete. Das für den Schnellverkehr vorgesehene Fahrzeug war mit einer niedrig angebrachten Pritsche versehen. Die Wendigkeit des „Sepp" wurde besonders herausgestellt.

Im gleichen Jahr nahm FAUN den Bau von 20-Tonnen-Muldenkippern auf, wobei dieser Fertigungszweig bis zu 100-Tonnen-Typen ausgeweitet wurde. Ein weiteres Standbein war der Bau von Kehrmaschinen, wobei die dreirädrige AK 3 H das bekannteste Modell wurde.

Die inzwischen neu eingerichteten Montagehallen waren für eine monatliche Kapazität von 60 Fahrzeugen ausgelegt.

1951 wurde die mittlere Baureihe um den F60 KF, einen Allradkipper erweitert. Der Vorderradantrieb ließ sich abschalten. Weitere Modelle waren die Kurzhauben-Frontlenkersattelzugmaschine F60 VF (als Allrad-Frontlenker) sowie der Frontlenker F603 für eine Nutzlast von 12 Tonnen.

1951 löste die L8-Baureihe mit einer Nutzlast von 8 Tonnen die L7-Serie ab. Der wassergekühlte Deutz-Dieselmotor leistete 150, maximal 175 PS. Die Laster waren auf einem fischbauchförmigen, gepressten U-Trägerprofil auf-

Faun F 603 · 1953–1956

gebaut, das mit Querträgern verbunden war. Die Fahrzeuge wurden mit der alten kantigen, aber auch schon mit der abgerundeten Frontschnauze sowie als modernisierte Frontlenker unter der Bezeichnung L8 V angeboten. Hierbei ließ sich das unter dem Fahrerhaus angebrachte Antriebsaggregat auf einem Hilfsrahmen nach vorne herausziehen.

Die Fernverkehrsfahrerhäuser der L7 V- und der L8 V-Baureihen in Trambusbauweise wurden von den Firmen Kögel in Ulm und G. Anwärter in Stuttgart hergestellt.

Stärkster FAUN-Typ in den frühen fünfziger Jahren wurde der L900, der als Dreiachser mit einer Mulde 16 Tonnen tragen konnte. Als Pritschenwagen wurde das Modell für 12 Tonnen ausgelegt. Eine hydraulische Lenkhilfe konnte für das 180 PS starke Modell geliefert werden. Der Hinterachsantrieb erfolgte über ein Schneckensystem, die Höchstgeschwindigkeit betrug 60 km/h.

Die leichte F54-, F56- und F64-Familie für 5 bis 6 Tonnen löste 1955 die F45-Modelle von 1948 ab. Der luftgekühlte Vierzylinder-Deutz-Motor mit 85 PS gelangte in die F54- und F64-Fahrzeuge, der wassergekühlte 108-PS-Sechszylinder-Kämper-Motor in den F56. Die Karosserien erhielten eine ungeteilte Scheibe, eine moderne Motorhaube und in die Kotflügel integrierte Scheinwerfer. Auch in einer Kipper-, einer Allrad- und in einer Frontlenkerversion vom Typ F56/34 V wurden diese FAUN-Modelle bis in die sechziger Jahre gebaut. Der Frontlenkertyp wurde auch mit der Zusatzbezeichnung „Emil“ verkauft.

Der F60 L mit der Zusatzbezeichnung „Sepp“ wurde ab 1955 von den F66- und F68-Typen abgelöst. Der luftgekühlte 125-PS-Sechszylinder- oder der luftgekühlte V8-Deutz-Motor mit 170 PS kamen zum Einbau in die 7,2- und 8,4-Tonner. Im Gegensatz zu der kleinen FAUN-Familie besaßen die Fahrerhäuser dieser Modelle eine geteilte Scheibe sowie wieder freistehende Scheinwerfer. Das für 8,6Tonnen vorgesehene 170-PS-Frontlenkermodell wurde als Typ F68 V mit der Zusatzbezeichnung „Franz“ ausgeliefert. Die Allradausführung F68/49 VA erhielt eine verlängerte und flachere Schnauze, wie sie dann auch bei den Bundeswehrtypen verwendet wurde.

Anzumerken ist, dass seit Mitte der fünfziger Jahre der Kranwagenbau für Demag-Gitter- und Hydraulikkräne ein weiterer Fertigungszweig der FAUN-Werke wurde. Auch Orenstein & Koppel-, Weserhütte- und Krupp-Ardelt-Kräne wurden verwendet, wobei von Interesse ist, dass bei den O & K-Ausführungen auch O & K-Motoren zum Einbau gelangten. Für die Erstausstattung der Bundeswehr mit schweren, geländegängigen Lastkraftwagen und Spezialfahrzeugen erhielt der 2500-Mann-Betrieb 1956 den Auftrag, über 800 Militärlastwagen herzustellen.

Grundtypen waren die dreiachsigen Hauben- und Frontlenkerfahrzeuge L908 und L912 mit Deutz-Motoren, die nach dem Baukastensystem hergestellt und daher leicht zu warten und zu reparieren waren.

Der L908 wurde als Haubenfahrzeug, das mit hinterer Einzel- oder Zwillingsbereifung ausgestattet werden konnte, in Versionen als Zugmaschine mit Ladebrücke, als Kran- und Tankwagen für 15 000 Liter, als Gleitkipper für die leichte Deutz-Raupe und als Sattelzugmaschine gebaut. Der 170 PS starke Motor war unter der langen Haube untergebracht. Ein Sechsgang-Allklauengetriebe mit Verteilergetriebe für Straßen- und Geländefahrt wurde eingebaut. Das Fahrzeug besaß ein offenes Fahrerhaus mit einem Segeltuchverdeck.

Die Zugmaschinenversion besaß einen Allradantrieb mit Sperrdifferential. Eine Seilwinde war an dem 68 km/h schnellen Fahrzeug angebracht. Die Produktionskapazität betrug 1956 954 und 1957 468 schwere Fahrzeuge.

Im Jahre 1961 erhielt der L908 einen neuen Deutz-Vielstoffmotor mit einer Leistung von 178 PS. Bis 1971 wurde dieser Typ schließlich noch in der Tanklaster-Version gefertigt.
Als schwerer Munitions- und Lastentransporter in Frontlenkerbauart mit Einzelbereifung vom Typ L912/45A sowie als Sattelschlepper in Haubenbauart vom Typ L912 SA und als schwere Frontlenkerzugmaschine vom Typ L912/45A wurde das zweite Standardmodell mit dem 250 PS starken Motor gefertigt.
Auch hier wurde ein Sechsgang-Allklauengetriebe mit einem zusätzlichen Verteilergetriebe eingebaut. Der Vorderradantrieb war bei diesen Modellen stets eingeschaltet. Ein Sperrdifferential im Verteilergetriebe war vorhanden.
Bei der Frontlenkerversion L912 saß der Motor hinter dem Fahrerhaus. Die Höchstgeschwindigkeit des 12- bis 16,5-Tonners betrug 76 km/h. Das dreiachsig ausgelegte Frontlenkermodell konnte mit vorderer Einzellenkachse oder mit einer vorderen Doppellenkachse geliefert werden, wobei eine hydraulische Lenkhilfe den Lenkvorgang unterstützte. Ein neben dem Motor angebrachter Bordkran konnte eine Last von einer Tonne bei vier Meter Maximalausladung heben. Die Haubenzugmaschine war mit einer überlangen Motorhaube versehen, die dem Fahrzeug einen imposanten Ausdruck verlieh. Alle drei Achsen, die hinteren mit Zwillingsbereifung, wurden auch hier angetrieben. Als Gleitkipper L912/5050 AK für die Pioniertruppe wurde das Fahrzeug auch für den Raupentransport vorgesehen. Die hydraulisch betätigte Teha-Ladebrücke konnte gekippt und bis zum Boden abgesenkt werden. Der Kranwagen erhielt einen 13-Tonnen-Kran der Marken Krupp-Ardelt, Wilhag oder Orenstein & Koppel. Mit einem Doppelfahrerhaus mit sechs normalen und zwei Notsitzen wurde die Frontlenker-Sattelzugmaschine ausgeliefert. Hinter dem Fahrerhaus war eine 10-Tonnen-Winde angebracht.
Hinzu kamen weitere Typen für Spezialzwecke der Bundeswehr auf der Basis dieser Acht- und Zwölfzylindermodelle.
Der 250-PS-Motor wurde 1961 durch einen 265-PS-Motor mit Vielstoffeigenschaften ersetzt. Auch diese Bundeswehr-Typen wurden bis in das Jahr 1971 gefertigt.
Nachdem das Unternehmen 1955 das Ostner-Fahrzeugwerk in Sulzbach-Rosenberg übernommen hatte, wurde der Ostner-„Rex“ 1957 zum 1,7-Tonner F24 B mit einem 55-PS-Ford-Vergasermotor aus dem Pkw-Modell Ford 15M weiterentwickelt. Als Zweitonner wurde er als F24 D mit dem 70-PS-Kämper-Dieselmotor hergestellt, der nach dem Wälzkammerverfahren arbeitete. Die Motoren waren unter dem Mittelsitz angebracht. Das auch als FAUN-Eilfrachter bezeichnete Fahrzeug wurde mit unterschiedlichen Radständen als Pritschen-, Koffer-, Kasten-, Viehtransport- und als Möbelwagen sowie als Feuerwehrtyp LF8 und als Kleinomnibus gefertigt, wobei FAUN an die Vorkriegsmodelle „Mammut“ anknüpfte. Auch eine außergewöhnliche Version als Untertagefahrzeug wurde entwickelt. Große Stückzahlen erreichte der F24 nicht; so wurden z. B. 1956 gerade 96 1,5- und 11 Zweitonner gefertigt. Zum Einbau gelangte 1963 der Ford-Motor mit einer Leistung von 60 PS. 1964 wurde der Kämpen-Motor, der aufgrund seines Drehmomentverlaufs für den Fahrzeugbetrieb wenig geeignet war, durch einen 60-PS-Deutz-Motor für den Typ F24 DL/340 bzw. durch einen 75-PS-MWM-Motor mit Wasserkühlung für den 2,7-Tonner F284 D abgelöst. Die 2,75-Tonnen-Version war mit einer tiefliegenden 5-Meter-Pritsche versehen. Die Feuerwehrversion konnte auch mit einem Allradantrieb ausgeliefert werden. Das mit einer gewölbten Panoramascheibe und einem abgerundeten Fahrerhaus mit spitz heruntergezogenen ausstellbaren Seitenfenstern versehene Fahrzeug wurde 1965 durch ein kantigeres, glasfaserverstärktes Fahrerhaus abgelöst. Schließlich wurde der MWM-Motor 1967 auf 80 PS gesteigert.

Faun F 66 Sepp · 1955–1961

In der großen Baureihe stellte FAUN 1957 als neue Generation die Typen F74, F78, L106 und L1400 vor. Typisch für die neugestalteten Frontlenker-Fahrerhäuser war die Fahrzeugtür mit tief heruntergezogenen Seitenscheiben, die dem Fahrer beim Rangieren ein gutes Blickfeld gaben. Die geteilte Panoramascheibe besaß seitliche Eckfenster. Der 6,5-Tonner F76 V war mit einem 150-PS-Sechszylinder-Deutz-Motor ausgerüstet, der durch einen Turbolader von 125 auf 150 PS gesteigert werden konnte. Das F78/ 38V-Modell erhielt einen 160 PS starken V-8-Motor von Kämpen.

Als Dreiachskippfahrzeug in Frontlenkerbauweise wurde der L 106/ 39KVA mit dem nicht aufgeladenen Sechszylinder-Deutz-Motor angeboten. Das Fahrzeug besaß eine große Panoramascheibe mit einer Rundumverglasung.

Das für den schweren Baustellenverkehr vorgesehene Fahrzeug konnte mit Einfach- oder mit Doppelbereifung versehen werden. Auch mit einem Turbolader und mit einer Einmannkabine, die freien Zugang zum Motor ermöglichte, konnte der L106 geliefert werden. Unter der Bezeichnung F836/38 wurde das dreiachsige Fahrzeug auch mit zwei lenkbaren Vorderachsen gebaut.

1958 wurde der L 106 zum L 1400 weiterentwickelt, der zwei lenkbare Vorderachsen und zwei hintere Achsen mit Zwillingsbereifung besaß und für den Ölfeldeinsatz bzw. für den Schwertransport gedacht war.

Nochmals kamen wassergekühlte Sechszylinder-Dieselmotoren von Deutz, die nach dem Vorkammersystem arbeiteten und 175 PS leisteten, zum Einbau in die mit 12 Gängen ausgestatteten Fahrzeuge. Eine Seilwinde befand sich hinter, ein Spill vor dem Fahrerhaus.

Infolge der Fernverkehrsbestimmungen wurden die F68-Typen 1960 durch die mit neuen Fahrerhäusern ausgestatteten F687-Modelle ersetzt, die mit dem auf 195 PS gesteigerten Deutz-Motor in Front- und Haubenversion gebaut wurden. Der Motor war tief unter dem Fahrerhaus angebracht, so dass eine zwar hochgesetzte, aber vollwertige dreisitzige Fahrerkabine zur Verfügung stand.

Als nächstes Modell folgte 1959 der 4,5-Tonner F56/39KA, der als Allradantriebsfahrzeug mit dem 108-PS-Kämper-Motor versehen wurde. Ein Allklauengetriebe und ein besonders stabiles, tragfähiges Chassis waren Einzelheiten dieses über Jahre hinweg gebauten Haubenfahrzeugs.

Speziell für den Baustelleneinsatz wurden 1961 die F50-Typen als Zweiseitenkipper mit leichter Mulde gebaut. Sie waren mit 85-PS-Vierzylinder- und mit 125-PS-Sechszylindermotoren (in V-Bauweise) ausgerüstet.

Der für 16 Tonnen Gesamtgewicht ausgelegte F687 wurde nun als Frontlenker-Fernverkehrsfahrzeug und als Dreiseitenkipper in Haubenausführung gefertigt.

Transporterfahrzeuge, schwere Spezialfahrzeuge für die Bauwirtschaft und Fahrzeuge für kommunale Verwaltungen rückten mit Beginn der sechziger Jahre immer mehr in den Vordergrund.

Neben den Militärfahrzeugen war der seit 1934 gepflegte Bau schwerer Zugmaschinen ein weiterer Fabrikationszweig der FAUN-Werke. 1962 wurde der F687-Typ auch als Zugmaschine in Frontlenkerbauart ausgeführt. Daneben bestritten die F50- und F60-Fahrzeuge als 4,5- und 5,5-Tonner und die Eilfrachter-Modelle das Straßenfahrzeugprogramm dieses sich immer mehr zum Spezialfahrzeughersteller entwickelnden Unternehmens. Ein Jahr später konnte der F687 auch in einer Allradversion als Dreiseitenkipper geliefert werden.

1964 stand der schwere F687 in zwei Front- und drei Haubenlenkerversionen als Fernverkehrs-, als Pritschenwagen, als Kipper und als Sattelzugmaschine zur Verfügung. Die Baustellenfahrzeuge konnten mit einem Allradantrieb ausgerüstet werden.

Letztmalig überarbeitete das FAUN-Werk im Jahre 1965 den schweren Sechzehntonner in der Version F610 VL. Ein 250 PS starker V-Zehnzylindermotor von Deutz trieb das Fahrzeug an und beschleunigte es auf 83 km/h. Der

für 16 oder 19 Tonnen Gesamtgewicht ausgelegte Typ besaß wiederum den unter dem Fahrerhaus angeordneten Motor, ein teilweise aus Kunststoff gefertigtes, modernes quadratisches Fahrerhaus und eine elektropneumatische Vorwählschaltung, die das Werk selber herstellte und als Symo-Schaltung bezeichnete.
Die mit Fingerdruck zu betätigende Schaltung sollte die Arbeit des Fahrers erleichtern und den Treibstoffverbrauch senken. Zur Erhöhung der Fahrsicherheit wurden eine Zweikreis-Druckluftbremsanlage, eine Federspeicher-Handbremse, eine hydropneumatische Motorbremse und eine hydraulische Kugelmutter-Umlauflenkung angebracht. Das Fahrerhaus ließ sich zur Wartung nach vorne kippen.
Als F6103/40VK, als F610 V und als F610 K wurde dieser Typ in den folgenden Jahren verbessert und bis 1969 geliefert.
Daneben wurde in kleinen Stückzahlen der F6083 K als 6x4-Kipper für die Bauwirtschaft mit einem 210 bzw. einem 230 PS starken Achtzylinder-V-Motor hergestellt.
Im Jahre 1969 wurde das FAUN-Programm der Straßenfahrzeuge mit dem Eilfrachter und den Haubentypen eingestellt. Lediglich drei- und vierachsige Frontlenkertypen, dreiachsige Betonmischer-Fahrgestelle und die dreiachsige Sattelzugmaschine F6013 in Frontlenkerbauweise wurden noch einige Jahre lang angeboten.
Die Herstellungszahlen für Lastwagen und Zugmaschinen beliefen sich 1968 auf 505 und 1969 auf 549 Fahrzeuge.
Das Werk in Sulzbach-Rosenberg wurde im Zuge der Konzentration des FAUN-Werkes auf den schweren Spezialfahrzeugbau für den Vertriebs- und Kundendienst umgegliedert. Das Schwergewicht der FAUN-Produktion war inzwischen auf schwere und schwerste Sonderfahrgestelle, Dumper, Muldenkipper, Militärfahrzeuge, Zugmaschinen und auf Kehr- und Müllfahrzeuge verlagert worden. Eine Ausweitung im Muldenkipperbereich erfuhr das Werk 1969 durch die Übernahme der Krupp-Muldenkipperproduktion. Einzig für den Export wurde der Bau von schweren geländegängigen Lastwagen in Spezialausführungen aufrechterhalten.
Für die Bundeswehr baute FAUN in den Jahren 1974 und 1975 den für die Fallschirmjägertruppe vorgesehenen Kraftkarren (Kraka) in fast 1000 Exemplaren. Anzumerken ist, dass das FAUN-Werk für den Bau der Nachfolgegeneration der Bundeswehrfahrzeuge nicht mehr herangezogen wurde. Einzig die überschweren Flughafen-Feuerlöschfahrzeuge LF40.30, LF16.30 und LF22.30 sowie die Panzertransporter SLF50-2 und FS42.75/42 mit Krupp- oder Kässbohrer-Auflieger, auch Elefanten genannt, baute das Werk in den späten siebziger und frühen achtziger Jahren.
Im Jahre 1976 und wieder im Jahre 1986 erschien eine vollständig neue Reihe von Schwerlast-Zugmaschinen mit luft- und wassergekühlten Motoren von Deutz, MTU, GM und Cummins mit Leistungen von 305 bis 860 PS. Bei den Speziallastwagen und Spezialsattelzugmaschinen der HL-und HS-Baureihen, die in den siebziger Jahren erschienen, handelte es sich um zwei-, drei-, vier- und fünfachsige, schwere Haubenfahrzeuge mit Magirus-Fahrerhäusern.
Der Kehr- und Müllwagen- sowie der Kanalreinigungs-Fahrzeugbereich wurde im Jahre 1969 in dem ehemali-

Faun F 60/12 7 · 1967–1972

gen Borgward-Werk in Osterholz-Scharmbeck bei Bremen konzentriert, wobei der Aufkauf der KUKA-Müllwagen- und der Streicher-Kehrwagenfertigung die Position der FAUN-Werke auf diesen Sektoren erheblich stärkte.
1986 verkaufte die Besitzerfamilie Schmidt die Firma an den Baumaschinenhersteller Orenstein & Koppel, der die Fertigung der Muldenkipper unter eigenem Namen weiterführte. Die Sparte der Kommunalfahrzeuge wurde abgetrennt und als Unternehmen der Kirchhoff-Gruppe mit dem Werk in Osterholz-Scharmbeck weitergeführt. Der restliche Teil der Firma wurde 1990 durch den japanischen Kranhersteller Tadano übernommen. Nachdem im gleichen Jahr das stark exportabhängige Geschäft mit schweren Zugmaschinen eingestellt werden musste, fertigt Faun heute ausschließlich Auto- und Mobilkrane sowie militärische Spezialfahrzeuge.

FORD

Die Ford-Werke hatten während des Krieges Tausende von Dreitonnern für die deutsche Wehrmacht gefertigt. Gleichzeitig wurde dieser bewährte Typ auch von den englischen Ford-Werken hergestellt. Das von Kriegseinwirkungen nahezu verschonte Werk erhielt 1945 die erste offizielle Produktionsgenehmigung der britischen Besatzungsmacht, so dass die Herstellung nach dem Kapitulationstag nahtlos fortgesetzt werden konnte.

Der Vierzylinder-BB-Typ mit 52 PS wurde in unveränderter Form 1945 in 2443,1946 schon in 4649 und 1947 aufgrund von Materialengpässen nur in 2600 Exemplaren in der Benzin- und in der Holzvergaserausführung als Typ G 388TG gebaut. Im Jahre 1946 wurde das V-8-Modell G 398TS mit dem 90-PS-Motor auch wieder aufgelegt; die Bauserien von 1946 und 1947 gingen an die Besatzungsbehörden. Die Stückzahlen dieser beiden Modelle beliefen sich 1948 auf 1881 BB- und 3349 V-8-Ausführungen. Hinzu kam 1948 das Frontlenkermodell G 790 B, das als Kastenwagen und als Omnibus mit einem Aufbau des Nordwestdeutschen Fahrzeugbaus (NWF) versehen wurde.

Eine weitere Ausführung war der BB-Spezial von 1948, der auf einem verkürzten Fahrgestell und mit einer Einzelbereifung für 1,5 bis 2 Tonnen ausgelegt war und in 613 Exemplaren gefertigt wurde.

Allen Modellen gemeinsam war der U-Profilrahmen mit profilierten Querträgern, die zu einem Gitterwerk vernietet waren. Serienmäßig wurden synchronisierte Viergang-, auf Wunsch auch Fünfganggetriebe eingebaut. Das Vierzylinder-BB-Modell erhielt 1948 die Verkaufsbezeichnung „Ruhr“, das V-8-Modell, das vor allem für den Schnellverkehr gedacht war, die Bezeichnung „Rhein“. Die Fahrerhäuser für diese Modelle lieferte das VW-Presswerk in Wolfsburg. Hervorzuheben ist, dass die Ford-Werke gegen Ende der vierziger und zu Beginn der fünfziger Jahre aufgrund ihrer Stückzahlen zu den größten deutschen Nutzfahrzeugherstellern zählten. Daneben versorgte das Unternehmen verschiedene Omnibushersteller mit V-8-Motoren, die 90, 95 und 100 PS leisteten.

Im Jahre 1951/52 erhielten die Fahrzeuge unter der Bezeichnung FK 3500 eine neu gestaltete, breitere Motorhaube. Die Nutzlast dieser Ford-Köln-Modelle wurde entsprechend der neuen Modellbezeichnung auf 3,5 Tonnen angehoben.

Um dem speziellen deutschen Problem der hohen Benzinpreise, der damals mangelhaften Zuteilung und den Vorzügen des steuer- und preisbegünstigten Diesel-Treibstoffs gerecht zu werden, präsentierte das Ford-Werk 1952 einen Sechszylinder-Dieselmotor, der in den USA als Hercules-Motor schon seit Jahren gebaut wurde. Der als Schnellläufer zu bezeichnende Motor arbeitete nach dem Wirbelkammer-Verfahren und leistete 90 PS. Die Wirbelkammer befand sich nicht wie üblich im Zylinderkopf, sondern im Zylinderblock. Durch eine besondere Anordnung des Überströmkanals zwischen Wirbelkammer und Zylinderblock erzwang man eine gute Durchwirbelung des Brennstoff-Luftgemisches und damit eine überaus schnelle, gleichmäßige und weiche Verbrennung. Hervorgehoben wurde daher der geräuscharme und weiche Lauf des Kurzhubmotors. Die Kompression der Maschine lag bei einem Verhältnis von 1:15,5. Den Motor ließ das Ford-Werk von der Süddeutschen Bremsen AG (Knorr-Bremse), einem Tochterunternehmen der Motorenwerke Mannheim (MWM), im Auftrag fertigen. Gegenüber der US-Ausführung wurde eine Bosch-Einspritzanlage verwendet. Der Hercules-Motor wurde in den FK 4000D installiert. Auch dieses Triebwerk lieferte das Ford-Werk an verschiedene Omnibushersteller. Weiterhin stand der auf 95 bis 100 PS gesteigerte V-8-Motor mit seiner stehenden Ventilanordnung für den 3,5-Tonner vom Typ FK 3500 V8 zur Verfügung.

Im Jahre 1953 erweiterte Ford das Nutzfahrzeugprogramm um den Kurzhauber FK 4000D. Eine Besonderheit dieses Viertonners war neben der Verwendung eines Viergang-Sperrsynchrongetriebes der Einbau einer Eaton-Doppelschaltachse mit einem Planetengetriebe. Durch eine Druckluftschaltung konnte die Achsübersetzung bei starker Belastung geändert werden. Mit dieser aus Ame-

Ford FK 3500 · 1956–1961

rika bezogenen Schaltachse standen acht Gänge zur Verfügung. Auch mit einem Fünfgang-Klauenschaltgetriebe konnte der FK 4000 geliefert werden.
Der Bau des inzwischen zu schwachen 52-PS-BB-Modells wurde im Jahre 1953 eingestellt. Anzumerken ist, dass Ford in den frühen fünfziger Jahren auch eine beachtliche Zahl an Motoren für den Einsatz in der Industrie, in der Landwirtschaft und im Gewerbe lieferte.
1954 überarbeitete Ford die Karosserien der Fahrzeuge. Das äußere Merkmal dieser Neuentwicklung war die gedrungene Vorderfront mit ihrer flüssigen Linienführung. Die Motorhaube wurde mit einem rechteckigen Kühlergrill als Lufteinlass versehen. Die nun breiteren Fahrerhäuser erhielten eine geteilte Frontscheibe. Das Vorrücken des Fahrerhauses ergab eine stark verkürzte Motorpartie. Weil dadurch in der Fahrtrichtung Nutzraum gewonnen werden konnte, ließ sich der Überhang hinter der Hinterachse verkürzen, so dass die Last gleichmäßiger auf die Achsen verteilt wurde. Auch hier wurden die Eaton-Achse oder das Fünfganggetriebe eingebaut. Zum Antrieb standen wieder der V-8-Motor im FK 4000 V8 und der neue Hercules-Motor im FK 4000 S/D zur Verfügung. Der direkt über der Vorderachse ruhende Achtzylinder war durch Änderung der Kolbenmaße auf 95 PS gesteigert worden.

Neben diesen Standardmodellen fertigte das Ford-Werk einen Langrahmen-Frontlenkertyp mit dem Vergasermotor. Für die belgischen, britischen und französischen Truppen wurde dieses Modell unter der Bezeichnung G 798 BA auch in einer Allradausführung gebaut. Die amerikanischen Streitkräfte in der Bundesrepublik hingegen bevorzugten für ihre Standortverwaltung das V-8-Haubenmodell, das sie in größeren Stückzahlen mit normaler Holzpritsche und als G 398 SA in Allradausführung mit einem geänderten Fahrerhaus mit Dachluke und einer Stahlpritsche erwarben. Auch verschiedene Feuerwehrmodelle erschienen auf der Basis des FK 3500 und des FK 4000.
Auf der Frankfurter IAA von 1955 präsentierte dann Ford eine überaus modern gezeichnete, neue Lkw-Generation. Das mit einer großen gewölbten Panoramascheibe versehene Einheitsfahrerhaus dieser Typen besaß eine ebenfalls harmonisch gewölbte Motorhaube und einen verchromten Haifischmaul-Lufteinlass, der den Fahrzeugen ein typisches Aussehen verlieh.
Der kleine FK2500 wurde mit dem alten V-8- oder mit einem neuen Vier-Zylinder-V-Dieselmotor ausgestattet, der im Zweitaktverfahren arbeitete und 80 PS leistete. Der mit einer hohen Literleistung arbeitende Wirbelkammer-Motor besaß neben einer Schlitzsteuerung eine Umkehrspülung mit Roots-Gebläse für einen nahezu verlustfreien Gaswechsel. Weitere konstruktive Merkmale waren die abgekanteten Schlitzöffnungen des Zylinderblocks sowie die Verwendung von Leichtmetallen. Die Verdichtung des mit 2800 Umdrehungen laufenden Motors lag bei 1:18,6.
Neben der V-4-Maschine wurde der Motor nach dem Baukastenverfahren auch in einer sechszylindrigen Version mit einer Leistung von 120 PS gebaut. Der mit großen Vorschusslorbeeren versehene Motor löste – unverständlicherweise im Nachhinein gesehen – den bewährten, aber mit der aufwendigen Ventilsteuerung versehenen Hercules-Motor ab, der gegenüber diesem Zweitaktmotor mit Spülluftgebläse problemlos lief.
Der FK 3500 wurde ebenfalls mit dem V-8-Motor oder mit dem Sechszylinder-Zweitaktdiesel hergestellt. Schließlich schloss der FK 4500 mit dem 120-PS-Motor das neue Programm ab.
Eine Besonderheit war der aufwendige, hypoidverzahnte Antrieb in der Hinterachse des FK 3500 und des FK 4500, der ein noch geräuschärmeres Fahren ermöglichen sollte. Der mittlere Typ erhielt eine Viergang-Sperrsynchron-, der FK 4500 eine Fünfgang-Klauenschaltung.
1955 folgte als weitere Variante der FK 4500 A mit Allradantrieb mit einem Zweigang-Überholfreilauf, der sich automatisch zuschaltete. Nachdem die Ford-Werke schon verschiedene Nato-Truppen mit Militärlastwagen ausgerüstet hatten, erhielt Ford 1956 den Auftrag, die Bundeswehr mit einem Dreitonner auszustatten. Der von 1957

Ford Transit. Erste Generation · 1953–1965

bis 1961 gebaute Typ SAM 398 wurde mit dem V-8-Motor von 1941 ausgestattet, der auch schon in den Kriegsdreitonner eingebaut worden war. Der Plan, den Vergasermotor durch einen Vielstoffmotor auf der Basis der Hercules-Maschine abzulösen, wurde nicht mehr realisiert. Das auf einem U-Profilrahmen aufgebaute Fahrzeug war mit Einzelradbereifung, hydraulischer Bremsanlage mit Druckluftunterstützung und der Möglichkeit ausgestattet, eine Frontseilwinde anzubringen. Von großem Vorteil war, dass das Getriebe vom 2. bis 4. Gang synchronisiert war. Hinzu kam ein Vorgelege für Geländefahrten. Weitere Pluspunkte waren die gute Beschleunigung, die hohe Geschwindigkeit von 80 km/h und die große Wendigkeit. Der Vorderradantrieb ließ sich zuschalten.

Ende der fünfziger Jahre ging der Absatz der Ford-Nutzfahrzeuge immer stärker zurück, was auf den wenig geglückten V-4- und V-6- Zweitaktdieselmotor zurückzuführen war. Die Ford-Werke beschlossen daher, die Fertigung der Lastwagen 1961 einzustellen und sich auf den äußerst erfolgreichen Bau der FK-Transit-Pritschen- und Kastenwagen sowie auf den Pkw-Bau zu konzentrieren.

Ford Transit: Die erste Generation des Transit wurde ab 1953 in Köln gebaut und anfangs unter dem Namen FK 1000 verkauft. Entwickelt wurde der Transporter von Alfred Haesner, der vorher in Diensten von Volkswagen den VW Bus entwickelt hatte. Im Unterschied zu diesem liegt der Motor des FK 1000 jedoch vorne, wodurch eine durchgehend ebene Ladefläche zur Verfügung steht. Ab 1961 erhält der Wagen die Bezeichnung Taunus Transit. Als Motoren werden 4-Zylinder-Benzinmotoren eigener Fertigung verwendet, der Antrieb erfolgte auf die Hinterräder. Die Produktion der ersten Generation endet 1965.

Die zweite Generation des Transit wurde in England konstruiert und unterscheidet sich deutlich von der ersten. Eine Verwandtschaft zum VW Bus war nicht mehr erkennbar, zudem war der neue Transit deutlich größer als der VW Bus. Das zulässige Gesamtgewicht betrug bis zu 3,25 t, diese schweren Fahrzeuge erhielten hinten Zwillingsreifen. Im Gegensatz zu seinem Vorgänger handelte es sich um einen Kurzhauber mit einer ausgeprägten „Schnauze".

In Großbritannien löste der Transit den Ford Thames ab, ein etwas kleineres Fahrzeug, das wirtschaftlich nicht sehr erfolgreich war. Der Transit war in Europa gleich nach der Markteinführung sehr erfolgreich, da er u. a. recht breit war und ein amerikanisches Aussehen hatte. Auch konnte die Konkurrenz nicht mit einem so breiten Angebot an Varianten aufwarten (Pritschenwagen, Kastenwagen, Kleinbus kurzer/langer Radstand usw.). Die Motorisierung

Ford Transit. Zweite Generation · 1965–1968

erfolgte entweder durch ein Essex V4-Aggregat (Benziner 1.7 und 2.0) oder ein Perkins-Aggregat mit 31 kW (Diesel). Die Hinterräder wurden über eine blattgefederte Starrachse angetrieben.

1971 wurde der Transit leicht überarbeitet. Für den Antrieb stehen ab 1972 auch Dieselmotoren zur Verfügung, die allerdings größer sind als die Vergasermotoren, so dass die Front entsprechend angepasst werden muss.

Mit der dritten Generation stellte Ford 1978 wiederum einen überarbeiteten Transit vor; das Grundprinzip (Kurzhauber) blieb jedoch bestehen. Es wurde die Gestaltung (v. a. die Frontpartie) und die Innenausstattung überarbeitet sowie eine neue Motorisierung eingeführt (Pinto aus dem Cortina statt Essex V4). Außerdem wurde der Essex-V6-Motor leistungsstärker (3.0 l-V6), um das Fahrzeug für Rettungsdienste und Polizei interessanter zu machen. Im Jahr 1981 konnte man das Transit-Clubmobil beim Händler ordern. Markant an diesem Fahrzeug war die Innenausstattung mit hochflorigem Teppich und drehbaren Sitzen sowie Bullaugen für die hintere und tief herunter gezogene große Fenster für die mittlere Sitzgruppe. Zudem konnte man 7-Zoll-Ronal-Alufelgen auf 245/60x14-Reifen mit Servolenkung oder gar ein Overdrive-Getriebe oder den Zusatzkofferraum für das Dach wählen. Zwischen Benzin- und Dieselfahrzeugen besteht optisch kein Unterschied mehr. 1983 gab es einen leichten Facelift.

Die vierte Generation kam 1986 auf den Markt und fiel durch eine gravierende Neugestaltung der Karosserie auf („aus einem Guss“, Motorhaube und Windschutzscheibe hatten den gleichen Anstellwinkel). 1995 erhielt der Transit ein erneutes Facelift sowie einen neuen Benzinmotor (DOHC 16 V vom Pinto).

Die fünfte Generation kam 2000 auf den Markt und wurde in den Vereinigten Staaten entwickelt. Er wirkt sehr kantig. Nun ist optional Front- oder Heckantrieb erhältlich sowie ein Duratorq-Turbodiesel. Produziert wurde der Transit in Southampton und ab 2005 auch in der Türkei.

Ab Juni 2006 gibt es die 6. Auflage des in Europa erfolgreichsten Kleintransporters. Äußerlich ähnelt der neue Transit dem Mercedes-Benz Sprinter und VW Crafter. Für die überarbeitete sechste Generation wurde dem Transit der Titel „Van of the Year 2007“ verliehen. Der Transit ist das einzige Nutzfahrzeug, das als Fronttriebler und als Hecktriebler bestellt werden kann. Produziert wird der Transit hauptsächlich in Kocaeli in der Türkei (komplett alle Modellvarianten außer Rechtslenker). Einige Versionen, vor allem für den englischen Markt, werden immer noch in Southampton fabriziert.

HANOMAG

Die Hannoversche Maschinenbau AG hatte in den zwanziger Jahren einen Kleinlastwagen und im Jahre 1933 einen überaus modernen Frontlenker-Lkw in wenigen Exemplaren gefertigt. Auch ein aus der SS 55-Haubenzugmaschine abgeleiteter Lastwagen wurde vorgestellt. Schwerpunkt der Hanomag-Nutzfahrzeugfertigung vor dem Krieg war seit 1932 der Bau der Zugmaschinen SS 20, SS 55 und SS 100.Während des Krieges wurde die schwere Zugmaschine SS 100 „Gigant“ neben Panzern und anderem Rüstungsmaterial hergestellt. Nach dem Krieg wurde neben der Fertigung von Handwagen mit Panzerrädern und von Lastwagenanhängern die Reparatur von Straßenbahnwagen aufgenommen.

Nachdem das Werk wieder notdürftig instandgesetzt worden war, produzierte Hanomag 1946 erneut die schwere Zugmaschine, nun als ST 100 bezeichnet. Einen Umbausatz zum Umrüsten der Zugmaschine zum Lkw bot das Werk ebenfalls an und baute auch selbst einige Zugmaschinen um. Das „Gigant“-Modell wurde 1949 mit kurzer Verlängerung serienmäßig als Kipper und auch mit einem langen Rahmen und mit verkürztem Fahrerhaus als 5,1-Tonner Hanomag HD 5N in 164 Exemplaren gefertigt; die Weiterentwicklung dieses schweren Fahrzeugs wurde jedoch eingestellt.

Pläne für die Wiederaufnahme der Pkw-Produktion wurden seit 1947 mit dem Bau des ehemaligen Diesel-Pkws und mit dem Bau des wenig geglückten und mit einem Zweitaktmotor ausgerüsteten Hanomag „Partner“-Modells verfolgt. Eine breite Käuferschicht hätte für einen Kleinwagen der Einliter-Klasse mit einem Zweitaktmotor bereitgestanden. Darüber hinaus hatte man die Presswerkzeuge von dem ehemaligen Ambi-Budd-Werk in Berlin-Johannisthal durch die sowjetischen Besatzungsbehörden erhalten. Der Vorstand entschied sich jedoch dafür, die Pkw-Fertigung nicht wieder aufzuziehen und sich ganz auf die Schlepper- und Nutzfahrzeugfertigung zu konzentrieren. Daneben stand die Befürchtung im Hintergrund, dass das Volkswagenwerk bei der Aufnahme der Serienfertigung des „Partners“ dann einen eigenen 1,5-Tonner herausbringen würde.

Zur Überraschung des Publikums präsentierte das inzwischen wieder 4000 Mann starke Hanomag-Werk 1950 auf dem Brüsseler Autosalon doch einen 1,5-Tonnen-Schnelllaster vom Typ L 28 mit einem robusten 45-PS-Kleindieselmotor, der nach dem Vorkammerverfahren arbeitete und mit gedrosselter Drehzahl auch in den Hanomag-Schleppern Verwendung fand. Bemerkenswert war dabei, dass hier erstmals nach dem Krieg wieder ein Dieselmotor in einem Schnelllaster zur Verfügung stand. (Die Fahrzeugbezeichnung stand in Zusammenhang mit dem Hubraum des Motors.)

Das mit einer modernen „Alligatorhaube“ versehene Fahrzeug besaß zur besseren Luftzirkulation ausstellbare Frontscheiben und ein unsynchronisiertes ZF-Fünfganggetriebe. Verschiedene Radstände konnten gewählt werden. Die Höchstgeschwindigkeit des auf U-Profilen mit eingenieteten Querträgern aufgebauten Fahrzeugs betrug 75 km/h.

Schon ein Jahr später wurde die Motorleistung auf 50 PS erhöht. Der äußerst positiv auf dem Markt aufgenommene Schnelllaster wurde zu 47 Prozent in insgesamt 48 Länder exportiert.

1952 folgte der L 28/2 als Zweitonner mit dem 50-PS-Motor. Erneute Beachtung fand das Hanomag-Programm

Hanomag ST 100 · 1945–1951

1953 und 1954 mit dem L 28/2,5/65 und dem L 28/3/70, die die bewährten Dieselmotoren mit einem Roots-Gebläse besaßen. Diese von Hans Kremser konstruierte mechanische Form der Hufladung steigerte die Leistung auf 65 und auf 70 PS. Die Fahrzeuge besaßen ein verstärktes Fahrgestell mit dem Einheitsfahrerhaus. Weitere Neuerungen der Hanomag-Laster waren das teilsynchronisierte Getriebe und die Perfekta-Lenkradschaltung. Ein Kurzschlussthermometer sorgte für die rechtzeitige Erreichung der Betriebstemperatur.

Hanomag erzielte mit den Schnelllastern, die mit 50-, 65- und mit 70-PS-Motoren versehen waren, schnell einen beachtlichen Marktanteil. Es mussten sogar Lieferfristen bei der Auslieferung der Fahrzeuge eingeräumt werden.

Eine außergewöhnliche Konstruktion in den frühen fünfziger Jahren war der L 28 Pick-up, der eine 3/4-Tonnen-Stahlpritsche auf einem verkürzten Fahrgestell besaß. Das Fahrzeug verfügte über eine große Wendigkeit bei kleinen Abmessungen.

1952 wurde die Hanomag eine Tochtergesellschaft der neugegründeten Rheinstahl-Union Maschinen- und Stahlbau AG in Düsseldorf. Im Jahre 1955 wurde dann eine Interessengemeinschaft mit der Hans Vidal u. Sohn Tempo-Werk GmbH in Hamburg-Harburg vereinbart, die eine finanzielle und konstruktive Zusammenarbeit vorsah. Im Jahre 1955 erschien mit einem höher gesetzten Vorderbau der Hanomag-Allradtyp AL 70 (auch unter der Bezeichnung AL28/1,5), der zunächst mit dem 65-PS-, jedoch schon bald mit dem 70-PS-Gebläse-Motor ausgerüstet wurde. Der AL 70 mit seinem durch eine X-Traverse verwindungsfreien Fahrgestellrahmen war mit Einzelradbereifung und mit einem Verteilergetriebe für den Geländeeinsatz versehen. Eine Zapfwelle war vorhanden.

Das geländegängige Haubenmodell wurde in großen Serien an den Bundesgrenzschutz als Mannschaftstransportwagen, als Werkstattwagen und als Kipper geliefert. Auch die Bundesbahn, die Bundespost und das THW erwarben größere Stückzahlen des zunächst in 2465 Exemplaren gefertigten Modells. Nachdem das Fahrzeug gegen Ende der fünfziger Jahre nicht mehr gebaut worden war, erschien es 1963 im Bremer Werk erneut. Der neue AL 28 erhielt als 2,5-Tonner den bekannten Diesel-, in der 1,7-Tonnen-Version einen im Hubraum gleichgroßen 63/70-PS-Vergasermotor. 3. und 4. Gang waren nun synchronisiert, das Fahrzeug konnte auch mit einer Doppelkabine geliefert werden. Die Karosserie war gegenüber dem ursprünglichen Modell mit glatteren Formen modernisiert worden. Insgesamt wurden nochmals 2473 Diesel- und 523 Vergasermodelle in der neuen Form gefertigt.

Mit den Dieselmotoren stieg das Unternehmen nun auch verstärkt in den Industriemotorenbau ein und lieferte Triebwerke für Kompressoren, Bagger, Schiffe, Hubstapler und Stromerzeugungsaggregate. 1957 erhielten die Standardfahrzeuge überarbeitete Fahrerhäuser mit einer durchgehenden Frontscheibe und seitlichen Eckfenstern, die dem Fahrer eine gute Sicht beim Rangieren ermöglichten. Im gleichen Jahr wurde die Struktur des Hanomag-Werkes geändert. Hanomag wurde nun eine Tochtergesellschaft der Rheinstahlwerke AG, Essen. Im Zuge dieser Neuordnung erhielt das Werk die Bezeichnung Rheinstahl-Hanomag AG, Hannover. Als Organgesellschaft der Hanomag schloss sich diesem Unternehmen auch die Landmaschinenfabrik Essen, ein ehemaliger Krupp-Betrieb, und als Beteiligungsgesellschaft die

Hans Vidal u. Sohn Tempo-Werk GmbH an. Die Gesamtproduktion der ausgelieferten L-28-Fahrzeuge betrug 1958 schließlich 55732 Exemplare.
1958 löste die Frontlenkergeneration mit dem Kurier die bisherigen 1,7/2-Tonnen-Haubenfahrzeuge ab. Die Bezeichnung „Kurier“ stammte dabei von dem einst so erfolgreichen Pkw-Modell der Vorkriegszeit. Der Kurier war mit einem dreisitzigen, rundumverglasten Fahrerhaus mit einem Ovalgrill versehen. Der bewährte 50-PS-Motor unter dem Mittelsitz gab seine Kraft über ein Viergang-Vollsynchrongetriebe mit Lenkradschaltung auf die Hinterräder ab. Weitere Details waren Einzelsitze und die vordere Einzelradaufhängung an Dreieckslenkern mit Schraubenfedern und Stoßdämpfern. Ein außergewöhnlicher Fahrkomfort, hervorragende Fahreigenschaften und ein kleiner Wendekreis waren weitere Vorzüge. Neben dem Hanomag-Schriftzug zierte der Rheinstahl-Bogen die Frontpartie.
Hinzuzufügen ist noch, dass die neue Fahrzeuggeneration mit dem leichten und kleinvolumigen Zweitaktdieselmotor aus der Traktorenbaureihe ausgestattet werden sollte. Da die Zweitaktmotoren im Testbetrieb sich nicht als genügend standfest erwiesen hatten und der Ölverbrauch zu groß war, blieb den Fahrzeugen das Zweitaktabenteuer erspart. Praktisch über Nacht entschied man sich wieder für den Vorkammer-Dieselmotor, so dass das Fahrzeug aufgrund des höheren Gewichts des Viertakters allerdings etwas zu kopflastig geriet.
Ein Jahr später folgte der Garant, der den 2,5-Tonner ablöste. Zunächst trieb der aufgeladene 65-PS-, dann der aufgeladene 70-PS-Motor das Fahrzeug an. Die Nutzlast wurde dabei auf 2,7 Tonnen angehoben. Wenig später erschien der 3,2-Tonner Markant, der den 3-Tonnen-Hauben-Lkw ersetzte. Alle drei Frontlenker-Modelle dieses gut abgestuften Programms besaßen das gleiche Fahrerhaus und wurden als Pritschen- und als Kofferwagen sowie als Kipper gefertigt.
1960 kam der Kurier-Kastenwagen als Modell Kurier II heraus, der gegenüber dem Pritschen-Kurier eine kantigere Vorderfront und eine anders gestaltete Panoramascheibe erhielt. Das Fahrzeug war auf einem stabilen Plattformrahmen aufgebaut, im Gegensatz zum Rahmen des

Hanomag Markant · 1959–1967

Hanomag F 66 · 1967–1969

Pritschenwagens mit U-Profilen. Für das Umrüsten der Kurier- sowie der anderen Modelle zu Kleinzugmaschinen wurden Fahrzeuge an die Firma Enser in Fürth/Bayern geliefert. Die Fahrzeuge erhielten durch den Umbau ZF-Fünfganggetriebe mit Mittelschaltung, ein vorderes Zugmaul und auf dem kurzen Radstand eine hintere Ballastpritsche. Auch das Hanomag-Werk rüstete Fahrzeuge für Zugzwecke um.

Da das Hanomag-Werk in Hannover-Linden an der Grenze seiner Fertigungskapazität angelangt war, griff der Vorstand bei der Auflösung des Borgward-Werkes 1961 zu und erwarb das Gelände und die Werkshallen in Bremen-Sebaldsbrück. Die Montage der Hanomag-Schnelllaster wurde Zug um Zug dorthin verlagert. Auch die Fertigung der Harburger Kleintransporter wurde dorthin verlegt. Die Konstruktions- und die Motorenabteilung sowie die Verwaltung blieben jedoch in Hannover. Die Tagesleistung konnte somit auf 60 Lkws erhöht werden. Im Sommer 1962 liefen die ersten Markant-Typen und die erwähnten Allradfahrzeuge neben den dort auch gefertigten Radladern vom Band. Das Werk in Hannover konzentrierte sich auf die Traktoren-, Raupen- und Baumaschinenfertigung. Hinzu kam dort der Bau von über 500 Exemplaren des Schützenpanzers HS 30.

1963 löste der ehemalige Borgward-70-PS-Dieselmotor mit dem Ricardo-Wirbelkammerverfahren den Motor mit dem Roots-Gebläse ab. Gegenüber dem kleinvolumigeren, aufgeladenen Motor konnte der hervorragend gelungene Borgward-Motor kostengünstiger produziert werden. Allerdings wurde der alte 2,8-Liter-Motor jetzt noch zu einer 63/70-PS-Vergaserversion entwickelt, die in den Geländewagen eingebaut wurde.

Im Jahre 1965 wurden die Geschäftsanteile der Hans Vidal u. Sohn Tempo-Werk GmbH übernommen, so dass Hanomag nun ein Programm an Fahrzeugen von 1 bis 3 Tonnen anbieten konnte.

1967 war die Tagesleistung auf bis zu 70 Fahrzeuge gesteigert worden, die in dem 2600 Mann starken Bremer Betrieb in allen gängigen Versionen gefertigt wurden. Letztmalig wurde in diesem Jahr eine Serie von 550 Allrad-Haubenwagen für den Bundesgrenzschutz aufgelegt.

Die Kurier-Modelle wurden von 1958 bis 1967 in 62459 Exemplaren gefertigt, worin 6999 Kastenwagen Kurier II enthalten sind. Der Garant erreichte eine Stückzahl von

24222 und der Markant eine Stückzahl von 23765 Modellen.
Im April 1967 präsentierte das Rheinstahl-Hanomag-Werk erneut eine nach dem Baukastensystem aufgebaute Frontlenkerreihe unter der Bezeichnung „F" mit den Modellen F 45/30, F 55/39, F 65, F 75, F 66 und F 76, die mit neuen, im Hubraum fast oder ganz quadratischen Motoren ausgestattet wurden. Zur Erweiterung des Programms nach oben erhielten die F-66- und die F-76-Typen den neuen Sechszylindermotor. Die F-45-0-Fahrgestelle für den Omnibus- oder Feuerwehraufbau wurden auch mit dem auf Vergaserbetrieb umgerüsteten Vierzylindermotor mit 80 PS Leistung versehen. Die Drehzahl wurde bewusst auf 3400 Umdrehungen begrenzt, da dadurch keine andere Getriebeübersetzung bzw. Hinterachsübersetzung erforderlich war.
Die schnelllaufenden Motoren wurden im Baukastensystem gefertigt und waren mit Wirbelkammer-Zylinderköpfen versehen. Das kantige, mit einer Kurzhaube konstruierte Fahrzeug besaß einen breiten, rechteckigen Kühlergrill. Ein robuster Leiterrahmen mit eingepressten Querträgern wurde für alle Ausführungen verwendet.
Der F 45 erhielt ein Viergang-, alle anderen Typen ein Fünfganggetriebe, beide von der Hanomag gefertigt.
Wenig später folgte der F 85/39, der als 5,3-Tonner mit dem 100-PS-Motor ausgestattet war. Der gleiche Motor kam in gedrosselter Version auch in den Traktoren und in den Raupenschleppern zum Einbau. Hanomag bot damit in der leichten und in der mittleren Klasse neben den Kleintransportern Fahrzeuge mit 2,1, 2,6, 3,6, 4,5 und 5,3 Tonnen als Pritschen-, Kasten- und als Kofferwagen sowie als Feuerwehr-Basisfahrzeuge an. Die F-76- und F-86-Modelle wurden auch als Sattelschlepper und als Kipper gefertigt. Der F 76 wurde auch mit einer Luftfeder-Hinterachse sowie mit einer Hub-Senk-Einrichtung versehen. Auf Wunsch wurden die Modelle mit einer Doppelkabine ausgeliefert, Exportversionen erhielten einen verstärkten Rahmen. Versuchsweise rüstete das Werk Kippermodelle mit einem Allradantrieb aus. Wiederum wurden Fahrzeuge der F-45- bis F-86-Typenreihe an die Firma Enser zur Umrüstung als Zugmaschinen abgegeben. Auch das Hanomag-Werk rüstete Sattelzugmaschinen mit Ballastpritschen und mit hochuntersetzten, langsamlaufenden „Bergachsen" zu Zugmaschinen um.

1968 erfolgte der Zusammenschluss der Hanomag-Werke mit den Henschel-Werken in Kassel zur Hanomag-Henschel Fahrzeugwerke GmbH (HHF), nachdem die Rheinstahlwerke das Bremer Werk ausgegliedert hatten. Im Verbund der HHF standen nun das Sebaldsbrücker Werk für die Fertigung der 1- bis 5,5-Tonner, das Harburger Transporterwerk mit seinen 2200 Mann für die Fertigung von Komponenten für die 1- bis 1,7-Tonner, das Kasseler Werk mit 3800 Mann für die Fertigung der Schwerlastwagen, und die Verwaltung mit der Hanomag-Motorenfertigung in Hannover mit 1500 Mann zur Verfügung.
Nach der erneuten Umänderung der HHF wurden die noch verbliebenen Rheinstahlwerke in Kassel als Zweigniederlassung Transporttechnik und Maschinenbau und der Baumaschinenbereich in Hannover direkt dem Rheinstahl-Konzern unterstellt. Die Fahrzeugwerke in Bremen, Hamburg-Harburg und in Kassel sowie die Verwaltung und der Motorenbau in Hannover wurden von der Daim-

Hanomag-Henschel F 223 · 1971–1974

ler-Benz AG gepachtet. Im Jahre 1969 erwarb die Daimler-Benz AG 51 Prozent der Gesellschaftsanteile an den HHF-Werken mit seinen insgesamt 9711 Arbeitern und 2416 Angestellten. Dabei lag zunächst der Gedanke zugrunde, die HHF als zweite Produktions- und Vertriebsorganisation der Daimler-Benz AG aufzubauen.

Im Fahrzeugbau erschien in diesem Jahr der F 46 als Zweitonner mit dem 80-PS-Motor. 1970 wurde die Leistung des Sechszylindermotors auf 115 PS gesteigert, wobei das Sechszylinder-Fahrzeug die Bezeichnung F 86/41 erhielt. Nachdem die Daimler-Benz AG 1970 die restlichen 49 Prozent der HHF-Geschäftsanteile erworben hatte, wurde das Werk, das in diesem Jahr 20040 Schnelllaster und 10000 Transporter hergestellt hatte, auf die Fertigung der Daimler-Benz-Schnelllaster umgestellt. Mit Daimler-Benz-Fahrerhäusern, aber mit dem Hanomag-Henschel-Schriftzug, erschienen 1972 die Modelle F 46 und F 55, die als Kastenwagen und als Doppelkabiner mit dem 85-PS-Dieselmotor der Daimler-Benz AG gebaut wurden und die Hanomag-Kunden auf die Daimler-Benz-Typen einstimmen sollten. Hinzu kamen der 60-PS-Typ F 40 B und der 68-PS-Typ F 45 B.

1973/74 liefen dann die letzten F-Modelle vom Band, da aus Hannover keine Motoren mehr bezogen werden konnten. Die Stückzahl aller F-Typen belief sich zu diesem Zeitpunkt auf 91399 Lastwagen. Hinzu kamen 482 Zugmaschinen der eigenen oder der Enser-Fertigung.

Die Motorenfertigung war inzwischen an die Volvo-Werke verkauft worden. Die noch in größeren Stückzahlen herumstehenden Fahrerhäuser wurden an die Steyr-Werke in Graz verkauft, die ihren Schnelllaster Steyr 590 mit dem Hanomag-Fahrerhaus, aber mit einer neuen, spitz vorspringenden Motorverkleidung noch bis heute weiterbauten. Die HHF-Werke wurden in die Daimler-Benz-Fabrikation integriert, wobei die Fertigung der ehemaligen Tempo-Fahrzeuge der HHF mit dem DB-Motor unverändert weiterlief. Das Bremer Werk wurde auf die Fertigung der DB-Schnelllaster und später auf die Fertigung der Personenwagen der Baureihe 190 und der T-Modelle umgestellt.

Von Interesse ist noch, dass das Hanomag-Werk auf der Frankfurter IAA 1967 zwei Prototypen der geplanten Baureihe H 45A vorgestellt hat. Diese Kurzhaubentransporter sollten als Spezialfahrzeuge das bekannte Hanomag-F-Programm ergänzen und die ehemalige AL-28-Serie neu aufleben lassen. Die Fahrzeuge wurden mit 68 PS starken Motoren ausgestattet. Weiterhin wurde im Werk Hannover der größere Typ H 55A mit dem 80-PS-Motor in mehreren Prototypen bis 1969 erprobt. Auch die Konstruktionszeichnungen für den H 85A mit dem 100-PS-Motor waren fertiggestellt worden. Die Fahrzeugreihe sollte als konventioneller Typ mit Hinterachsantrieb, als Allradfahrzeug, als Allradfahrzeug mit Portalachsen und als Zugkopf für Hubfahrzeuge gebaut werden. Auf eine weitgehende Verwendung von Teilen aus der F-Serie wurde Wert gelegt. Die Fahrzeuge sollten hauptsächlich Verwendung bei kommunalen Behörden, bei Feuerwehren, bei der Bundespost, der Bundesbahn, dem THW, dem Bundesgrenzschutz und bei der Bundeswehr finden. Mit der Übernahme des Werkes durch die Daimler-Benz AG wurde die Weiterentwicklung dieser leichten, zumeist geländegängigen Fahrzeuge eingestellt.

HENSCHEL

Das Henschel-Werk war als einer der großen deutschen Rüstungsbetriebe für Panzer, Flugzeuge und Flugmotoren (neben der traditionellen Lokomotiven- und Lkw-Fertigung) durch den Krieg zu 80 Prozent zerstört worden.
Mit der Währungsreform wurde das Lkw-Bauverbot aufgehoben. Oscar R. Henschel konnte 1949 wieder den Vorsitz der Geschäftsführung einnehmen.
1949 präsentierte das Unternehmen den HS 6 als ersten Nachkriegslastwagen. Der 8,6-Liter-Sechszylindermotor mit 140 PS baute auf den Erkenntnissen und Erfahrungen mit dem 95-PS-Sechszylindermotor auf. Durch das Henschel-Lanova-Energiespeicherverfahren, das gegenüber dem ursprünglichen Lanova-Verfahren unter dem Auslassventil einen Raum für die Verbrennung enthielt, der als Luftspeicher 6,5 Prozent der komprimierten Luft – anstelle von 18 Prozent beim ursprünglichen Lanova-Luftspeicher-Verfahren – enthielt, konnte ein äußerst ruhiger und wirtschaftlicher Lauf erreicht werden. Im gesamten Drehzahlbereich war der Motor besonders anpassungsfähig und elastisch, so dass ein „ungemein weicher Gang des Motors“ vorhanden war. Gehäuseoberteil und Zylinderblock des Motors waren in einem Stück gegossen; später wurden paarweise zusammengesetzte Zylinderköpfe verwendet. Mit 2000 Umdrehungen wurde die Maschine als Schnellläufer bezeichnet. Die Verdichtung lag bei nur 1:15,6. Der Sechstonner besaß ein gutabgestuftes und leicht zu bedienendes Doppel-Vierganggetriebe, wobei 3. und 4. Gang synchronisiert waren. Zu jedem Gang gab es eine Schnellstufe, die ohne Kupplungsbetätigung durch einen Hebel am Lenkrad vorgewählt werden konnte, so dass 8 Gänge vorhanden waren. Das Durchschalten ging durch Gasgeben und Gaswegnehmen vonstatten.
Eine wirksame und die anderen Bremsanlagen schonende und verschleißfreie Motorbremse war vorhanden, wobei eine Klappe die Abgase staute. Aus Gründen der Gewichtseinsparung waren in den Rahmen sogenannte Entlastungslöcher eingestanzt.
Auch auf ein bequemes, wohnliches Fahrerhaus wurde Wert gelegt. Das Reserverad war auf einem abklappbaren Führungsschlitten befestigt, der das Hervorholen und das Einschieben im Bedarfsfall für den Fahrer zu einer „mühelosen Angelegenheit“ werden ließ. Charakteristisch waren die breiten, freistehenden Stoßstangen mit den aufgesetzten Scheinwerfern.
1950 wurde das auf dem deutschen Markt und im Export hervorragend aufgenommene Fahrzeug mit der endgültigen Bezeichnung HS 140 versehen. Das ursprünglich noch an die Fahrzeuge der Vorkriegszeit erinnernde Fahrerhaus wurde dabei überarbeitet, die Tonnage auf 6,5 Tonnen erhöht.

Das HS-140-Fahrzeug wurde bis 1961 gefertigt, wobei den gesetzlichen Änderungen entsprechend die Motorleistung ab 1955 auf 145 und ab 1958 auf 165 PS heraufgesetzt wurde. Die Exportmodelle erhielten schon frühzeitig das 165-PS-Triebwerk. In den Ausführungen als Pritschen- und Kofferwagen, als Kipper, als Allradantriebsfahrzeug und als Sattelzugmaschine wurden die HS-140-Modelle gebaut. Die Kipper und die Zugmaschinen wurden mit einem ZF-Sechsganggetriebe versehen.
1955 wurden die glatten Türen durch leicht gewölbte, mit einer Sicke in der Mitte verstärkte Türen umgestaltet; das gleiche Fahrerhaus in Stahl-Holz-Bauweise wurde dann auch für den späteren HS 170 verwendet. Neben dem nicht in den Serienbau gelangten Achttonner HS 150, der den auf 150 PS gesteigerten Motor besaß, stellte Henschel 1950 den doppelmotorigen HS 190 S vor, der auch unter der Bezeichnung „Bimot“ bekannt geworden ist. Dieses

Henschel HS 140 K · 1949–1961

Frontlenkerfahrzeug mit einem kurzen, überwölbten Vorderbau besaß zwei querstehende 95-PS-Motoren, die über Gummielemente eine Antriebswelle in Bewegung setzten. Die Motoren waren mit der Schwungradseite zueinander angeordnet. Der zweite Motor war auf Linkslauf umgestellt. Über zwei sogenannte Schranktüren konnten die Motoren von außen gewartet werden. Mit einem Schnecken-Stirnradantrieb wurde beim Kofferfahrzeug die Hinterachse (beim Sattelschlepper die beiden Hinterachsen) in Bewegung gesetzt. Das ZF-Sechsganggetriebe war mit einem Schnellgang versehen. Die Höchstgeschwindigkeit des Fahrzeugs betrug 65 km/h.

Probleme ergaben sich im Einsatz naturgemäß durch den nicht vollständig zu synchronisierenden Lauf der Motoren. Darüber hinaus schreckte der hohe Preis potentielle Kunden ab, so dass ein Verkaufserfolg ausblieb. Nur zwei Sattelschlepper-Zugmaschinen für 40-Tonnen-Tankauflieger mit 20000 Litern Fassungsvermögen und einige wenige Kofferfahrzeuge wurden neben ebenfalls wenigen Omnibussen gefertigt.

Größeren Erfolg hatte dagegen der 1951 vorgestellte HS 100, der als 4,5-Tonner mit einem 100-PS-Motor versehen war. Das Fahrzeug besaß ebenfalls das Henschel-Schnellganggetriebe, das hier aus einem Fünfgang-Allklauengetriebe mit Zwischenstufen bestand. Differentialsperren waren vorhanden. Zwei Radstände konnten für dieses Universalfahrzeug mit seiner relativ kurzen Haube gewählt werden. Das 90 km/h schnelle Modell wurde 1952 auch als Allradtyp für die Bauwirtschaft angeboten. 1955 wurde die Motorleistung von 100 auf 105 und 1959 schließlich auf 132 PS gesteigert.

Schon ein Jahr zuvor hatte der HS 100 das etwas modernisierte Fahrerhaus mit einer ungeteilten Scheibe erhalten. Schließlich wurde der HS 100 1962/63 unter den Bezeich-

Henschel HS 120 AK · 1954–1960

nungen HS 12 HK und HS 12 TL mit einem 132-PS- oder mit einem 150-PS-Ladermotor noch in den Verkaufslisten geführt. 1967/68 wurde dieses erfolgreiche Modell durch den HS 112 K mit dem neuen 160-PS-Motor abgelöst. Auf Wunsch konnte der HS 100 auch mit der Henschel-Motorbremse geliefert werden.

1953 folgten der Frontlenker HS 115 und der schwere HS 170 T, wobei Henschel erstmals Fahrerhäuser in Tramform (Frontlenker-Bauart) verwendete. Der HS 115 wurde als 5,2-Tonner mit einem neuen 115-PS-Diesel- oder für den Export mit einem gleichvolumigen Vergasermotor mit 130 PS gebaut. Darüber hinaus wurde das Allrad-Geländemodell mit hinterer Einzelradbereifung angeboten, wobei Henschel darauf spekulierte, dieses Modell in größeren Stückzahlen bei den geplanten Streitkräften absetzen zu können. 400 Exemplare wurden 1955 mit dem inzwischen auf 125 PS gesteigerten Motor an die Bundeswehr geliefert. Der für 8,5 Tonnen ausgelegte schwere Fernverkehrslaster HS 170 T wurde mit einem neuen 170-PS-Motor und mit einem großen Tramfahrerhaus ausgestattet. Die Maschine ragte dabei in das Fahrerhaus hinein. Beliebt war dieses Modell vor allem in der Sattelschlepperversion. Die HS-170-T-Typen waren mit einem Henschel-Fünfgang-Stufengetriebe oder mit einem ZF-Sechsganggetriebe versehen. Auch in einer etwas hochbeinigen Allradversion mit einer Seilwinde wurde das schwere Kippfahrzeug gebaut, wobei das Fahrzeug über eine ausgezeichnete Wendigkeit und über eine für den Fahrer ausgezeichnete Übersichtlichkeit verfügte. Die Motorleistung wurde 1959 auf 180 PS angehoben. Auch mit einer großen Haube und einer wuchtigen Stoßstange wurden die HS-170-Modelle in konventioneller Bauform hergestellt. 1955 wurden die Frontlenkermodelle durch die Modelle HS 145 T und durch HS 165 T ergänzt, die später in die HS-14-TL- und in die HS-16-TL-Serie mündeten.

Im Jahre 1955 baute Henschel als 200-PS-Fahrzeug den Stahltransporter HS 200 LN, der in Fahrzeugmitte vorne eine hochgesetzte Einmannkabine mit Hydrokupplung und einer über Kreuzgelenke geführten Lenkung besaß. Der Motor war in Unterflurbauweise angebracht und stammte aus der Omnibus-Serie. Langeisenteile konnten seitlich auf der von Kässbohrer konstruierten Pritsche transportiert werden. Der aus dem HS 100 und dem HS 115 weiterentwickelte HS 120 erschien als Kurzhaubenlastwagen mit dem Einheitsfahrerhaus als 6,2-Tonner mit dem 125-PS-Motor. Der HS 120 T wurde als 6,7-Tonnen-Frontlenker mit einem 120-PS- oder erstmals mit einem aufgeladenen 145-PS-Motor und wahlweise mit einem Allradantrieb hergestellt. Ein kurzes oder ein langes Fahrerhaus konnte bezogen werden.

Henschel HS 90 · 1957–1959

1958 wurde die Leistung des Ladermotors auf 150 PS festgesetzt, um den neuen Gesetzen zu entsprechen. Die innere Motorhaube wurde nun gegenüber der Fahrerkabine doppelwandig und isoliert angebracht.
Als weiteres Frontlenkerfahrzeug mit kurzem oder mit einem langen Fahrerhaus kam 1955 der 145 PS starke HS 145 T hinzu, der zuerst mit hinteren Blattfedern versehen war und 1957 zum Niveauausgleich mit einer Luftfederung hinten ausgestattet wurde. Ab 1956 konnte der HS 145 als weiterer Henschel-Lkw auch mit einem Roots-Gebläse ausgestattet werden, so dass 180 PS zur Verfügung standen. Das Fahrzeug sollte als 8,2-Tonner den ursprünglichen HS 140 ablösen. Der HS 180 T wurde als Pritschenwagen für 11,2 Tonnen und als schweres Allradfahrzeug mit dem 180-PS-Motor für den Export hergestellt. Im gleichen Jahr begann in der Motorenabteilung die Entwicklung von Direkteinspritzmotoren, mit denen sich bei höherer Wirtschaftlichkeit auch höhere Leistungen erzielen ließen. Die Lanova- und die späteren Direkteinspritzmotoren lieferte Henschel auch als Schiffsdiesel-, als Schiffshilfs-, als Landmaschinen-, als Stromerzeuger- und als Industriemotoren. Ein Werk für schwere Schiffsdieselmotoren unterhielt Henschel zusätzlich in Hamburg.
Nach der Mitte der fünfziger Jahre bot das Kasseler Nutzfahrzeugwerk mit den Haubenmodellen HS 100, HS 120, HS 140 und HS 170 sowie mit den Frontlenkermodellen HS 115, HS 145 T, HS 165 T und HS 170 T ein breites Programm in der mittleren und in der schweren Klasse an. Motoren mit 5,4, 6,1, 8,5 und 11 Litern Hubraum standen zur Verfügung. Alle Modelle konnten – mit Ausnahme des HS 145 T – auch mit Allradantrieb ausgerüstet werden. Der Rahmen war bei diesen Modellen in Fischbauchform mit Profillängsträgern konstruiert. Die Typenbezeichnungen, die sich zunächst auf die PS-Leistungen bezogen, blieben schließlich nur noch ein Hinweis auf den Urtyp, da die Motorstärken und damit die Nutzlasten ständig angehoben wurden.
Mit dem mittelschweren HS 90, dem kleinsten Henschel-Nachkriegsmodell, bot das Werk wieder einen 4,5-Tonner an, nachdem der HS 100 schon in eine höhere Klasse gerückt war. Mit dem weit vorne aufgesetzten, schmalen und eigenwilligen Frontlenkerfahrerhaus, zunächst noch mit geteilter Scheibe, konnte der Lkw recht kurz gebaut werden. Der 90-PS-Vierzylindermotor mit dem ZF-Fünfganggetriebe war in Unterflurbauweise kurz hinter der Vorderachse angebracht. Im mit einem Schiebedach versehenen Fahrerhaus sorgte eine Lenkrad-Fernschaltung für einen Pkw-ähnlichen Fahrkomfort. Das Fahrzeug verfügte über einen enorm kleinen Wendekreis. Auf Wunsch konnte der HS 90 auch mit einer Motorbremse versehen

werden. 1959 wurde das für den Kurzstrecken-Verteilerverkehr vorgesehene Fahrzeug mit dem auf 110 PS gesteigerten Motor ausgerüstet, wobei die Nutzlast auf 5,2 Tonnen angehoben wurde. Henschel war damit der einzige deutsche Produzent, der neben dem Unterflur-Pionier Büssing ein derartiges Antriebskonzept im Programm hatte. Die neuen Kurzhaubenfahrzeuge HS 95 mit einem 110-PS-Motor erhielten nun seitliche Ausbuchtungen an der Motorhaube, so dass auf der einen Seite das Lenkgetriebe verdeckt werden konnte.

Der neue HS 120 wurde als Dreiachser auf einem elastischen Leiterrahmen zum HS 3-125 und mit einem 125-PS- oder mit dem aufgeladenen 145-PS-Motor als Kipper, als Pritschen- und Kofferwagen sowie als Sattelzugmaschine angeboten. Die Hinterachsen waren an umgekehrt aufgehängten Längsblattfedern montiert. Die Kurzhaubenkabine war leicht dem Zeitgeschmack angepasst worden. Das von 1957 bis 1961 unter der angegebenen Bezeichnung gefertigte Fahrzeug fand Verwendung vor allem im Baugewerbe und wurde neben der Kipperversion auch in einer Betonmischerausführung hergestellt. Durch die Änderung der Motortechnik standen schließlich 150 PS zur Verfügung. Eine Besonderheit war die elektropneumatische Motorbremse. Nach 1961 wurde dieser Typ unter der Bezeichnung HS 20 HK und als Betonmischer HS 22 HBM weitergeführt.

1959 präsentierte das Werk als schwerste Einheit den HS 3-180 TAK, der als Frontlenker mit einer 16-Tonnen-Mulde bzw. mit einer 11-Tonnen Pritsche versehen werden konnte. Dieser Henschel-Typ wurde mit oder ohne Allradantrieb ausgeliefert. Die Muldenversion besaß hintere Einzel-Spezialbereifung. Eine hydraulische Lenkung, eine pneumatisch betätigte Einscheibenkupplung und ein Sechsgang-Verteilergetriebe gehörten zur Fahrzeugausstattung.

Zunächst war der HS 3-180 TAK mit dem 180-PS-, ab 1961 mit dem auf 192 PS angehobenen Motor ausgerüstet. Elektropneumatisch sperrbare Differentiale an allen Rädern sorgten für eine gleichmäßige Übertragung der Zugkräfte in schwierigem Gelände. Bis 1965 blieb dieses in größeren Stückzahlen exportierte Modell im Programm. Der neue HS 100 T wurde mit dem auf 132 PS ausgelegten 6,1-Liter-Motor versehen, um die neuen gesetzlichen Bestimmungen zu erfüllen. Das Tramfahrerhaus mit einer Panoramascheibe war neu konstruiert worden. Im Fahrgestellrahmen war das separate Zweigang-Stufengetriebe angebracht, das mit Druckluft geschaltet wurde, so dass zehn Vorwärtsgänge vorhanden waren. Hinzu kam als zusätzliche Ausstattung ein Sperrdifferential.

Der HS 120 wurde nun als Frontlenker-Sattelschlepper mit langem und mit kurzem Fahrerhaus als 6,7- und als 8,3-Tonner gebaut. Mit einer Neuerung im Henschel-Motorenbau kam 1960 der HS 165 TI mit einem 192-PS-Direkteinspritzmotor mit drei Ventilen pro Zylinder hinzu, der aus dem 180-PS-Motor (bei gleichen Abmessungen) entwickelt worden war. Gegenüber dem Lanova-Dieselmotor mit dem zerklüfteten Brennraum wies das neue Triebwerk eine höhere Leistung auf. Auch die Einspritzanlage und die Einstellungen waren verändert worden. Den neuen Rechtsvorschriften entsprechend wurde der HS 165 T als Fernverkehrslaster für 16 Tonnen Gesamtgewicht ausgelegt. Mit einem langen Fahrerhaus, das über Schlafkojen verfügte, war die Fernverkehrsausführung ausgestattet. Das I in der Typenbezeichnung deutete auf die Inlands-Ausführung hin.

Als einziger deutscher Hersteller führte Henschel 1961 auf der Frankfurter IAA Fahrzeuge eines neuen Programms vor. Der HS 14, der den HS 140 endgültig ablöste, wurde als 8,2/8,4-Tonnen-Fahrzeug in neuer Hauben- und in neuer Frontlenkerausführung mit den Bezeichnungen HS 14 HK und HS 14 TL vorgestellt. Das üppige Fahrerhaus war kantig gestaltet und besaß eine ebenfalls kantige Motorhaube mit einem breiten unteren Grill in der Haubenausführung.

In der Allrad-Haubenausführung für 8 Tonnen war der auf 168 PS noch stärker gedrosselte Motor installiert, da damit

Henschel HS 14 · 1961–1967

schon den gesetzlichen Bestimmungen entsprochen werden konnte.
Das Frontlenkerfahrerhaus war in kubischer Form mit kantigen Ecken und einem in der Fahrzeugmitte spitz vorspringenden, geriffelten Kühlergrill gestaltet. Ovale Scheinwerfer waren in den Grill eingepasst. Ein bequemer Einstieg, weit über den rechten Winkel zu öffnende Türen und eine umfangreiche Verglasung waren weitere Details der neuen Fahrerhausgeneration. Aufgrund der Rationalisierungsmaßnahmen wurde auf die möglichst große Verwendung gleicher Teile in beiden Baureihen Wert gelegt.
Ein weiteres neues Modell war der Neuntonner HS 16 in Frontlenker- oder in Haubenversion, in den der 192-PS-Motor installiert wurde. Das Frontlenkerfahrzeug konnte mit kurzer oder mit langer Kabine geliefert werden. Mit diesem Modell wurden der HS 165 T und der HS 170 abgelöst. Aus dem alten Programm wurden vor allem die Dreiachser HS 3-125 und HS 3-180, nun unter der neuen Bezeichnung HS 34 TAK, weitergebaut.
Der HS 12 TL erhielt den 6,1-Liter-Ladermotor, wodurch die Leistung von 130 auf 150 PS angehoben wurde.

Eine weitere Überraschung war 1961 die vereinbarte Zusammenarbeit mit der französischen Renault-Tochterfirma Saviem LRS in Suresnes bei Paris. Dieser im Rahmen der Aufbruchsstimmung für den europäischen Markt geschlossene Vertrag war auf 25 Jahre abgeschlossen und sollte eine gemeinsame Entwicklung und den gemeinsamen Vertrieb der Fahrzeuge beider Partner beinhalten. Die Zusammenarbeit wurde allerdings schon nach zwei Jahren wieder eingestellt. Neben dem Henschel-Sechszackstern zierte für diese Zeit ein Henschel-Saviem-Schriftzug die Front- bzw. die Motorseitenpartien der Henschel-Fahrzeuge. Dem Kasseler Werk gelang es jedoch, noch für längere Zeit seine Motoren an den französischen Nutzfahrzeughersteller zu verkaufen.
In den frühen sechziger Jahren stellte das Werk in Anlehnung an die Straßenwalzenfertigung auch Grader und Schürfkübel in Zusammenarbeit mit den Rothenburger Metallwerken (RMW) her. Auch in den expandierenden Betonmischerbau stieg das Werk verstärkt mit den Typen HS 11 HBM und HS 22 HBM ein. Der 192-PS-Motor, der sich nun immer mehr zum Henschel-Standardmotor entwickelte, erfuhr im HS 22 TS mit einer Hufladung eine weitere Leistungssteigerung auf 230 PS.
Im Programm von 1962 stand der immer noch gut verkäufliche HS 100, der nun unter der Bezeichnung HS 12 weitergebaut wurde. Weitere Standardmodelle waren der HS 12 T, der HS 16, der HS 20 HK und der HS 34 TAK sowie die neue HS-16-Frontlenkersattelzugmaschine. Die bis 1963 nur für den Export gelieferten HS-12-Fahrzeuge für 6,8 Tonnen Nutzlast wurden nun auch für den schweren Baustellenverkehr in Deutschland mit 132 und mit 150 PS starken Motoren angeboten.
Als Zwischenmodell kam der HS 15 mit dem 192-PS-Motor hinzu, der vor allem in der Sattelzugmaschinen-Variante mit einem Großraumpritschenauflieger beliebt war.
Als weitere Neuheit erschien der HS 16 als 9,4-Tonner, der ebenfalls als Kipper, Pritschenwagen und als Sattelschlepper mit dem wirtschaftlichen 192-PS-Motor ausgerüstet wurde. Serienmäßig wurde hier eine Differentialsperre eingebaut.
1963 bestand dann das Henschel-Programm aus den Modellen HS 12, HS 14, HS 15, HS 16, HS 19 sowie aus den Dreiachsern HS 22 und HS 22 TS. Hinzu kam das überschwere Modell HS 34. Das neue Flaggschiff HS 22 TS war mit dem durch eine Roots-Aufladung auf 230 PS gesteigerten 11-Liter-Direkteinspritzmotor versehen. Mit langem oder mit kurzem Fahrerhaus konnte dieses Modell als Sattelzugmaschine für den 36-Tonnen-Zug geliefert werden. Der Motor war tief im Rahmen unter den Sitzen untergebracht, so dass er nicht störend in das Fahrerhaus hineinragte. Der HS 22 TL wurde als Dreiachser für den geplanten 38-Tonnen-Zug mit 180 PS geliefert. Die TLN-Version war mit einer Nachlaufachse ausgerüstet.

Der schwere Frontlenkerkipper HS 22 TK wurde mit dem 192-PS- oder mit dem ausgezeichnet gelungenen 230-PS-Roots-Ladermotor für eine Nutzlast von 13,8 Tonnen hergestellt. Schließlich wurde diese Typenklasse auch als dreiachsiger Hauben-Allradkipper mit der Bezeichnung HS 22 HAK für 12,9 Tonnen Nutzlast gebaut. Drei Differentialsperren sollten für gute Traktion in schwierigem Gelände sorgen. Um noch stärkere Motorleistungen zu erzielen, entwarfen die Henschel-Ingenieure einen 310 PS starken V-8-Motor, der dann aber aufgrund der Übernahme durch die Daimler-Benz AG nicht in den Serienbau gelangte. 1965 wurden die Fahrerhäuser leicht umgestaltet. Die Riffelung im Frontblech wurde auf den unteren Teil begrenzt. Der HS 16 TAK und die Baustellenfahrzeuge wurden mit geteilten, die anderen Typen mit ungeteilten Scheiben ausgeführt. Die Scheinwerfer waren nun in runder Form in der Frontpartie oder in den Stoßstangen angebracht. Letztmalig wurde, wie erwähnt, der HS 34 in der alten Trambauweise hergestellt; ebenfalls entfielen in diesem Jahr als letzte Kurzhaubenmodelle die Typen HS 12 HL und HS 19 HL.

Mit den Baujahren 1966/67 wurden die Fahrzeuge mit einem dreistelligen Zahlensystem unterschieden, wobei die ersten beiden Ziffern wie bisher das Gesamtgewicht, die letzte Ziffer die Bauserie angaben. Diesem Bezeichnungsschema, dem auch die Hanomag- und die Tempo-Fahrzeuge (später HHF) folgten, war ein „F" für Frontlenker- oder ein „H" für Haubenfahrzeug vorgesetzt.

Eine technisch besondere Konstruktion war 1966 die Sattelzugmaschine F 221 S-2A mit zwei gelenkten Vorderachsen mit Einzelradfederung, wobei die zweite Achse zurückversetzt war. Der 11-Liter-Motor mit 200 PS trieb das Fahrzeug an. Das Fahrerhaus konnte für Wartungsarbeiten vorgekippt werden. Dieses Modell wurde 1968 mit der Achsformel 6 X 4 X 4 mit dem 230-PS-Motor weiterentwickelt. Auch der1969 erschienene F 201 S-2 A war in dieser Konzeption mit dem 230-PS-Motor hergestellt worden. Die Typen waren auch mit zwei gelenkten Vorderachsen erhältlich, wobei die zweite Achse angetrieben wurde.

Die seit 1961 gebauten Frontlenkerfahrerhäuser wurden in Details geändert und mit einer Fülle technischer Ausrüstungen versehen. Als neue Sechstonner in Kurzhauben- und in Frontlenkerbauweise stellte das Werk 1967 die F/H-111- und die F/H-112-Modelle vor. In die erste Bauserie wurde ein neuer Fünfzylindermotor mit 130 PS eingebaut. Die zweite Baureihe wurde mit dem baugleichen Sechszylindermotor versehen, der 160 und aufgeladen 180 PS leistete. Mit diesen Sechs- und Siebentonnern wollte Henschel die Lücke zum Fünftonner-Hanomag, dem F 85, schließen. Der Serienbau der Kurzhaubenmodelle wurde, abgesehen von einigen H-112-K-Modellen, nicht aufgenommen. Die Frontlenkermodelle erschienen ein Jahr später im Serienbau, nachdem noch einige Details geändert worden waren.

Mit dem aufgebohrten 11-Liter-Motor, der nun fast 12 Liter Hubraum besaß und 186 PS als Saugmotor und 215 bzw. 230 PS als Ladermotor mit einem Visco-Lüfter leistete, wurden die Neun- und Zehntonner F 161 und H 161 ausgerüstet. Auch in die Zwölf- und Neunzehntonner F 201 S2A, F 221 MIN und TN, H 221 HK, F 261 AK, H 261 AK und F 321 AL wurde nun der große Ladermotor installiert. Neben dem Fünfzylindermotor, der jedoch nur in wenigen Exemplaren gebaut wurde, stand jetzt als Parallelentwicklung der neue 7,8-Liter-Sechszylindermotor zusammen mit dem großen 12-Liter-Triebwerk als Grundtyp zur Verfügung.

Eine neue firmenrechtliche Umstrukturierung ergab sich 1968, als die Rheinstahl AG unter Toni Schmücker, dem späteren VW-Chef, den Henschel-Nutzfahrzeugbau ausgliederte und die Hanomag-Henschel Fahrzeugwerke GmbH mit Sitz in Hannover gründete, die die Werke in Bremen-Sebaldsbrück, Hamburg-Harburg und in Kassel pachtete.

Henschel F 161 · 1967–1969

Hauptgesellschafter wurde die Daimler-Benz AG, die mit 51 Prozent der Geschäftsanteile das Sagen hatte.
Die Fahrerhäuser erhielten 1968 mit einer glatteren, kantigeren Form und mit einer tief heruntergezogenen Scheibe ihr endgültiges Aussehen. Der quadratische Kühlergrill mit dem Hanomag-Henschel-Schriftzug fügte sich ganz in das neue Design ein. Weitere Details waren die verstellbare Lenksäule, das abklappbare Sicherheitsarmaturenbrett und die leistungsstarke Klimaanlage. Die Motoren wurden nun bei den Frontlenkerfahrzeugen, abgesehen von den Baustellentypen, durchgängig unter den Sitzen angeordnet. Die Belegschaft im Kasseler Schwerlastwagenwerk betrug inzwischen 3800 Mann. Seit 1949 waren bis zu diesem Zeitpunkt über 86000 Henschel-Fahrzeuge gefertigt worden, wobei die Jahreskapazität 1968 4021 Lastwagen betrug.
1969 stellte das Werk als stärkstes Fahrzeug den F 163 LL als Neuntonner mit einem 320-PS-Zehnzylindermotor (in V-Form) von Daimler-Benz vor. Das dreiachsige Modell war mit einer Luftfeder-Doppelachse ausgestattet, wobei die letzte Achse als Nachlaufachse ausgebildet war. Auch in einer Ausführung mit hinterer Einzelachse konnte dieses neue Henschel-Fahrzeug geliefert werden.
1969 kam der F 131 L als 7,7-Tonner mit dem 170 PS starken 7,8-Liter-Motor hinzu. Das kurze, vor die Vorderachse gesetzte Fahrerhaus war in der Vorderfront nahezu quadratisch ausgeführt und besaß ebenfalls einen breiten, durchgehenden Kühlergrill. Mit dem alten Fahrerhaus wurden weiterhin der F 161 AK und der F 261 AK als schwere Baustellenfahrzeuge angeboten. Der Motor ragte bei diesen Modellen stehend in das Fahrerhaus hinein.
Auch vierachsige Betontransportfahrzeuge entwickelte das Unternehmen. Daneben bot Henschel eine Palette von 50 verschiedenen Nutzfahrzeug-Ausführungen an. Die Jahresfertigung betrug 1969 5319 Fahrzeuge.
Anzumerken ist noch, dass das Henschel-Werk mit großen Investitionen die Maschinenanlagen erneuerte und zu dieser Zeit die modernste deutsche Gelenkschmiede für Achsen aufstellte. Daimler-Benz erwarb in diesem Jahr noch die Minderheitsbeteiligung von 49 Prozent von der Rheinstahl AG. Neben der Lkw-Fertigung von Daimler-Benz sollte das Hanomag-Henschel-Programm zum „zweiten Produktions- und Vertriebsweg“ ausgebaut werden, um den Kunden ein Alternativ-Programm anbieten zu können. Das geplante Spitzenmodell F 320 AK als schwerer 20-Tonnen-Allradkipper mit 255 PS musste auf Druck aus Stuttgart wieder aus dem Programm genommen werden, um nicht den entsprechenden DB-Typen Konkurrenz zu machen. Der Bau der Haubenfahrzeuge mit den letzten Modellen H 122 AK, H 131 AK, H 161 K, H 221 HK und H 261 K wurde im Jahre 1971 eingestellt.
1971 präsentierte das Werk nochmals eine Reihe neuer Fahrzeuge, die allerdings schon mit DB-Motoren versehen waren; der F 130 L mit dem 130-PS-, der F 150 L mit dem 192-PS-, der F 163, der F 223 LN und der F 263 K 6X4 mit einem 320-PS-Daimler-Benz-Motor. Der F 130 L und der F 150 L sollten mit ihrem modernen Fahrerhaus eine neue Fahrzeuggeneration einleiten. Die größeren Typen wurden mit dem bekannten Fahrerhaus ausgestattet, wobei die Frontpartie im unteren Teil einen farblich abgesetzten Lufteinlass besaß.
Der F 263 AK 6X6 dieser Baureihe wurde ab 1972 mit dem DB-Stern als Daimler-Benz-Typ LPK 2632 bis 1974 weitergebaut. Das gleiche Schicksal ereilte den F 163 AK, der als LAPK 1632 im Daimler-Benz-Programm geführt wurde. Eine neu gestaltete Haubenfahrzeug-Generation kam nicht mehr zur Serienreife.
Entgegen der früheren Zusage von einem zweiten Produktionszweig liefen 1974 die letzten Henschel-Fahrzeuge vom Kasseler Band. Bis in das Jahr 1980 ließ die Daimler-Benz AG in Kassel eigene DB-Schwerlaster fertigen, wobei das Werk gleichzeitig zum Hauptlieferanten für die DB-Vorder- und Hinterachsen sowie der DB-Haubenlaster für den Export umgestaltet wurde.

KAELBLE

Im schwäbischen Bad Cannstatt gründete Gottfried Kaelble (1848-1911) eine mechanische Werkstatt, in der Maschinen aller Art repariert wurden. 1895 verlegte er den Betrieb in die Gerberstadt Backnang, wo neben der Reparatur von Gerbereimaschinen fahrbare Bandsägen, Steinbrecher und später Motor-Straßenwalzen, Wohn- und Wasserwagen hergestellt wurden. Ab 1903 wurden die Fahrzeuge mit eigenen Motoren ausgestattet. Einen ersten Lkw mit einem Untersitzmotor stellte das Werk 1907/08 für den Eigenbedarf her. Nachdem im Ersten Weltkrieg schwere Artillerie-Zugmaschinen gefertigt worden waren, konstruierte das Unternehmen erste Vorkammer-Dieselmotoren im Jahre 1922. Die ersten Dieselzugmaschinen folgten 1925.

Besondere Bedeutung gewann damals die Produktion von Zugmaschinen und Schleppern, wobei hier vor allem die Modelle Aufsehen erregten, die Kaelble für den Straßentransport von Eisenbahnwagen an die Reichsbahn lieferte. Während des Krieges wurden Zugmaschinen, Planierraupen, Schürfkübel für die OT, Bootsmotoren, stationäre Motoren und Geräte wie Stromerzeuger gebaut.

Da der Bedarf an Lastwagen nach 1945 immens war, beschloss das Unternehmen, auch Lastwagen ins Fertigungsprogramm zu nehmen. Da ein alliiertes Verbot die Neuentwicklung von Fahrzeugen untersagte, griff man auf den geplanten Vorkriegs-Lkw zurück, der 1939 zur Serienreife entwickelt worden war, aber aufgrund des Typenbegrenzungsprogramms nicht gebaut werden durfte. Dieser Lkw war aus der Sattelzugmaschine S6 GN 125 hervorgegangen, wobei ein längerer Rahmen für die 6,5-Tonnen-Pritsche verwendet wurde. Der Laster mit einem aus zwei geraden U-Profilen hergestellten Rahmen konnte in einer normalen und in einer überlangen Ausführung unter den Typenbezeichnungen K 625 K und K 625 LV ausgeliefert werden. Der extrem langsamlaufende, langhubige 135-PS-Vorkammer-Dieselmotor aus dem Raupenprogramm kam in dem mit einem eigenen Fünfganggetriebe ausgerüsteten Laster zum Einbau.

Daneben rüstete das Werk Vorkriegslastwagen verschiedener Fabrikate mit Kaelble-Dieselmotoren aus, die sich durch ein großes Drehmoment und aufgrund der niedrigen Drehzahlen durch eine lange Lebensdauer auszeichneten. 1946 konnten 28, 1947 19, 1948 35 und 1949 104 6,5-Tonner gefertigt werden.

Im Jahre 1948 räumten die US-Truppen die Montagehalle, so dass der Bau von Lastwagen und von Zugmaschinen ausgeweitet werden konnte. Neben der zum kleinen Lastwagen umgerüsteten Zugmaschine K 410 K kam der 150 PS starke K 630 L hinzu, der gegenüber dem vorherigen

Kaelble KD 15 Z · 1959–1963

Modell eine neue Haube und ein moderneres Fahrerhaus erhielt. Eine Zweischeiben-Trockenkupplung und wiederum ein Fünfganggetriebe gehörten zu dem äußerst stabil gebauten Lastwagen. Dieses Modell war im Jahre 1949 der stärkste deutsche Lastwagen.

1950 wurde der Lkw als Typ K 631 L mit einem moderner ausgeführten Fahrerhaus überarbeitet. Typisch für dieses

Modell war auch die breite Motorhaube, die dem Fahrzeug ein eindrucksvolles Aussehen gab. Hervorzuheben ist, dass dieser K 631 L auch unter der Bezeichnung K 631 F als einer der ersten deutschen Frontlenkerlastwagen der frühen Nachkriegszeit gebaut wurde.

Im Jahre 1951 stellte das Werk mit dem K 832 einen 200 PS starken Neuntonnen-Schwerlastwagen vor. Der in V-8-Bauweise ausgeführte Motor war ein langhubiger Langsamläufer mit einem enormen Drehmoment. Eine extrem breite Haube verkleidete die gewaltige Maschine. Abgesehen von dem Krupp-Doppelmotor war dieser V-8-Motor damals die stärkste deutsche Maschine für Lkws. Der Rahmen war aus Längsträgern hergestellt, die mit Quertraversen verschweißt waren.

Der allerdings nur 65 km/h schnelle Lkw besaß eine beachtliche Bergsteigefähigkeit, wenn auch der schwere Motor zu einem hohen Eigengewicht des Fahrzeugs führte. Auch als schwerer Ölfeld-Pritschenwagen in Frontlenkerbauweise mit einem Thiele-Aufbau und einer Seilwindenanlage wurde der K 832 hergestellt.
Gleichzeitig stellte das Werk den überschweren und überbreiten Dreiachser für Spezialaufbauten vom Typ KDV 832 her, der sich insbesondere als Meiller-Hinterkipper für den Erd- und Steintransport in der Bauwirtschaft eignete. Das mit einem Sechsganggetriebe ausgestattete Fahrzeug war auch mit Allradantrieb lieferbar.
1953 löste der K 612 in Hauben- und Frontlenkerbauweise die bisherigen 6,5-Tonner ab. Der hier verwendete kleinvolumigere Motor leistete 120 PS. Bekannt wurde das Modell auch in der Sattelschlepperversion für Tankauflieger.
Um den gesetzlichen Längen- und Gewichtsverordnungen zu entsprechen, erschien 1954 der Achttonner K 680 mit einem 180-PS, Sechszylindermotor. Beachtenswert war auch hier die lange und breite Schnauze dieses Lasters, der als Kipper, als Sattelzugmaschine und Kofferwagen mit zweiteiliger, gebogener Frontscheibe geliefert wurde. Dieses Modell mit seinem hohen Eigengewicht konnte nur schwer den neuen Gesetzen genügen, so dass Kaelble in der Lkw-Fertigung zunächst hart getroffen war und lange experimentierte, bis eine gelungene Konstruktion geschaffen war. In dieser Zeit entwickelte das Unternehmen eine luftgekühlte Motorenbaureihe mit einem bis acht Zylindern, um durch diese relativ leichten Motoren den Gewichtsbestimmungen besser entsprechen zu können; zum Einbau in die Fahrzeuge gelangten diese Motoren dann doch nicht.
Nächste Neuschöpfung war der K 645 von 1955, der von einem 145 PS starken langhubigen Motor angetrieben wurde. Als Kipper, als Pritschenwagen, als Zugmaschine und als Frontlenker-Fahrzeug vom Typ K 645 LF wurden diese Achttonnen-Modelle gebaut.
Höhepunkt des Kaelble-Motorenbaus war 1957 die Vorstellung des 300-PS-Motors in V-8-Ausführung, der durch zwei Eberspächer-Turbolader von 200 PS auf diese Leistung angehoben wurde. Das wiederum mit einer Meiller-Kippmulde ausgestattete dreiachsige Allradantriebsfahrzeug war allerdings aufgrund seiner Überbreite nicht für den Verkehr auf öffentlichen Straßen zugelassen.
Der Bau dieser Fahrzeuge sowie die Aufnahme der Fertigung von Radladern im Jahre 1956 führten das 2500-Mann-Unternehmen immer mehr in den Bereich des Spezialherstellers von Fahrzeugen. Die bisherigen Motoren, die ihrer Konstruktion nach noch aus der Vorkriegszeit stammten, wurden 1957 durch einen kleinvolumigen, mit nahezu quadratischen Hub-/Bohrungsverhältnissen ausgestatteten 8,1-Liter-Motor abgelöst, der nun als Schnellläufer bei 2400 Umdrehungen 150 bzw. mit einem Turbolader 192 PS leistete. Der Motor arbeitete wieder nach dem Vorkammer-Verfahren.
Jahrelang unverändert gebaute Modelle waren der K 650 als Hauben- und der K 650 LF als Frontlenkertyp in Fernverkehrsausführung, die beide als Sechstonner mit der 150-PS-Maschine angeboten wurden. Ein synchronisiertes Sechsgang-Allklauengetriebe von ZF, das durch eine Druckluft-Schalthilfe betätigt wurde, kam zum Einbau. Äußerlich waren die Fahrzeuge mit einer Rundumverglasung versehen und wiesen ein modernes Design auf.
Mit diesem Modell hatte Kaelble die Konstruktionskrise überwunden; der Zulassungsanteil war aber inzwischen stark gesunken. So wurde der K 650 LF im Jahre 1957 in einem Exemplar, der 5/8-Tonner K 612/645 L 1956 in 91 Exemplaren gefertigt. Die Achttonner K 612/645 und K 680 L/U wurden 1957 in 21 und in 11 Modellen hergestellt. Der 8/9-Tonner K 680 L brachte es 1956 auf 26 Stück. Die schweren Muldenkipper verließen in 98 und in 83 Exemplaren das Backnanger Werk. Die Produktion an schweren Zugmaschinen lag bei 60 und bei 55 Modellen.

Kaelble 832 E · 1954–1959

Unter der Bezeichnung K 645 SF wurde der bisherige Achttonner mit dem neuen Motor mit 192 PS geliefert. Als Dreiseitenkipper in Haubenausführung wurde der KDV 12 E6 für eine Nutzlast von 12,4 Tonnen mit diesem Motor angeboten, der 1959 dann mit einem Muldenaufbau und mit der auf 195 PS gesteigerten Maschine versehen wurde. Eine Besonderheit dieser Fahrzeuge war das Zweistufengetriebe sowie die Hydrolenkung.
Letztes Kaelble-Lastwagenmodell war der 1960 vorgestellte K 652 LF, ein Frontlenkermodell, das den mit dem Turbolader auf 192 PS gesteigerten 8,1-Liter-Motor besaß. Das bis 1964 gefertigte Modell war für eine Nutzlast von 9 Tonnen ausgelegt. Neben dem Zwölfgang-Gruppengetriebe war eine Zweiganghinterachsübersetzung eingebaut. Die Lenkung wurde hydraulisch betätigt. Das geräumige Fahrerhaus besaß in der Fernverkehrsausführung Schlafkojen.
Aufgrund der kleinen Stückzahlen lohnte sich der Bau der schweren Straßen-Lastwagen zu Beginn der sechziger Jahre nicht mehr, so dass dieser Fertigungszweig nur noch eine untergeordnete Rolle spielte. Hinzu kam, dass der Schwerpunkt der Kaelble-Fertigung auf die Herstellung von Baumaschinen und Spezialfahrzeugen verlagert worden war. In diesem Bereich fertigte bzw. fertigt das Unternehmen Kranträger-, Spezialfeuerwehr- und Amphibienfahrzeuge, Dumper, Großraummuldenkipper, Radlader, Kompaktoren, Raupenschlepper und Hüttenwerkfahrzeuge.
Die Kaelble-Lastwagen genossen aufgrund ihrer soliden schwäbischen Handwerksarbeit einen ausgezeichneten Ruf und bewährten sich im schweren Dauergebrauch über Jahre hinweg. Die Karosserien erstellte gewöhnlich ein ortsansässiger Betrieb.
Der eigene Motorenbau stellte bis 1966 Zwei-, Drei-, Vier-, Sechs- und V-Achtzylinder-Triebwerke im Vorkammerverfahren her. Anschließend wurden Vier-, Sechs- und Achtzylinder-Direkteinspritzmotoren gebaut. Frühzeitig wurden Eberspächer-Turbolader eingesetzt. Auch eine Baukastenreihe mit luftgekühlten Vorkammer-Motoren mit Zwei-, Drei-, Vier-, Sechs- und V-Achtzylindermotoren stellte das Unternehmen 1960 her.
Letzte Modelle waren 1970 Sechs- und Achtzylindermotoren mit oder ohne Hufladung, die Leistungen von 178, 240, 275 und 370 PS aufwiesen.
Die zunächst langhubigen, schließlich fast quadratischen Motoren gelangten in Kaelble-Erzeugnisse wie Lastwagen, Zugmaschinen, Raupenschlepper, Baumaschinen, Straßenwalzen, Steinbrecher und Spezialfahrzeuge sowie in fremde Fabrikate als Bootsmotoren, Antriebsmotoren für Arbeitsmaschinen, Grubenlokomotiven, fahrbare und stationäre Anlagen wie Kompressoren, Pumpen und Stromerzeuger. Den Zugmaschinenbau gab das traditionsreiche, zuletzt nur noch 350 Mann starke Unternehmen, das jede technische Herausforderung zum Bau von neuen Spezialfahrzeugen angenommen hatte, im Jahre 1986 auf; gleichzeitig wurde der Planierraupenbau eingestellt. Das inzwischen von der libyschen Investitionsgesellschaft Libyan Arab Foreign Investment Co. (Lafico) übernommene Werk war seitdem im Bau von Spezialfahrzeugen, Radladern, Muldenkippern und Aggregaten im Rahmen der Kaelble-Gmeinder-Gruppe tätig.
Als Folge des Libyen-Embargos musste das Unternehmen 1996 Konkurs anmelden. Aus den Resten des Unternehmens wurden die Firmen Gmeinder, die den Lokomotivbau fortführte, und die Kaelble Baumaschinen und Reparatur gegründet, welche mittlerweile zum amerikanischen Baumaschinenkonzern Terex gehört.
In der ehemaligen Fabrikhalle, der Kaelblehalle in der Mühlstraße 13 in Backnang, ist heute eine Techniksammlung mit Exponaten aus der lokalen Industriegeschichte untergebracht. Die bis zuletzt auch zur Aufarbeitung von Gebrauchtmaschinen genutzte Produktionshalle am Stadtrand von Backnang fiel am 6. April 2006 einem Großbrand zum Opfer.

KRUPP

Die seit 1919 im Nutzfahrzeugbau tätigen Kraftwagenfabriken (Krawa) der Krupp-Werke stellten während des Krieges das dreiachsige Geländemodell L 3 H 163 und den 4,5-Tonner L 4, 5 M 262 her. 1944 wurden die Krawa, nach einer Zwischenverlagerung in das Elsass, als Südwerke Motoren- und Lastkraftwagenbau GmbH nach Bamberg verlegt, um der befürchteten Demontage nach dem Krieg innerhalb der Essener Betriebe zu entgehen. Der Firmensitz der Nutzfahrzeugproduktion kam 1948 in die stillgelegte EKU-Brauerei. Dazu existierte noch ein weiterer Auslagerungsbetrieb in Nürnberg.
Nach dem Krieg standen die Ersatzteilversorgung und der beschränkte Bau sowie die Reparatur von Güterwagen und Lokomotiven auf dem Programm. 1946 erteilten die US-Behörden die Genehmigung zum Bau des 4,5-Tonners, wobei vor allem ein Generatormotor eingebaut werden sollte. Der Bau von Dieselmotoren wurde hingegen untersagt.
Im gleichen Jahr konnten die ersten 175 Exemplare des 4,5-Tonners L 45 mit dem 110-PS-Vergasermotor hergestellt werden. Der Kraftstoffverbrauch lag bei 40 Litern auf 100 km Fahrstrecke. Der gleiche Motor wurde auch, wie befohlen, serienmäßig mit einer Imbert-Generatoranlage versehen, wobei allerdings nur 75 PS zur Verfügung standen. Der einstige „Krupp-7,8-Liter-Hochleistungsmotor“, der auf eine Konstruktion von 1931 zurückging, besaß zwei Vergaser, eine siebenfach gelagerte Kurbelwelle und einen Fliehkraftregler. Er war besonders für den Holzgasbetrieb geeignet, so dass in dieser Zeit der wirtschaftlichen Depression und des Mangels an flüssigen Treibstoffen lebenswichtige Transporte vor allem im kommunalen Bereich durchgeführt werden konnten. Die Höchstgeschwindigkeit betrug beim L 45 62 km/h, beim LG 45 48 km/h.
Die Fahrzeuge mit einem einfachen Holz-Blech-Fahrerhaus trugen die Markenbezeichnung „SW“ in einem Dreieck, da der Name Krupp gemäß Anweisung des Alliierten Kontrollrats nicht verwendet werden durfte. Ergänzend sei noch darauf hingewiesen, dass eine Reihe von Vomag-Ingenieuren zu den Südwerken überwechselte. Die Hinterachskonstruktion der späteren Südwerke-Lastwagen soll auf ihre Entwicklungsarbeit zurückgehen.
1947 konnten schon 481 4,5-Tonnen-Fahrzeuge gefertigt werden, 1948 betrug der Ausstoß 443 Exemplare.
1949 löste der Fünftonner L 50 bzw. LG 50 mit gleichem Motor den 4,5-Tonner L 45/LG 45 ab. Vor allem als Südwerke-Motormüllwagen, als Kommunalfahrzeug, als Dreiseitenkipper und als Pritschenwagen sowie in einer Frontlenkerversion wurde dieses Modell bis in das Jahr 1953 gebaut, wobei Kommunalverwaltungen die Ausstat-

Krupp „Titan“ · 1950–1954

Spedition Hoffmann Oberhausen Rhld.

Krupp „Tiger“ · 1954–1957

tung mit dem Vergasermotor schätzten, da er auch mit Methangas aus Kläranlagen betrieben werden konnte.
Im Rahmen dieser Bauserie erschien 1949 und 1950 die LD-60-Serie, die dem Vorkriegs-Typ LD 6, 5 H 242 entsprach. In diese Modelle wurden drei- und vierzylindrige Zweitakt-Gegenkolbenmotoren nach der Junkers-Lizenz installiert. Die auf das Baujahr 1933 zurückgehenden, aufwendigen Triebwerke leisteten 90 und 125 PS. Sie arbeiteten mit direkter Strahleinspritzung bei offener Düse. Eine Spülpumpe sorgte über tangentiale Spülschlitze im Gleichstromverfahren für die Durchwirbelung des Kraftstoffes. Das 125-PS-Fahrzeug besaß motorbedingt eine längere Haube. Allen Modellen dieser Baureihen war gemeinsam das ZF-Fünfganggetriebe, wobei der 5. Gang als Schongang ausgebildet war.
Da der Weiterentwicklung des Doppelkolbenmotors aufgrund seiner komplizierten Bauart und seiner niedrigen Drehzahl keine Zukunft mehr eingeräumt wurde, verfolgten die Südwerke-Ingenieure den 1938 mit dem aufgeladenen V-8-Zweitaktdieselmotor eingeschlagenen Weg und entwickelten ein Dreizylinder-Triebwerk. Den von den Vomag-Ingenieuren empfohlenen Bau eines Wirbelkammer-Dieselmotors verwarfen die auf die Zweitakttechnik eingeschworenen Südwerke-Techniker. Zu Hilfe kam ihnen dabei die während des Krieges weitergetriebene Entwicklung eines Dreizylinder-Zweitaktdieselmotors, wobei es damals darum ging, den Stamm an Ingenieuren nicht für den Kriegseinsatz abgeben zu müssen. Die stets neue und eigene Wege beschreitenden Krupp-Südwerke-Ingenieure gingen davon aus, dass der Zweitakter mit niedriger Drehzahl eine geringere Verschleißquote, ein hohes Drehmoment und eine enorme Literleistung bei kleinem Hubraum gegenüber gewöhnlichen, gleichstarken Viertakt-Dieselmotoren erbringen und damit für das Transportgewerbe günstige Eigenschaften haben würde.
Unter den unsagbar schwierigen Bedingungen der Nachkriegszeit konstruierte man zunächst den 3,1-Liter-Dreizylindermotor der Kriegszeit mit einem seitlich angebrachten Rootsgebläse bis zur Serienreife. Die Leistung des Motors betrug 70 PS.
Um jedoch eine höhere Leistung zu erzielen, wurde ein 4,3-Liter-Dreizylindermotor gleicher Bauart zusätzlich entwickelt, der nun um die 100 PS leistete.
Der Motor besaß drei Auslassventile, die über eine Nockenwelle mit je zwei Kipphebeln und einem Ventilring gesteuert wurden. Der wiederum im Gleichstromver-

Krupp L 5 W 3 „Widder" · 1955–1957

fahren arbeitende Motor besaß ein über drei Keilriemen angetriebenes Rootsgebläse, das die Spül- und Verbrennungsluft eindrückte.

Der muldenförmige Verbrennungsraum im Kolbenboden gewährleistete zusammen mit der durch die tangential gerichteten Einlassschlitze vorgegebenen Turbulenz der Ladeluft eine gute Durchwirbelung des Kraftstoffes mit der Verbrennungsluft und damit eine gleichmäßige, rauchfreie Verbrennung bei geringsten Wärmeverlusten.

Da bei jeder Umdrehung der Kurbelwelle eine Kraftabgabe erfolgte, lief der Motor mit der Gleichmäßigkeit eines Sechszylindermotors. Der Graugussmotorblock besaß nasse, auswechselbare Zylinderlaufbüchsen. Die Kolben mit der Muldenoberfläche waren aus Leichtmetall gefertigt, um den hohen thermischen Anforderungen zu genügen, was sich im Dauerbetrieb jedoch nicht einstellte. Bei der Leistung des Motors gingen die Krupp-Ingenieure wie auch die Henschel-Techniker mit dem Bimot-Typ von der Überlegung aus, dass ein geplantes Gesetz des Alliierten Kontrollrates den Bau deutscher Dieselmotoren für den Interzonenverkehr auf nur 100 PS beschränken würde.

Als dieses Verbot nicht eintrat, höhere PS-Leistungen jedoch nötig waren, verbanden die Ingenieure zwei Dreizylindermotoren, wobei die Kurbelwellen der hintereinandergesetzten Motoren miteinander verschraubt wurden. Nockenwelle und Einspritzanlage waren separat angeordnet. Die Einspritzpumpen wurden über zwei Regler gesteuert. Da dadurch im Dauerbetrieb die Motoren nicht immer synchron liefen, wurde später eine Konstruktion gewählt, bei der ein Gestänge die Einstellung auf die andere Einspritzpumpe übertrug. Zwei Ölkühler und zwei eigene Schwerölkreisläufe waren vorhanden. Der mit den beiden Motoren gebildete 3,7-Liter-Triebwerksblock leistete 190 PS bei einer Drehzahl von 1700 Umdrehungen.

Bedingt durch das Zweitaktverfahren, erhielt der Motor ein kombiniertes Kühlsystem. Der Zylinderkopf und der obere Teil des Zylinders wurden mit Wasser, die untere Hälfte der Zylinderlaufbüchsen wurden mit Frischluft gekühlt. Zusätzlich wurde mit Spritzöl von unten her die Temperatur der Kolbenböden gesenkt.

Auf dem Pariser Autosalon von 1950 präsentierten die Südwerke ihre erste Nachkriegs-Neuschöpfung als Südwerke-Titan. Das mit einer großen, im amerikanischen Stil mit Aluminiumleisten verzierten Haube versehene Fernverkehrsfahrzeug besaß den zusammengesetzten 190-PS-Motor. Die Nutzlast des Fahrzeugs lag bei 8 bis 11 Ton-

Krupp „Mustang" L 8 M 4 · 1955–1960

nen bei einem Gesamtgewicht von 18 Tonnen. Das geräumige und für die damalige Zeit komfortable, in Holz- und Stahlbauweise gefertigte Fahrerhaus stellten die Binz- und später die Hubertia-Fahrzeugwerke her.
Eine weitere technische Raffinesse war die Krupp-Motorbremse. Über eine Handkurbel konnte der Fahrer die Bremsleistung des Motors steuern, wobei die Nockenwelle verdreht wurde. Durch die geänderten Steuerzeiten arbeitete der Motor allerdings bei erheblicher Lärmentwicklung wie ein Kompressor.
Der 1951 in den Serienbau aufgenommene Titan wurde dann mit dem auf 210 PS gesteigerten Motor versehen; Krupp hatte mit dieser zusammengesetzten Maschine bis 1954 den damals stärksten deutschen Motor im Programm. Die Höchstgeschwindigkeit des Fahrzeugs lag bei 66 km/h. Das Fünfganggetriebe besaß wiederum einen Schongang. Auf Wunsch konnte eine pneumatisch betätigte Differentialsperre eingebaut werden. Das Ersatzrad konnte leicht auf einem abklappbaren Schlitten hervorgeholt werden.
Parallel zu diesem Typ stellte das Werk den gleich starken 13-Tonnen-Muldenkipper Cyklop für den gleislosen Erdtransport her. Dieser bis 1956 gebaute Typ wurde mit dem 210-PS-Motor und mit einer Meiller- oder mit einer Teha-Mulde versehen.
Am 1. 7. 1951 wurde der Sitz der Südwerke nach Essen verlegt. Sie firmierten jetzt als Südwerke Motoren- und Kraftwagenfabriken GmbH, Essen. Die Fahrzeuge trugen wieder das traditionsreiche Drei-Ringe-Abzeichen. Zug um Zug wurde die Fahrzeugfertigung von Kulmbach und Bamberg nach Essen zurückverlagert.
Um eine möglichst geringe Anzahl verschiedener Teile zu benutzen und um die Herstellungs- und Wartungskosten zu verringern, entwickelten die Krupp-Techniker nun einen vierzylindrigen Motor mit gleichen Abmessungen, der 145 PS erzeugte und der in dem neuen 6,5-Tonner Südwerke-Mustang zum Einsatz gelangte. Bis 1955 wurde dieses Modell als Pritschen- und als Kastenwagen sowie als Kipper und als Sattelzugmaschine gebaut.
Schließlich rundete der mittelschwere Südwerke-Büffel L 50 als 5,5-Tonner mit dem 110-PS-Dreizylindermotor und einem Spezialfahrgestell das Krupp-Programm ab, das sich damit nach dem Krieg nur noch in der mittelschweren und in der schweren Klasse bewegte. Die Haube der Büffel-Typen war aufgrund des kleineren Motors verkürzt. Ein Fünfgang-, ab 1954 ein Sechsgang-Allklauengetriebe übertrug das Drehmoment. Abgelöst wurde dieses kleinste Modell 1955 durch den Widder L5 W 3 und durch den in der Nutzlast etwas angehobenen Büffel L6 B 3. Ein

Krupp L 60 W 3 „Widder" · 1959–1962

nur in wenigen Exemplaren gefertigtes Fahrzeug blieben der Titan-Super sowie der Niederflur-Titan-Express OL 80 für 7 Tonnen, die beide den 210-PS-Motor besaßen. Um den neuen Längenmaßen zu entsprechen, wurde die Haube verkürzt und etwas höher gezogen. Ein serienmäßiges Faltschiebedach und eine heruntergezogene Scheibe waren weitere Äußerlichkeiten dieser Modelle.
Neben den schweren Lastwagen und den Muldenkippern richtete das Werk nun als dritten Bereich den Omnibusbau wieder ein. Das Tiger-Modell erhielt 1955 einen auf fünf Zylinder reduzierten Einblockmotor mit 7,27 Litern Hubraum. Die Leistung betrug nun 185 PS. Der Sechszylindermotor hatte sich durch den nicht immer einstellbaren Synchronlauf der Motorhälften und durch Zylinderkopfrisse als nicht standfest erwiesen. Darüber hinaus war das erste Titan-Modell zu schwer geraten.
Die etwas überarbeitete, abgeflachte Frontpartie wirkte nun nicht mehr so imposant wie die Motorhaube beim Ursprungsmodell. Auch mit einem Schwalbennest konnte der 8,3-Tonner, der für ein Gesamtgewicht von 16 bzw. im Export von 19 Tonnen zugelassen war, geliefert werden.
Der neue Motor besaß Einzelzylinderköpfe. Ein ZF-Sechsganggetriebe mit Synchronisation war eingebaut. Von dem in der Nutzlast kaum schwächeren, aber mit dem 150-PS-Motor ausgestatteten Mustang L 8 war der neue Titan kaum zu unterscheiden, so dass sich die Käufer aufgrund des wirtschaftlicheren 150-PS-Motors mehr für den Mustang entschieden.
In den Bau von Allradantriebsfahrzeugen stieg das Unternehmen mit dem Frontlenkermodell Drache ein, der den 145-PS-Mustang-Motor erhielt. Eine kurze, kantige und platte Haube verkleidete den etwas herausragenden Motor. Das Fahrgestell war in Fischbauchform ausgeführt. Auch mit dem Dreizylindermotor mit 110 PS konnte der mit Planeten-Ausgleichsgetriebe für die Vorder- und die Hinterachse ausgestattete Drache bezogen werden. Das Verteilergetriebe wurde mit Pressluft über ein Ventil an der Lenksäule geschaltet. Der Vorderradantrieb war ständig im Eingriff. Ein synchronisiertes Achtganggetriebe erleichterte die Schaltarbeit. Das auch mit breiter Einzelbereifung lieferbare Fahrzeug besaß zunächst aufgesetzte, später in die Stoßstange integrierte Scheinwerfer, die somit im Geländeeinsatz geschützt waren.
1958 wurde die Leistung des Fünfzylindermotors auf 160 bzw. auf 185 PS, beim kleineren Typ auf 120 PS durch Drehzahlsteigerung angehoben. Die Tragfähigkeit betrug im Gelände 6, auf der Straße 8 Tonnen.

Krupp versuchte, mit diesem Modell größere Serien an die geplante Bundeswehr liefern zu können, ohne jedoch Erfolg zu haben. Einzig einige Kranwagen wurden an das Heer verkauft.
1954, nachdem die Krawa wieder in Essen in der Husmannshofstraße konzentriert war, wurde der Name in Fried. Krupp Motoren- und Kraftwagenfabriken GmbH geändert. Das Krupp-Erfolgsmodell Mustang L 70 wurde nun für ein Gesamtgewicht von 13,5 Tonnen angeboten, wobei es mit kurzem oder mit langem Radstand geliefert werden konnte.
Auch als Frontlenker mit langem oder mit kurzem Radstand wurde nun der Mustang L8 MF 4 von 1955 bis1957 mit dem 150-PS-Motor gefertigt.
Die Frontverkleidung ließ sich öffnen, um den Kühler herausklappen zu können, worauf Krupp ein Patent besaß. Die Kolben wurden nun, um die thermischen Probleme in den Griff zu bekommen, ebenfalls aus Grauguss gefertigt. Der mit Kompressor ausgestattete Typ wurde als Pritschenwagen, als Fernverkehrslaster und als Sattelschlepper geliefert.
Der Widder L 5 W 3 erhielt als Fünftonner nun eine extrem kurze Schnauze und ein Fünfganggetriebe. Der Tiger wurde als LF 8 Tg 5 auch in Frontlenkerbauart mit einem Gesamtgewicht von 16 Tonnen ab 1956 gefertigt.
Als weitere Neuheit kam 1956 der leichte Typ Elch L 5,5 E 3 mit dem 110 PS-Motor hinzu, der den Büffel und den Widder ablösen sollte.1957 erhielt dieser Typ den auf 125 PS gesteigerten Dreizylindermotor, um den neuen Gesetzen zu entsprechen. Gleichzeitig wurden eine aufwendige Lärmdämmung und eine einheitliche Frontscheibe in das Ganzstahlfahrerhaus eingebaut. Auch mit einem Allradantrieb konnte der Elch als Typ AK 70 E 3 mit einem elastisch aufgesetzten Fahrerhaus geliefert werden. Kompressorbremse und Sperrdifferentiale wurden serienmäßig installiert.
Der Krupp-Kompressor wurde nun über ein kleines Fußpedal über dem Kupplungspedal betätigt; gleichzeitig musste der Fahrer das Gaspedal aushängen.
Vom Typ Widder wurden 1956 452 und 1957 18 Exemplare gefertigt. Der Elch brachte es in diesen Jahren auf 313 und 262 Exemplare. Vom Büffel wurden 466 und 361 Modelle gefertigt. In 156 und 98 Modellen wurde der Tiger und in 1096 und 478 Modellen der Mustang hergestellt. Die schweren Muldenkipper verließen 1956 in 39 und 1957 in 61 Exemplaren das Essener Werk.
1959 löste wiederum der neue Widder L 60 W 3 den Elch ab. Dieses Modell wies nun seitliche Lüftungsschlitze an der Haube und ein leicht modernisiertes Design auf. Die Höchstgeschwindigkeit betrug 70 km/h. Einmalig auf der ganzen Welt im Lastwagen-Motorenbau war die Zusammenkoppelung eines Drei- und eines Vierzylindermotors zu einem 270-PS-, später 280-PS-Siebenzylindermotor, der den 30-Tonnen-Muldenkipper antrieb. Auch die Büffel-Klasse wurde 1957 in einer Frontlenkerausführung mit 160 PS hergestellt, um den Seebohmschen Gesetzen Rechnung zu tragen. Das bis 1960 gefertigte Modell wurde dann durch den LF 701 abgelöst.

Krupp K 801 · 1960–1963

Ein Sattelschleppermodell auf der Büffel-Basis sollte mit einer Luftfederung das Programm erweitern, was jedoch nicht zu realisieren war. Ein nur in der Vorserie gebautes Modell blieb der Typ Genf L 75 G 5, der 1957 gemäß der Genfer Regelung für den europäischen Fernverkehr mit dem dafür vorgesehenen 32-Tonnen-Zug mit 18 Metern Länge entwickelt worden war. Das Hauben- oder Frontlenkerfahrzeug erhielt den von 185 auf 200 PS gesteigerten Fünfzylindermotor. Der gut verkäufliche Mustang wurde 1959 als L 90 M 4 mit dem 168-PS-Vierzylindermotor ausgestattet. Allerdings war das ebenfalls mit einem schwenkbaren Kühler versehene Haubenmodell zu schwer geraten, so dass es 1961 schon durch den L 801

abgelöst wurde. Letztmalig wurde der Typ L 10 Tg 5 mit dem 185-, ab 1959 mit dem rau laufenden 200-PS-Motor gebaut. Das Ganzmetall-Fahrerhaus besaß nun eine neue Haube. In Deutschland war das Modell für 16 Tonnen Gesamtgewicht zugelassen, die Exportausführung für 19 Tonnen. Als erster Krupp-Nachkriegs-Dreiachser erschien der LF 301 mit einem neuen Fahrerhaus. Als Solofahrzeug für einen Betonmischer- oder für einen Siloaufbau war das Modell zunächst mit Einzelbereifung für 18, in der Serie mit Doppelbereifung für 22 Tonnen ausgelegt. Ein Krupp-Dolberg-Betonmischer kam serienmäßig zum Aufbau. Der alte, großvolumige 145-PS-Motor wurde eingebaut. Ein Ausgleichsgetriebe war zwischen den beiden Tandemachsen installiert, das mit Druckluft gesperrt werden konnte. Die großflächige Verglasung und der großzügig hochgewölbte Vorderbau dieses Frontlenkers gaben der mit diesem Modell eingeleiteten Fahrerhausgeneration ein futuristisches Aussehen.

Der LF 301 wurde ab 1960 im Serienbau hergestellt. Die Leistung dieses späteren Erfolgsmodells wurde 1961 auf 150, 1966 auf 156 und schließlich auf 186 PS mit dem neuen Sechszylinder-V-Motor angehoben. Ein neu entwickelter, kleinvolumiger und schnelllaufender Silumin-Gamma-Leichtmetallmotor mit vier Zylindern, der wiederum nach dem Gleichstrom-Zweitaktverfahren arbeitete, kam zum Einbau. Bemerkenswert an den neuen Motoren waren auch das aus Leichtmetall bestehende Kurbelwellengehäuse und der Zylinderkopf mit der obenliegenden Nockenwelle, welche die Auslassventile und die Einzeleinspritzpumpen direkt ansteuerte. Das Baumuster 401 war als Kurzhauber mit dem auf 110 PS gedrosselten Motor für 4,5 Tonnen, das Baumuster 501 mit dem 120-PS-Motor für 5,5 Tonnen und das Baumuster 601 für 6,5 Tonnen Nutzlast ausgelegt. Diese beiden Modelle konnten mit dem neuen Hauben- oder mit dem Frontlenkerfahrerhaus ausgestattet werden. Auf Wunsch wurde eine Kompressorbremse eingebaut. Vom 2. bis 5. Gang war das Getriebe synchronisiert, serienmäßig kam eine Luftfederung zum Einbau.
Die neuen Stahlfahrerhäuser in Hauben- oder Frontlenkerbauweise, seit1958 in der Erprobung, waren mit weit herumgezogenen Panoramascheiben, mit Eckfenstern und mit einer großen Rückscheibe aufwendig verglast. Einzelsitze und ein bequemer Einstieg waren vorhanden. Um den neuen Gesetzen zu entsprechen, stellte Krupp 1960 den 7,9-Tonner L 701 vor. Ein wiederum neu entwickelter Vierzylinder-Leichtmetallmotor mit 150 PS Leistung, der nach dem Krupp-Zweitaktverfahren arbeitete, trieb das Fahrzeug an. Der als Schnellläufer ausgeführte Motor besaß wieder einen durchgehenden Zylinderkopf. Als Allradkipper wurde der AK 701 lange Zeit als einziger Krupp-Allradtyp in Hauben- oder in Frontlenkerbauweise mit einer Hydrolenkung versehen. Ein Planetenausgleichsgetriebe, das ein Drittel des Drehmoments auf die Vorderachse und zwei Drittel auf die Hinterachse übertrug, war vorhanden.
Nächstes Modell der neuen Serie, jedoch noch mit dem alten Fahrerhaus, war der Typ 801 mit dem alten Vierzylinder-168-PS-Motor, der 1962 dann auf 172 PS angehoben wurde. Für 14,2 bzw. für 16 Tonnen Gesamtgewicht war dieses Fahrzeug ausgelegt. Auch als Sattelzugfahrzeug für den 28-Tonnen-Zug wurde dieser Typ gebaut.
Schließlich rundeten der LF 901, der K 901 und der SF 901 mit dem alten Fünfzylindermotor mit 200 PS, der vor allem in die Exportmodelle eingebaut wurde, das Programm zu Beginn der sechziger Jahre ab. Der SF 901 war für den 32-Tonnen-Zug geeignet. Die mit dem alten Fahrerhaus ausgestatteten Fahrzeuge besaßen heruntergezogene Scheiben.
Da der 110/120-PS-Leichtmetallmotor sich in der kleinen Baureihe als zu anfällig erwiesen hatte, wurden die

Modelle 401, 501 und 601 schon 1962 wieder aus dem Programm genommen.
Im Bau der Muldenkipper ist in dieser Zeit der 30-Tonner MK 30-430 hervorzuheben, der von einem überquadratischen V-8-Motor mit 430 PS in Bewegung gesetzt wurde. Auch mit dem alten 200-PS-Motor, später auch mit einem kleinvolumigen V-Sechszylindermotor mit nur 140 PS, konnte diese Serie geliefert werden.
Ende der sechziger Jahre stellte sich immer deutlicher heraus, dass der Zweitaktdieselmotor sich gegenüber dem konventionellen Viertaktmotor als problemhaftes und nicht mehr entwicklungsfähiges Triebwerk erwiesen hatte. Der höhere Kraftstoffverbrauch durch die Spülverluste, der letztlich doch höhere Bauaufwand, die geringe Standfestigkeit, das Gewicht und der hohe Motorlärm ließen die Krupp-Ingenieure von der Zweitakt-Philosophie abrücken. Der Absatz der Krupp-Fahrzeuge war gleichzeitig aufgrund des Verdrängungswettbewerbes und vor allem aufgrund der geschilderten Nachteile der Zweitaktmotoren stark gesunken. Um die Entwicklungsarbeit für einen eigenen Viertaktmotor zu umgehen, erwarb die Krawa eine Lizenz der US-Firma Cummins Diesel Engine Ltd. in Columbia/USA zum Nachbau eines damals überaus modernen V-Sechszylinder-Viertaktmotors.
Der Cummins-Motor arbeitete nach dem Direkteinspritzverfahren mit 2600 Umdrehungen. Gegenüber anderen Dieselmotoren besaß er ein Einspritzsystem mit Einzelinjektoren. Die Zylinder waren um 90 Grad versetzt. Die Leistung des Motors betrug 200 PS. Gegenüber den großvolumigen Langsamläufern besaß die Langhub-Maschine jedoch nur eine geringe Drehmomentbreite. Durch ein sechsstufiges Getriebe mit einer Vorschaltgruppe wurde es dem Fahrer ermöglicht, das Fahrzeug stets im günstigsten Drehmomentbereich laufen zu lassen.
Ab 1963 wurde der Motor im Serienbau in Essen mit der Zylinderkopfaufschrift Krupp-Cummins hergestellt. Auch für den Einsatz in Baumaschinen bot Krupp den neuen Motor an, der auf einer neu eingerichteten Taktstraße gefertigt wurde. Die Planung sah auch den Bau von Acht- und Zwölfzylindermotoren vor.
Das Spitzenmodell des Krupp-Werkes, der 8,7-Tonnen-Fernverkehrslaster 901 wurde nun als Typ 960 mit dem neuen Motor, der zunächst komplett aus den USA bezogen wurde, bestückt. Allerdings musste der Cummins-Dieselmotor noch mit großen Mühen auf den Fahrzeugbetrieb umgestellt werden. Ein Emblem mit der Schrift „C-Motor" kennzeichnete am Kühlergrill die neue Motorvariante. Das Fahrerhaus konnte nun zur besseren Wartung vorgekippt werden. Das Dach wurde aufgrund des höher hineinragenden Motors etwas höher aufgesetzt. Der patentierte, schwenkbare Kühler kam zum Einbau. In der Exportausführung konnte der 960-Typ auch als 11,7-Tonner ausgewiesen werden. Ab 1964 konzentrierte sich das Werk auf den Bau der Cummins und der alten Zweitaktmotoren in vier-, fünf- und siebenzylindriger Ausführung, wobei die letzten beiden Ausführungen Verwendung im Antrieb der Muldenkipper fanden, die bis 1966 damit ausgerüstet wurden.
Der zum Typ 302 aufgestiegene ehemalige Dreiachser 301 wurde nun mit dem auf 186 PS angehobenen Vierzylinder-Zweitaktmotor versehen. Auch in den Typ L 801, der nochmals die Zusatzbezeichnung Mustang erhielt, wurde diese Maschine installiert. Dieser 8,8-Tonner war auch als Zugmaschine für den 31-Tonnen-Zug zugelassen. Ebenfalls mit 186 PS stand der neue Cummins-Motor in gedrosselter Form für den LF 806 zur Verfügung. Noch mit dem alten Fahrerhaus wurde der AK 701 mit dem alten 156-PS-Zweitaktmotor bis 1964 in den Verkaufslisten geführt. Abgelöst wurde dieses Modell durch den AK

Krupp SF 960 · 1963–1968

760 mit dem modernen Fahrerhaus und mit dem Cummins-Motor.
Nachdem die Leistung des Sechszylindermotors im LF 960 im Jahre 1965 auf 210 PS gesteigert worden war, erschien mit einem Achtzylindermotor mit 250 PS der LF 1080, der als 12,5-Tonner für den 38-Tonnen-Zug konzipiert war. Die Fahrzeuge trugen ein chromverziertes V mit einer 8 an der rechten Seite. Mit der hohen Leistung lag dieses Modell noch über der gesetzlich geforderten 230-PS-Grenze.
Der Motor war mit einer Abregeleinrichtung für die Einspritzanlage versehen, die beim direkten Gang eingesetzt wurde und trotz hoher Motorleistung die Kraftstoffzufuhr drosselte und gleichzeitig den Motor schonte. Auch hier war ein ZF-Gruppengetriebe eingebaut. Eine Telma Wirbelstrombremse kam als Betriebsbremse serienmäßig auf der Kardanwelle zum Einbau. Zeitweilig war der LF 1080 der stärkste deutsche Serienlastwagen.

1967 wurde die Leistung des V-8-Motors auf 265 PS heraufgesetzt, womit Krupp wiederum die Spitzenposition in Deutschland erreichte. Die 9,6-Liter-Sechszylindermotoren wurden versuchsweise nun auf 230 PS angehoben und in die 963- und in die dreiachsigen 363-Typen eingebaut. Letztmalig wurden die Zweitaktmotoren 1965 in den Mustang 801 eingesetzt, im gleichen Jahr aber schon durch den gedrosselten 185-PS-Cummins-Motor ersetzt.
Auch in dem leichten LF 980 und in dem Fernverkehrs-Dreiachser oder Sattelschlepper mit der Bezeichnung LF/SF 380 gelangte der 250-PS-Motor zum Einsatz, was zu einem kurzen Aufleben des Krupp-Lastwagen-Absatzes führte.
Die Allradkipper AK 760, der AK 960 und der Dreiachser AK 360 wurden nun mit dem 210-PS-Motor versehen, als schwere Haubenzugmaschine wurde das 4 X 4- Fahrzeug Z 1080 mit dem 210-PS-Motor vorgestellt.
Mit einigen Detailverbesserungen erschien das letzte Krupp-Programm 1967 mit den zwei- und dreiachsigen Straßenlastwagen, den Frontlenkertypen für den Güterfernverkehr und den Hauben- und Frontlenkerfahrzeugen mit und ohne Allradantrieb für den kombinierten Straßen- und Geländeeinsatz.
Mit einem Blick auf die Fertigungskapazität der Krawa soll noch erwähnt werden, dass sich die Stückzahl zwischen 1500 und 1800 Fahrzeugen pro Jahr bewegte, die von 1700 Beschäftigten montiert wurden. Der Marktanteil in der Klasse von 8 bis 16 Tonnen betrug 1,4 Prozent, in der Klasse über 16 Tonnen 11 Prozent. Letzte Krupp-Modelle waren mit Detailverbesserungen 1967 die Typen LF 980, K 980, LF 1080 und AL 1080 mit dem 265-PS-Motor.
Schließlich erhielt der Dreiachser F 306 eine Drucklufterzeugungsanlage für den Siloaufbau. Dabei wurde eine Zylindergruppe durch Veränderung der Nockenwelle und der Ventilsteuerzeiten auf den Kompressorbetrieb umgestellt.
Ein von Karmann entwickeltes neues Fahrerhaus kam nicht mehr zur Verwendung.
Von dem allgemeinen Konjunkturrückgang Mitte der sechziger Jahre wurde auch der Krupp-Konzern getroffen. Im Laufe der Krise erwiesen sich umfangreiche Rationalisierungsmaßnahmen, vor allem im Verarbeitungsbereich, als notwendig. Sie führten dazu, dass 1968 der Lkw-Bau bei Krupp eingestellt wurde. Die Daimler-Benz AG übernahm die Verkaufsstellen der Krawa und stellte die Ersatzteilversorgung sicher. Viele Transportunternehmer hatten sich allerdings zuvor schon mit Motoren und Ersatzteilen eingedeckt.
Mit der Umstrukturierung des Konzerns wurde auch der Muldenkipperbau eingestellt und an die FAUN-Werke abgegeben. Der Omnibusbau war schon um 1965 aufgegeben worden.

MAGIRUS / IVECO

Mehrere schwere Luftangriffe hatten 1944 das Magirus-Werk I in der Ulmer Schillerstraße schließlich zu 45 Prozent, das 1913 gegründete Werk II in der Blaubeurener Straße im Stadtteil Söflingen zu 85 Prozent beschädigt. Verschiedene Werksteile waren jedoch ausgelagert worden, so dass bis Kriegsende der Raupenschlepper RSO 03 noch weitergebaut werden konnte.

Am 24. April 1945 besetzten US-Truppen Ulm und dabei auch die Magirus-Werke. Militärwachen schützten die Betriebsanlagen zunächst vor Plünderungen.

Im Mai 1945 konnten mit 950 Beschäftigten erste Wiederaufbauarbeiten und Reparaturen an US-Armeefahrzeugen durchgeführt werden. Nach der Bergung der Werkzeugmaschinen stellte sich heraus, dass von den 2050 Anlagen 168 Maschinen einen Totalschaden aufwiesen. Im Zuge der Reparations- und Restitutionslieferungen musste Magirus dann 428 Maschinen abliefern, was vor allem Maschinen in den von den Franzosen besetzten Auslagerungsbetrieben betraf.

In den behelfsmäßig instand gesetzten Werkshallen des Werkes I kam im Herbst 1945 mit wieder 1000 Beschäftigten eine bescheidene Fertigung von Feuerwehr- und Lastwagenaufbauten in Gang. Im Oktober 1945 erhielt das Werk eine Genehmigung der US-Offiziere, aus vorhandenen Teilen den Radschlepper F3M417 und den Raupenschlepper, nun unter der friedlichen Bezeichnung „Waldschlepper RS 1500", in verbesserter Halbkettenversion weiterzubauen.

Während die Rückführung der Maschinen und der Vorräte aus den Auslagerungsbetrieben in der US-Besatzungszone keine Schwierigkeiten bereitete, verhinderten die französischen Besatzungsbehörden die Zusammenführung der Magirus-Fertigungsanlagen.

Der Radschlepper F3M417 erhielt den wassergekühlten Dreizylindermotor mit 50 PS, während der in kleinen Stückzahlen ebenfalls bis Anfang der fünfziger Jahre gefertigte F2 M417 mit dem 35-PS-Zweizylindermotor versehen wurde. Der „Waldschlepper" wurde weiterhin mit dem neuen luftgekühlten 65-PS-Motor ausgestattet. Bis zum Aufbrauchen der noch vorhandenen Teile wurde der „Waldschlepper" bis 1947 in 1500 Exemplaren gefertigt.

Im Jahre 1946 konnte dann die Fertigung des Dreitonners S 3000 wieder anlaufen. Das Fahrzeug besaß entweder den 70/80 PS starken Vorkammer-Dieselmotor oder den 60 PS starken Zündstrahl-Generatormotor. 335 Exemplare wurden im ersten Nachkriegsjahr in dem inzwischen wieder 2000 Mann starken Werk gefertigt.

Nach dem Aufbrauchen der wassergekühlten Vierzylindermotoren kam 1947 versuchsweise und dann ab 1948 in der Serie der luftgekühlte Wirbelkammer-Dieselmotor

Magirus S 3500 · 1949–1952

94-86

mit 75 PS zum Einbau. Die Maschine mit einer birnenförmigen Wirbelkammer verdichtete im Verhältnis von 1:17,5 und arbeitete nach dem Deutz-L'Orange-Wirbelkammerverfahren. Ein Ölkühler im Kühlluftstrom des Gebläses sorgte für eine stets konstante niedrige Öltemperatur. Öldruckbremsen und ein ZF-Fünfganggetriebe kamen auch hier zur Verwendung. Äußerlich war das Modell durch eine geriffelte Öffnung in der seitlichen Motorabdeckung für eine bessere Kühlluftzirkulation und durch das wiederverwendete Magirus-Münster-Abzeichen an der Frontpartie gekennzeichnet.

Dem Publikum wurde der neue S 3000 auf der ersten deutschen Nachkriegsmesse in Hannover vorgestellt.

Gegenüber dem wassergekühlten Motor zeichnete sich die luftgekühlte Maschine, die nun über Jahrzehnte hinweg ausschließlich die Antriebstechnik der Magirus-Fahrzeuge bestimmte, durch eine bauliche Einfachheit aus. Durch verschiedene Kurbelgehäuse und durch das Aufsetzen der Zylinderrohre mit Kühlrippen und der Zylinderköpfe konnten Baukastenmotoren bis 12 Zylinder mit weitgehend einheitlichen Teilen hergestellt werden. Eine einfache Reparatur eines defekten Zylinders war dadurch ebenfalls möglich. Weitere Pluspunkte waren die Betriebsunempfindlichkeit gegenüber Hitze und Kälte. Der Motor erreichte schnell seine Betriebstemperatur und wurde im Leerlauf durch die angesaugte Luftmenge ausreichend gekühlt. Schließlich sparte der wirtschaftlich arbeitende Motor gegenüber der wassergekühlten Maschine erhebliche Mengen an Gewicht ein. Das Kurbelwellenteil wurde aus Spezial-Grauguss, die Zylinderrohre und die Zylinderköpfe sowie die Kolben aus Spezial-Leichtmetall hergestellt. Die Kühlluftmenge förderte ein seitlich oder bei V-Motoren in der Mitte angebrachtes Axialgebläse, das in den ersten Baujahren mechanisch angetrieben mit dreifacher Motordrehzahl lief und über Leitbleche den Zylindern die Kühlluft zuführte.

Problematisch war jedoch die Überhitzung der Zylinderkopfdichtungen, was später durch Kupfereinlagen verhindert wurde – allerdings fiel ein Magirus-Fahrzeug durch eine gerissene Zylinderkopfdichtung aufgrund der vielzylindrigen Bauart gewöhnlich nicht sofort aus. Schließlich entwickelte der Motor durch die Gebläseluftkühlung eine erhebliche Geräuschkulisse, was durch ständig verbesserte Isolierungsmaßnahmen und in den achtziger Jahren durch eine Kapselung nahezu beseitigt wurde.

Nachdem 1947 465 Fahrzeuge produziert worden waren, stieg der Ausstoß 1948 auf 915 Standard- und Allradtypen. Auch hier musste ein Teil der Fahrzeuge als Reparationsleistung an die US-Armee und an andere Streitkräfte abgegeben werden. Daneben hatte das Werk Aufbauten für GMC-Fahrzeuge anzufertigen und verschiedene andere Aufträge auf den Fließbändern zwangsweise zu erfüllen.

Erst mit der Währungsreform konnte die Produktion der Fahrzeuge, darunter Lastwagen, Feuerwehren und Omnibusse, wieder in dem 2500 Mann starken Unternehmen forciert werden, so dass der monatliche Ausstoß auf bis zu 300 Fahrzeuge mit verschiedenen Aufbauten gesteigert werden konnte. Hinzu kam noch die Fertigung von Feuerwehraufbauten für angelieferte Magirus-Fahrzeuge und Fremdfabrikate.

1949 wurde die Leistung des Motors durch Änderung der Zylinderrohre und der Zylinderköpfe auf 85 PS gesteigert. Die Höchstgeschwindigkeit betrug nun 85 km/h. Die Nutzlast wurde auf 3,5 Tonnen erhöht, so dass das Fahrzeug unter der Bezeichnung S/A 3500 angeboten werden konnte. Auch eine Sattelschlepperversion kam zur Auslieferung.

Magirus S 6500 · 1951–1955

1950 erschien mit einem Reihensechszylindermotor mit 125 PS der Feuerwehr-Zwischentyp S 6000. Neben der abgerundeten Kühlermaske fielen bei diesem Modell die geschwungenen Kotflügel auf. Die Produktionszahlen für 1949 und 1950 beliefen sich auf 2488 und 4635 3,5- und einige 6-Tonner. Die Schlepperfertigung war mit Beginn der fünfziger Jahre an das wieder eingerichtete KHD-Traktorenwerk in Köln-Kalk abgegeben worden.

1951 stellte Magirus auf der Frankfurter IAA als erste neue Nachkriegskonstruktionen die Rundhaubenlaster S 3500 und S 6500 vor, die durch ihre flüssige Formgebung sofort Aufsehen erregten. Die aus einem Stück gepresste Haube, auch Alligatorhaube genannt, besaß in ihrem vorderen Teil eine eiförmige, mit einem Gitter versehene Öffnung für den Lufteinlass. Die gewöhnlich farblich abgesetzten Kotflügel enthielten nach dem Vorbild des VW-Käfers integrierte Scheinwerfer. Das große Stahlfahrerhaus besaß eine große, geteilte Windschutzscheibe, die in der Mitte leicht gewinkelt war. Das Fahrerhaus ruhte zur besseren Abfederung auf vier Gummipolstern.

Beim S 3500, der ab 1957 die Bezeichnung Sinus führte, nachdem schon der Name Pluto zeitweilig verwendet worden war, waren Motor und Fahrgestell des eckigen Haubentyps S 3500 verwendet worden. Die Spurweite war leicht vergrößert worden. Auch die Pritsche wurde leicht verlängert. Das für 3,5 bis 4 Tonnen Nutzlast vorgesehene Fahrzeug erhielt eine Öldruckbremse mit vergrößerter Bremsbackenfläche. Auf Wunsch konnte eine Druckluftunterstützung eingebaut werden. Das Fünfganggetriebe war in synchronisierter Ausführung mit dem Motor auf einer Gummilagerung angebracht. Vier Radstände konnten gewählt werden. Die Höchstgeschwindigkeit lag bei 80 km/h.

Das Fahrzeug wurde in den Versionen als Pritschenwagen, als Kipper, als Kommunalfahrzeug, als Feuerwehr, als Sattelschlepper und als Omnibus angeboten.

Der neue S 3500 schlug sofort gut ein und sollte nun das kantige Vorgängermodell ablösen. Da sich jedoch Schwierigkeiten bei den Rundhauben-Prototypen mit einem Allradantrieb ergaben, wobei die Haube sich durch die Rahmenverwindungen im Gelände verzog und aufsprang, wurde das alte Modell in der Allradkipperversion sowie in Pritschenwagenausführungen für die britische Rheinarmee bis in die Mitte der fünfziger Jahre weitergebaut.

Die zweite Neuschöpfung war der 6,5-Tonner S 6500. Ein V-8-Motor, der aus zwei im Winkel von 90 Grad stehenden Vierzylindermotoren des kleineren Modells bestand, kam mit einer Leistung von 175 PS zum Einbau. Das Kühlgebläse war zwischen den Zylindergruppen angebracht. Die V-Bauweise ermöglichte einen platzsparenden Einbau des Motors unter der nur leicht vergrößerten Rundhaube. Zusätzliche Lüftungsschlitze waren kurz vor den Frontscheiben angebracht. Der genietete Rahmen enthielt ebenfalls ein auswechselbares Mittelteil. Ein ZF-Sechsgang-Allklauengetriebe kam zum Einbau. Auf Wunsch konnte eine Motorbremse als dritte Bremsanlage geliefert werden. Die Leistung des Motors wurde 1955, im letzten Jahr der Serienproduktion, auf 170 PS gedrosselt. Neben der Pritschenwagen-Fernverkehrsausführung für einen maximal 36,6 Tonnen schweren Zug wurde das Fahrzeug auch als erste moderne deutsche Flugplatzfeuerwehr in Sattelschlepperbauart mit Strüver-Tankaufliegern gefertigt. Hinzuweisen ist noch darauf, dass dieses ab 1952 im Serienbau hergestellte Modell vorwiegend in den Export gelangte.

Mit dem alten Fahrerhaus von 1948, jedoch schon mit eckigen Kotflügeln, erschien 1953 der Allradkipper A 4500. 1955 wurden das Standard- und das Allradfahrzeug

S/A 4500 dann mit der Ganzstahlkabine des Rundhaubers modernisiert. Die kantige Motorhaube lief nun schräg auf das Fahrerhaus zu. Der Vierzylindermotor mit 90 PS oder in gedrosselter Version mit 85 PS kam zum Einbau.
Um den 6,5-Tonner auch in einer Allradantriebsversion produzieren zu können, wurde die kantige Haube nun verbreitert, um den V-Motor abzudecken. Diese neben der Rundhaube nun endgültige, abgekantete Haube wurde für die verschiedenen Magirus-Baustellen- und auch für die Pritschenfahrzeuge bis 1970 beibehalten. Größere Serien des A 6500 wurden als Reparationsleistungen an verschiedene Nato-Armeen abgeliefert.
Der Vorderradantrieb der Baustellenfahrzeuge A 4500 und A 6500 war ständig im Eingriff. Ein Verteilergetriebe mit einer zuschaltbaren Übersetzungsstufe und Sperrdifferentialen war vorhanden und wurde mit Druckluft geschaltet.
In einer Werbeaktion, um die Standfestigkeit und um die thermischen Vorzüge des luftgekühlten Motors zu zeigen, schickte Magirus zwei Allradfahrzeuge zur Überführung auf dem Landweg in den damals belgischen Kongo.
Der S 4500/6 mit der Zusatzbezeichnung Mercur wurde ab 1955 mit dem neuentwickelten V-6-Motor mit einer Leistung von 125 PS ausgestattet. Der gleich starke Allradtyp erhielt ebenfalls das Stahlfahrerhaus mit der kleinen, spitz zulaufenden Haube. Der S 6500 wurde 1955 zum S 7500 Jupiter mit einer Nutzlast von 7,6 Tonnen weiterentwickelt. Die Motorstärke wurde auf 170 PS gedrosselt; ab 1957 führte das Fahrzeug nur noch die Bezeichnung Jupiter.
Um den geplanten StVZO-Bestimmungen entsprechend ein optimales schweres Fahrzeug anbieten zu können, präsentierte Magirus den Frontlenker-Prototyp S 7500 Jupiter F. Der mit einer wulstigen Vorderfront konstruierte Wagen besaß ein kippbares Fernverkehrs-Fahrerhaus. Das untere Drittel des Fahrerhauses mit den Bedienelementen und den Sitzen war fest auf dem Rahmen verschraubt. Der obere Teil ließ sich auf einen bereitgestellten Bock vorklappen. Der Motor war mit dem Getriebe in amerikanischer Cab-over-engine-Bauart unter dem Fahrerhaus angebracht. Eine mechanische Fernschaltung führte nach vorne. Da zu dieser Zeit die Befürchtung verbreitet war, dass das Frontlenkerfahrerhaus bei einer Vollbremsung vorkippen könnte, kam es nur zum Bau einer Vorserie, die in den Export ging.
Als stärkstes Nachkriegsmodell wurde von 1955 bis 1957 in 101 Exemplaren der A 12000 gefertigt, der von dem V-8-Motor mit 170 PS angetrieben wurde und als Allradfahrzeug für eine Nutzlast von 12 Tonnen geeignet war. 1957 wurde dieses Modell durch die Uranus-Baureihe abgelöst. 1956 ergänzte der S 5500 Saturn als 5,8-Tonner mit der 125-PS-Sechszylindermaschine in V-Anordnung das Programm. Hinzu kam als schwerster damaliger Magirus-Typ

Magirus-Deutz Sirus 85 D7 · 1957–1964

Wuppertaler Stadtwerke AG
905

Magirus Mercur 4500 S · 1953–1955

der Uranus, der von einem 250 PS starken V-Zwölfzylindermotor angetrieben wurde. Der für 16 Tonnen Nutzlast ausgelegte Dreiachser besaß eine verlängerte Eckhaube mit zusätzlichen seitlichen Lufteinlassgittern. Alle Räder wurden über Stirnradvorgelege und Planetengetriebe in den Radnaben angetrieben. Die Höchstgeschwindigkeit lag anfänglich bei nur 50 km/h.

Das vor allem für den Export gebaute Modell wurde als schwerer Pritschenwagen, als Zugmaschine und als Kranwagen vom Typ KW 15 mit einer Hebekraft von 15 Tonnen gebaut. Ab 1961 wurden diese Kranfahrzeuge mit Magirus-Aufbauten unter den Bezeichnungen KW 16 und KVV 20 für größere Hebekräfte ausgestattet. Die Höchstgeschwindigkeit wurde erhöht, damit die Fahrzeuge auch auf den deutschen Autobahnen fahren konnten. 1963 ersetzte dann der Jupiter 6X6 den Uranus.

Für die neu auszustattende Bundeswehr bot Magirus den schon bei den Alliierten bewährten A 6500 als zweiachsiges Allradfahrzeug für 7 Tonnen an. Das Militärfahrzeug in Pritschenausführung besaß hintere Zwillingsbereifung. Eine Seilwinde war vor der Motorhaube angebracht. Der Allradantrieb war auch hier wie bei den Nachfolgefahrzeugen permanent eingeschaltet.

Zunächst sollte dann als Standardfahrzeug der neue Uranus 170 A als Sechzehntonner für die Bundeswehr geliefert werden. Da diese Klasse jedoch den FAUN-Fahrzeugen vorbehalten war, entschied sich das Bundeswehr-Beschaffungsamt für den Siebentonner Jupiter 6X6.

1959 wurde dieses Fahrzeug in großen Serien als Materialtransporter, als Bergungs- und als Instandsetzungsfahrzeug, als Sattelschlepper für 12,5 Tonnen Nutzlast und ab 1969 auch als teilgepanzertes Werferfahrzeug mit veränderten Maßen und Gewichten geliefert.

In der Frontpartie war eine Öffnung für den Anschluss einer Schwingfeuerheizung oder eines Abgasschlauches eines anderen Fahrzeugs angebracht, um den Motor bei tiefen Temperaturen aufzuwärmen. Der Vielstoffmotor leistete 178 PS. Die Bundeswehr erwarb insgesamt 8500 Fahrzeuge dieses Typs. Hinzu kamen schwere Rundhauben-Feuerwehren mit vorderen Seilwinden.

Magirus Saturn 145 AK · 1958–1961

In einer Werbefahrt wurden im zivilen Programm mehrere A-7500-Fahrzeuge durch schwierigstes Gelände und unter hohen Temperaturen zur Auslieferung an den Persischen Golf geschickt.
Die Fertigung war 1956 auf 8244 Fahrzeuge und auf 18540 luftgekühlte Motoren gestiegen.
Der Mercur 125 mit der vorherigen Bezeichnung S 4500/6 erhielt 1957 eine zusätzliche Schallisolierung für die sogenannte „Silencecab". Mit einem auf 112 PS gedrosselten Reihen- oder V-6-Motor wurde das Modell unter der Bezeichnung Mercur 112 L in „seebohmfester" Ausführung angeboten.
Der Jupiter A 7500 wurde mit dem auf 150/156 PS heruntergedrosselten V-8-Motor für den Baustelleneinsatz mit einer Stahlkippmulde versehen.
Einen erneuten Versuch, ein Frontlenkerfahrzeug zu präsentieren, unternahm Magirus 1957 mit dem 4,5-Tonner Mercur F. Das Fahrzeug wurde zunächst mit dem 85/90-PS-Vierzylinder-, im Serienbau dann aber mit dem 112-PS-Motor versehen. Das Fahrerhaus mit einer durchgehenden Panoramascheibe besaß eine quadratische Frontöffnung, in die, vom Design des Rundhaubers abgeleitet, die ovale Lufteinlassöffnung integriert war. Der hohe Lufteinlass war für den ursprünglich vorgesehenen Reihenmotor gewählt worden. Eine Lenkradschaltung war eingebaut.
Dieser in einer noch kleinen Stückzahl gebaute Anfangs-Frontlenker, der den gesetzlichen Forderungen entsprach, erhielt später eine ovale Chromblende im unteren Fahrzeugbereich, die dann in den ovalen Lüftungsgrill überleitete.
Die Fahrzeuge erhielten mit diesem Baujahr durchgängig von Planeten abgeleitete Namen, wobei die Ausstattung der Allradantriebsfahrzeuge mit Planetengetrieben in den Achsen dazu die Anregung gegeben hatte.
Der Uranus als Nachfolger des A 12000 wurde in einer leichten Achtzylinderversion mit 170 PS unter der Bezeichnung Uranus 170 AE als dreiachsiger Allrad-Muldenkipper auf der Frankfurter IAA von 1957 vorgeführt. Seitliche Luftfiltertöpfe gaben dem Uranus ein markantes Aussehen. Weiter wurde der Frontlenker Saturn F mit dem

Magirus Sirius K · 1959–1964

145-PS-Motor vorgestellt, der 1958 dann in den Serienbau ging.1961 wurde die Leistung auf 150 PS angehoben.
Die Rundhauber Sirius, Mercur und Saturn erhielten zur Geräuschdämmung nur noch eine kleine obere Öffnung im ovalen Lufteinlass. Zwei Abluftöffnungen wurden nun auch hier in der Haube vor den Frontscheiben angebracht. Die Allradantriebstypen wurden jetzt durchgängig mit der breiten, kantigen Haube des Jupiters versehen. Die Fahrerhäuser erhielten mit diesem Baujahr seitliche Ausstellfenster.
Eine große Werbeattraktion war in diesem Jahr die Durchquerung der Sahara mit einem Uranus 250, der die 9000 km lange Strecke bis in den Tschad problemlos bewältigte. Der Zwölfzylindermotor mit 250 PS war in diesem Modell installiert.
Nachdem schon Exportfahrzeuge mit dem aufgebohrten 145-PS-Motor ausgestattet worden waren, erhielt der Saturn 145 als 6,2- oder als Siebentonner diese Maschine, um den Seebohmschen Forderungen zu entsprechen. Das Verhältnis von Nutzlast zu Eigengewicht lag hier bei 1:1,47.
Der Jupiter wurde ab 1958 nur noch als Kipper für 8,3 und 6,9 Tonnen gebaut, da die PS-Leistung nicht mehr den gesetzlichen Anforderungen im Fernverkehr entsprach. Für den Export wurde das Fahrzeug in der Eckhaubenausführung als Sattelzugmaschine unter der Bezeichnung Jupiter HD (für Heavy Duty) bis 1959 noch gefertigt, wobei die große Eckhaube bei allen Versionen zum Einbau gelangte. Der Mercur 120 AK erhielt den auf 120 PS gedrosselten Sechszylindermotor. Für den schweren Geländeeinsatz konnte er aber auch weiterhin mit der 125-PS-Maschine ausgestattet werden.
Mit der Lockerung der Bestimmungen über Maße und Gewichte erhielt der Dreiachser Saturn 145 mit Allradantrieb den 145-PS-Motor. Eine 9,5 Tonnen-Mulde wurde auf dieses Baustellenfahrzeug aufgebaut. Als schwere Dreiachs-Sattelzugmaschine erschien der Saturn 195 F-S, der mit einem neuen, 195 PS starken V-8-Motor für den 32-Tonnen-Lastzug geeignet war. Der Serienbau wurde dann 1960 aufgenommen. Im Jahre 1959 erhielt der Schnelllaster Sirius 90 L einen kleinvolumigen Reihen-Sechszylindermotor mit 90-PS-Leistung. Bis in das Jahr 1971 wurde dieses Rundhaubenmodell dann nahezu unverändert gefertigt, schließlich unter der Bezeichnung 100 D 7L bzw.110 D 7L als Paketpostwagen.
Der Mercur F und der Saturn 145 F erhielten eine geänderte Frontpartie mit einem ovalen Gitter zur besseren Luftzufuhr für die Motoren. Während der Mercur weiterhin mit 85/90-PS- und 112-PS-Reihenmotoren ausgestattet wurde, erhielt der Saturn den 145-PS-V-Motor. Das längere Fernfahrerhaus erhielt ein abgesetzt erhöhtes Dach; Dachöffnungen waren angebracht. 1963 wurde die Motorisierung des Mercur auf 126 PS durch einen

Sechszylinder-V-Motor bei einer Nutzlast von 6,3 Tonnen erhöht.
Die Frontlenkerfahrerhäuser hatten sich im Dauergebrauch gut bewährt, so dass nun auch größere Stückzahlen abgesetzt werden konnten.
Die Deutz-Motoren erhielten nun serienmäßig ein seit längerer Zeit erprobtes, automatisch geregeltes Kühlluftgebläse, das sich erst bei Überschreitung der Betriebstemperatur einschaltete. Durch den hydraulischen Lüfterantrieb wurde der Motor im noch kalten Zustand geschont und gleichzeitig wurde dabei die Kraft für den Gebläseantrieb eingespart.
Der Mercur 112 AK wurde mit einem KHD-Verteilergetriebe ausgestattet, die hydraulischen Bremsen mit Druckluft unterstützt. Für das Technische Hilfswerk (THW) wurden große Serien des mit einer Seilwinde versehenen Mercur 120 AL gefertigt. Der dreiachsige Saturn wurde als Zugmaschine Saturn 195 F und als Muldenkipper Saturn 145 AK mit dem 195-PS- und dem 145-PS-Motor ausgestattet, wobei der Saturn 145 AK als Solowagen den gesetzlichen Bestimmungen entsprechend mit dem schwächeren Motor auskam.
Auch hier löste eine neue Motorengeneration mit vergrößerter Bohrung die ursprünglichen Motoren der luftgekühlten Serie ab. Die Jahresfertigung belief sich 1959 auf 9710 Fahrzeuge; insgesamt wurden damit bis Ende der fünfziger Jahre 70000 Nachkriegsfahrzeuge hergestellt. Der Exportanteil lag in diesen Jahren stets knapp über 50 Prozent.
Mit dem neuen Jupiter 195 F, mit dem 195-PS-V-8-Motor für eine Nutzlast von 12 Tonnen als Solofahrzeug, entsprach Magirus in dieser Klasse den neuen Maß- und Gewichtsbestimmungen für schwere Fahrzeuge. Das Fahrerhaus war gegenüber der Vorderachse vorgerückt worden, um den Innenraum zu vergrößern. Auch die Schallisolierung wurde verbessert. Der geländegängige Jupiter 195 AK war mit der Kurzhaube ausgestattet.
Stärkstes Fernverkehrsmodell wurde der 1961 auf der Frankfurter IAA vorgestellte Jupiter 200 FL als Neuntonner. Auch der Saturn konnte als Saturn 200 F mit dem 200 PS starken V-8-Motor geliefert werden. Die Frontlenkerfahrzeuge waren mit Lenkradschaltungen versehen. Als zwei- oder dreiachsige Sattelzugmaschinen wurden die Typen Saturn 200 F ebenfalls mit der 200-PS-Maschine ausgerüstet. Als 32-Tonnen-Zug konnten so 20 Tonnen Nutzlast befördert werden. Die Sechszylindermaschine war auf 150 PS gesteigert worden und kam zum Einbau in den Saturn 150 6X4 und in den Jupiter 150. Der Saturn 150 AK 6X6 wurde als 11-Tonnen-Muldenkipper oder als Trägerfahrzeug für einen Betonmischer geliefert.
Wiederum startete in diesem Jahr eine Kolonne mit zweiachsigen Fahrzeugen durch den Vorderen Orient auf der alten Seidenstraße nach Afghanistan, um die günstigen Anpassungseigenschaften des luftgekühlten Motors zu demonstrieren.
Mit der schmalen Kühlermaske wurde in diesem Jahr noch einmal die Straßenausführung des Mercur K mit dem 85-PS-Triebwerk ausgeführt und dann auf die Einheus-Eckhaube umgestellt.
Als großes Straßenmodell wurde 1963 der Pluto 200 FE-L vorgestellt, der fahrwerksmäßig für den geplanten 38-Tonnen-Zug ausgelegt war. Die Hinterachse hatte man für eine Belastung von 13 Tonnen konstruiert. Die ZF-Antriebsachse war in einem gegossenen Achskörper mit angeflanschten Achsrohren ausgeführt. Der Antrieb

Magirus Jupiter 195 AK · 1960–1961

erfolgte über ein Kegelradvorgelege mit nachgeschaltetem Stirnrad- und Kegelraddifferential. Die Innenbackenbremsen wurden mit Öldruck und mit Druckluftunterstützung betätigt.
Eine noch stärkere Ausführung in Erwartung des 38-Tonnen-Zuges für den Europa-Verkehr wurde der mit großem Aufsehen auf der Frankfurter IAA vorgestellte Saturn TE (für Trans Europa), mit dem die Forderung der 6-PS/t-Formel erfüllt werden konnte. Der Zehnzylinder-V-Motor mit 235 PS wurde aus dem Köln-Porzer Motorenwerk bezogen. Die 13-Tonnen-Hinterachse oder ein Doppelachsaggregat mit einzeln (zum Federungsausgleich) aufgehängten Achsen kam zum Einbau, was eine optimale Anpassung an Fahrbahnunebenheiten ermöglichte. Eine ZF-Kugelmutter-Hydrolenkung mit Lenkradschaltung sowie hintere Planetenantriebe waren eingebaut.

Den gültigen Bestimmungen entsprechend, nach denen das Fahrzeug im Solobetrieb als Sechzehntonner und im Anhängerbetrieb mit 32 Tonnen gefahren wurde, besaß der Motor eine beachtliche Durchzugskraft. Auch als Sattelzugmaschine für den 20-Tonnen-Auflieger wurde der Saturn TES gefertigt.
Das Fahrerhaus der Europa-Konzeption war in einer kantigen Form mit einer großen Frontscheibe gestaltet. Ein breiter, farblich abgesetzter und unterteilter Grill bedeckte den unteren Teil der Frontpartie. Die Scheinwerfer waren in den Stoßstangen integriert. Die Fernverkehrsausführung erhielt ein im hinteren Bereich erhöhtes Dach für die Schlafkabine. Die Fahrerhäuser selbst konnten zur Wartung vorgekippt werden. 1967 wurde die Bohrung dieses Zehnzylinder-Triebwerks verringert, die Leistung wurde mit dem Direkteinspritzverfahren auf 250/ 260 PS gesteigert.
Die Straßenlastwagen wurden nun, abgesehen von dem Sirius-Typ, verstärkt auch mit der problemloseren Eckhaube ausgestattet. Aufgrund des hundertjährigen Bestehens der Deutzer Motorenfabrik und zur Hervorhebung der Zugehörigkeit zur Klöckner-Humboldt-Deutz AG entfiel ab diesem Baujahr die Bezeichnung „Magirus“, so dass die Fahrzeuge nur noch den Namen „Deutz“ trugen. Gleichzeitig wurden die Planetennamen in den Baujahren 1963/64 durch Nummernbezeichnungen abgelöst, die vor dem „D“ für Deutz die PS-Leistung und dahinter die Gesamttonnage angaben.
Der Sinus wurde nun als 90 D 7L, der Mercur als 126 D 11, der Saturn als 150 D 22L, der Jupiter als 200 D 16, der Pluto als 235 D 22 FL und der Saturn TE als 235 D 20/22FL bezeichnet, der den 200 D 16 mit dem alten Fahrerhaus endgültig ablöste.
Mit diesem Programm setzte Magirus Schwerpunkte im Bereich der Straßen-Nutzfahrzeuge von 3,5 bis 12,7 Tonnen, wobei Rundhauben-, Eckhauben- und Frontlenkerfahrerhäuser zum Einbau kamen. Der zweite Schwerpunkt war die Fertigung von Eckhauben-Fahrzeugen für den Baustelleneinsatz mit zwei- und dreiachsigen Fahrgestellen. Dritter Schwerpunkt war die Fertigung von Brandschutzfahrzeugen in verschiedenen Versionen.
Eine weitere Neuerung war 1965 die Ausstattung der 135-, 150- und 180-PS-Fahrzeuge mit neuen Motoren mit fast quadratischen Bohrungs- und Hubmaßen. Die Motoren arbeiteten nach dem leistungsfähigeren, weicheren und wirtschaftlicheren Direkteinspritzverfahren. Tangentiale Einspritzdüsen richteten den Ölstrahl auf die Innenwand des Halbkugel-Brennraums, so dass der Kraftstofffilm durch den Drall der Verbrennungsluft schichtweise

Magirus Mercur 120 L · 1959–1963

weich und ruhig abbrannte. Die aus Spezialguss gefertigten Zylinderrohre besaßen fast auf der ganzen Hublänge Kühlrippen. Auch der Zylinderkopf aus Leichtmetall-Kokillenguss war nun verrippt. Das Kühlluftgebläse wurde hydraulisch vom Motorschmieröl-Kreislauf angetrieben.
Die Modelle 135 D 10FL, 180 D 12FL sowie der 210 D 16FS wurden als Neuerscheinungen mit Motoren des neuen Verbrennungsverfahrens vorgestellt.
Die Frontlenkerfahrzeuge wurden nun einheitlich mit dem kantigen Fahrerhaus versehen. Bis 1969 wurde diese Karosserie in kippbarer Ausführung auch auf die Fahrzeuge für13 Tonnen Gesamtgewicht und schließlich auch auf die 11FL-Klasse aufgesetzt. Auf Wunsch konnten seitliche Durchblickfenster in die untere Türhälfte eingesetzt werden. Die Alligatorhaube in der Baureihe 150 D 10 wurde durch die Eckhaube ersetzt.
Eine Zusammenarbeit vereinbarte das Werk 1966 mit der Seddon Diesel Vehicles Ltd. in Oldham/Großbritannien. Der Bau eines neuen Motorenwerkes im Gewerbegebiet Donautal wurde begonnen, um den Motorenbau aus den beengten Verhältnissen in der Innenstadt herauszubekommen.
1967 erneuerte Magirus das Programm in der 3,5-Tonnen-Klasse durch den M 70 D 60FL, der von der Firma Eicher übernommen wurde und dort als Eicher-Transexpress nur ein Schattendasein geführt hatte. Das weiterhin bei der Gebr. Eicher Traktoren- und Landmaschinen GmbH gebaute Verteilerfahrzeug erhielt jedoch anstelle des Eicher-Motors einen kleinvolumigen Vierzylinder-Deutz-Motor mit 70 PS. Der auch als Stadtwagen und als City-Bulle bezeichnete kompakte Laster zeichnete sich durch Handlichkeit, gute Manövrierfähigkeit und durch seine Wirtschaftlichkeit aus. Durch das umfangreiche Magirus-Verkaufsnetz entwickelte sich dieser Kleinlaster nun zu einem erfolgreichen Modell in der kleinen Klasse.
Die Leistungen der Fahrzeug-Motoren wurden in diesem Jahr leicht angehoben. So wurde der 100-PS-Motor auf 110 PS, der 150-PS-Motor auf 156 PS, der 180-PS-Motor auf 186 PS, der 210-PS-Motor auf 230 PS und der Zehnzylinder-V-Motor mit 235 PS auf 250 PS gesteigert.

Magirus 135 D 12 · 1967–1970

Für den 38-Tonnen-Zug stand somit der M 250 D 22 FL als Dreiachser mit 250 PS zur Verfügung. Mit dem gleichen Motor wurde der M 250 D 22 FK als schwerer Frontlenker-Kipper für 12,8 Tonnen versehen. Der schwere Haubenkipper M 210 D 16 AK erhielt weiterhin den 210-PS-Motor. (Der Typenbezeichnung wurde seit diesem Jahr ein „M“ für „Magirus“ zugefügt.)

Das 50000. Exportfahrzeug der Nachkriegsbaureihen wurde in diesem Jahr ausgeliefert. Magirus konnte dabei auf Exportmöglichkeiten in 135 Länder verweisen. Die Jahresfertigung war 1967 auf 10760 Fahrzeuge gestiegen.

Im Jahre 1968 stellte Magirus ein Versuchsfahrzeug mit einer Gasturbine vor. Die Zweiwellen-Getriebeturbine leistete 250 bis 280 PS. Das neue Motorenwerk Donautal in der Nicolaus-Otto-Straße, auch Werk III genannt, konnte nun mit 1200 Beschäftigten die Produktion aufnehmen.

Auf dem deutschen Markt bot Magirus eine Fahrzeugpalette von 6 bis 22 Tonnen Gesamtgewicht mit dem Werbeslogan „Die deutschen Bullen“ an. Auch wenn die Werbung für das Image des Unternehmens als problematisch empfunden wurde, stieg der Absatz der Fahrzeuge in diesem Jahr auf 12 077 Exemplare an, wobei die ausgelasteten Kapazitäten der Zuliefererbetriebe den Bedarf an Spezialteilen nicht decken konnten, so dass das Werk seine volle Leistungsfähigkeit nicht ausnutzen konnte. Halbfertige Fahrzeuge standen sogar auf den Höfen herum. Die Rückgänge im Export konnte Magirus dabei durch die äußerst günstige Nachfrage auf dem deutschen Markt ausgleichen.

Die seit 1967 im Kölner Motorenwerk Porz entwickelten neuen Motoren der Direkteinspritzer-Baureihe FL413 mit Kurzhubmaßen und Drehzahlen von 2650 Touren ersetzten nun als dritte Motorengeneration die bisherigen Maschinen. Das Sechszylindertriebwerk leistete 170 PS, das Achtzylindertriebwerk 232, das Zehnzylindertriebwerk 285 und 305 PS und das Zwölfzylindertriebwerk 340 PS. Hierbei kam erstmalig ein Turbolader zum Einsatz.

Der 3,5-Tonner erhielt nun den auf 80 PS gesteigerten Motor als M 80 D 6FL. Bei den Haubenfahrzeugen, so beim 6,8-Tonner M 135 D 12AK, wurden die Scheinwer-

Magirus 230 D 22 AK · 1968–1970

fer nun in die Stoßstangen eingebaut. In der Schwerlastwagenbaureihe wagte sich Magirus mit dem M 340 D 22FL in die 340-PS-Klasse. Damit besaß das Ulmer Fahrzeugwerk eine Zeitlang den stärksten Serienlaster auf dem deutschen Markt. Für den kombinierten Verkehr wurde der M 290 D 22FL mit dem auf 290 PS gedrosselten Zehnzylindermotor angeboten. Für den schweren Baustellenverkehr erschien als Spitzenmodell der Haubenlaster M 230 D 26 AK als Dreiachser für 14,6 Tonnen Nutzlast. Die Baufahrzeuge konnten mit einem Dreiseiten-Kippaufbau oder mit einer Muldenhinterkippanlage versehen werden.

Die Fahrzeuge erhielten in diesem Jahr wieder den werbewirksameren Schriftzug „Magirus-Deutz"; die Produktionszahl war leicht auf 12935 Fahrzeuge gestiegen.

Montagewerke oder Lizenz-Produktionsstätten bestanden gegen Ende der sechziger Jahre in Jugoslawien, in Griechenland, in Portugal, in der Türkei, in Ägypten, im Kongo, in Ghana, in Südafrika, in Argentinien, in Brasilien, in Chile, im Iran und in Thailand.

Die Baureihe für die Baustellenfahrzeuge wurde 1970 durch allradgetriebene Frontlenkerfahrzeuge der Typen M 232 D15 FAK für15 Tonnen und M 232 D 22 FAK 6 X 6 für 22 Tonnen ergänzt. Der Rahmen dieser Fahrzeuge war nahezu identisch mit dem der Haubenfahrzeuge.

Neben die seit 1965 gebaute Reihe M 135 Dll-13 traten die Baureihen M 120 D 11-15 als Solofahrzeuge und M 170 D 11-15. Da der 135-PS-Typ rasch wieder vom Programm gestrichen wurde, entstand durch Lieferschwierigkeiten somit eine Lücke in dieser Klasse. Gut verkäuflich war weiterhin das kleine 3,5-Tonnen-Modell M 80 D 6FL/FK als Pritschenwagen und als Kipper. Im Serienbau erschien nun mit dem Zwölfzylindermotor der M 340 D 22FS als Dreiachser mit seitlichen Durchblickfenstern für 38 Tonnen Gesamtgewicht.

Bei den auslaufenden Haubenwagen der ersten Eckgeneration wurden die Scheinwerfer wieder auf den Stoßstangen montiert. Als Ablösung dieser Baureihe präsentierte Magirus eine neue Karosserieform in diesem Jahr. Die graziler wirkenden Haubenfahrzeuge, die noch heute gebaut wer-

Magirus M 80 D 7 · 1969–1975

den, besitzen eine durchgehende Scheibe und eine flachere und breitere Motorverkleidung in normaler und in langer Ausführung. Die kantige Form mit den abgeschrägten Kotflügeln wurde beibehalten. Zur besseren Übersicht für den Fahrer wurde das Fahrerhaus höherangebracht. Um eine möglichst große Vereinheitlichung der Frontlenker- und der Haubenfahrzeuge zu erreichen, kam eine Vielzahl von Teilen und Aggregaten bei beiden Baugruppen zur Verwendung. Erste Modelle dieser neuen „Baubullen"-Serie waren der M 170 D 12AK und der M 230 D 22AK.
Mit dem auf 305/310 PS gesteigerten Zehnzylindermotor erschienen der M 310 D 22FL für 22 Tonnen Gesamtgewicht und der M 310 D 16F für den 38-Tonnen-Zug.
Für die Entwicklung der Nachfolgegeneration der Bundeswehr-Transportfahrzeuge richtete Magirus mit den Firmen Daimler Benz und MAN ein Gemeinschaftsbüro ein.
Für die Ablösung des Eicher-3,5-Tonners und der kleinen Magirus-Modelle trat das Unternehmen in Verhandlungen mit den Firmen Volvo, Saviem (später nach Übernahme Renault Vehicules Industrièlles, RVI) und DAF ein. Diese Vierergemeinschaft mit einem Konstruktionsbüro in Paris plante nun einen Einheitstyp, der im Bereich der Nutzlastklassen von 3,5 bis 8,5 Tonnen eingesetzt werden sollte. Die Motorenbestückung und Detailänderungen am Frontgrill waren jeder Firma überlassen worden.
Der Absatz der Magirus-Fahrzeuge erreichte in diesem Jahr das Rekordergebnis von 16 500 Stück, nachdem ein Jahr zuvor schon 14 220 Laster das Werk verlassen hatten. Aufgrund der Engpässe bei den Zuliefererbetrieben standen auch in diesem Jahr umfangreiche Serien unvollendeter Fahrzeuge auf den Werksanlagen herum.
Im Jahre 1973 wurde die Montage der Fahrzeuge in das neben dem Motorenwerk im Industriegebiet Donautal eingerichtete, neue und großzügig angelegte Werk III verlagert. Bei diesem Werk ging es weniger um die Möglichkeit zur Produktionssteigerung, sondern mehr um die Rationalisierung, die Erzielung einer größeren Fertigungsbreite und um die optimale Ausnutzung der computergesteuerten Automatisation bei der Parallelfertigung der verschiedenen Typen.

Magirus 270 D 16 K · 1971–1973

Das Werk I wurde nun Sitz der Hauptverwaltung. Das Werk II betreibt seitdem die Achsenfertigung, die Pressabteilung, die Fertigung von Tragkraftspritzen sowie den Vertrieb und die Auslieferung der Brandschutzfahrzeuge.
Das bis in die siebziger Jahre bestehende Berliner Werk Tempelhof im Bereich der Reinickendorfer- und der Granatenstraße wurde 1972 in eine neue Niederlassung an der Nonnendammallee in Berlin-Spandau verlegt. Neben der Großreparatur für Fahrzeuge werden dort die Austauschmotoren für den Markt in Berlin und in der Bundesrepublik bearbeitet.
In der Typenbezeichnung fiel mit diesem Baujahr das vorangestellte „M“ wieder fort.
Unterhalb der Sechzehntonnen-Klasse bot Magirus die preiswertere 15,5-FL-Serie mit Motoren mit 232, 270 und 305/310 PS an. Eine Luftfederung in gemischter Luft- und Blattausführung für den kombinierten Verkehr baute das Werk in den Typ 340 D 22 F SL ein. Auf Wunsch erhielten die Fahrzeuge auch weiterhin untere Fenster in den Türen.
Erste Kontakte mit der Fiat AG in Turin über eine gemeinsame Nutzfahrzeug-Holding wurden in diesem Jahr geknüpft, nachdem Rückgänge im Baustellenfahrzeuggeschäft zu Schwierigkeiten geführt hatten, 1974 gliederte Klöckner-Humboldt-Deutz im Rahmen dieser Umstrukturierungsmaßnahmen das Magirus-Werk als Magirus-Deutz AG aus dem Kölner Konzern aus.
Die schweren Frontlenker-Fahrzeuge erhielten in diesem Jahr eine überarbeitete Gestaltung. Ein mattschwarzer, durchgehender Grill mit dem Magirus-Deutz-Schriftzug, dem seitlich angebrachten Ulmer-Münster-Abzeichen und einer Zahlentafel für die PS-Leistung zierte nun die Vorderfront. Die Aufhängung des Fahrerhauses mit Gummielementen und mit Stoßdämpfern milderte die Geräuschübertragung und Fahrzeugerschütterungen. Das neugestaltete Armaturenbrett erhielt wieder Einzelinstrumente. Drei Scheibenwischer wurden an der Frontscheibe angebracht.
Verstärkt wurden die Lastzüge mit Luftfederungen ausgestattet, der 310 D 22 FLS 6 X 2 X 4 darüber hinaus mit zwei gelenkten Vorderachsen. Die Fahrzeugmittelklasse mit 9 bis 14 Tonnen Gesamtgewicht erhielt einen neuen 6,1-Liter-Sechszylinder-Reihenmotor mit 160 PS, wobei

Magirus 310 D 22 · 1973–1979

hier erstmals in größerem Maßstab bei den Deutz-Fahrzeugmotoren eine Turboaufladung zum Einsatz kam.
Im Zusammenhang mit dieser Aufladung ist darauf hinzuweisen, dass durch die vielzylindrigen V-Motoren bisher stets hohe Leistungen erzielt werden konnten, so dass die Notwendigkeit der Aufladung der Motoren von KHD lange Zeit nicht für vordringlich angesehen wurde. Hinzu kamen aufgrund der kurzen V-Bauweise Belastungsprobleme für die Kurbelwellen- und die Pleuellager, so dass erst umfangreiche Veränderungen zu „laderfesten" Ausführungen bei milder Aufladung führten, die gleichzeitig eine Verbrauchssenkung zur Folge hatten.
Die neue Maschine gelangte in den Modellen 160 D 16 FL und 160 D15 K zum Einsatz. Die Basismaschine mit 130 PS trieb den Haubentyp 130 D 12 K und den Frontlenker 130 D 11 FL an. Hinzuweisen ist darauf, dass die Haubenfahrzeuge mit Hinterradantrieb verstärkt auch als Sattelzugmaschinen Verbreitung fanden.
Mit Jahresbeginn 1975 brachten Fiat seine Fiat Veicoli Industriale SpA und KHD die Magirus Deutz AG in die Iveco Holdinggesellschaft mit Sitz in Amsterdam ein. Weitere Mitglieder der Iveco (Industrial Vehicles Corporation) wurden die Fiat-Töchter OM (Officine Meccanice) in Brescia und die Lancia Veicoli Speciale in Bozen sowie das französische Unternehmen UNIC SA in Trappes. An der Holding nach holländischem Recht hielt KHD 20 und Fiat 80 Prozent der Geschäftsanteile. Da nach diesem Recht der KHD keine Sperrminorität eingeräumt werden konnte, erhielt der Kölner Partner Sondervereinbarungen. Diese betrafen die Weiterverwendung luftgekühlter Motoren, die Zusatzbezeichnung „Magirus" und die Aufrechterhaltung des Magirus-Vertriebsnetzes. Die Fertigung der Brandschutzfahrzeuge von Magirus, die in Europa einen Marktanteil von 38 Prozent besaßen, erhielt eine Monopolstellung im Rahmen der Iveco.
Ziele der neuen Gesellschaft waren die Koordinierung der Unternehmensführungen und der Fahrzeugprogramme sowie die gemeinsame Herstellung von Teilen und Komponenten, um die Wettbewerbsfähigkeit nach den Aufkäufen der Firmen Daimler-Benz und MAN zu sichern. Eine gegenseitige Belieferung mit wasser- und luftgekühlten Motoren wurde vereinbart. Die Magirus-Haubenwa-

gen wurden von nun an in Italien, wo seit Jahren nur noch Frontlenkerfahrzeuge gebaut werden, als wartungsfreundliche Baustellenfahrzeuge unter der Bezeichnung Fiat mit Motoren beider Kühlungssysteme angeboten.
Im Rahmen der neuen Vereinbarungen erhielt die Magirus-Konstruktionsabteilung den Auftrag, ein neues Design für die schweren Frontlenkertypen zu entwickeln.
Da die Entwicklung der Mittelklasse-Schnelllaster des Viererclubs vor der Serienfertigung stand, blieb diese Typenreihe von einer im Prinzip unsinnigen Parallelproduktion in Deutschland und in Italien verschont. Als erste Auswirkung der Iveco-Verträge wurde das Frontlenkerfahrzeug NC aus dem OM-Werk als Magirus 90 D 5,2-9 FL unter dem Magirus-Deutz-Schriftzug mit einem kleinen I-Schild für Iveco und mit einem neuen 87-PS-Vierzylindermotor von Deutz in der Bundesrepublik vertrieben. Es sollte den Eicher-Lkw ersetzen. Die angelieferten Motoren wurden in Brescia eingebaut. Das Fahrzeug wurde darüber hinaus den deutschen Bestimmungen entsprechend ausgerüstet.
Die bisherigen Magirus-Frontlenkermodelle erhielten erneut eine Überarbeitung. Der Grill ließ sich zu Wartungsarbeiten vorklappen. Der Fahrkomfort wurde wiederum verbessert. So erhielt der Sattelschlepper 310 D 16 S eine Weitspaltfederung, so dass zum Beispiel Schienenübergänge ohne Erschütterungen überquert werden konnten.
Die Mittelklasse-Ring-Baureihe (MKR), die Nutzlasten von 3,48 bis 8,36 Tonnen abdeckt, erschien 1976. Die Baureihen 130 M 8-13 FL erhielten den Saugmotor mit 130 PS, die Baureihen 160 M 11-13 FL den 160-PS-Turboladermotor.
Die schweren Frontlenkerbaureihen erhielten im Laufe des Jahres 1976 neben Luftfederungen Schalt- oder Wandlerkupplungen von ZF. Die Dreiachser-Pritschenwagen wurden von nun an mit Liftachsen versehen. Die Dreiachs-Sattelzugmaschine erhielt auf Wunsch zwei gelenkte Vorderachsen. Darüber hinaus wurde ein 232 oder 305/310 PS starker Vierachser für 21,6 oder 19,6 Tonnen Nutzlast gebaut.
Ein „M“ in der Typenbezeichnung für Magirus hatte inzwischen das „D“ für Deutz ersetzt.
Zur Produktionsausweitung trug 1976/77 ein sowjetischer Großauftrag für10000 schwere Haubenfahrzeuge, darunter 6500 Muldenkipper 290 M 26 K, für den Einsatz beim Bau der Baikal-Amur-Magistrale bei. Die Produktion konnte somit um 38 Prozent auf 16507 leichte, mittlere und schwere Fahrzeuge sowie auf 486 Feuerwehrfahrzeuge gesteigert werden, mit weiteren Exportaufträgen wurde eine erneute Steigerung erwartet. Eine zusätzliche Auslastung konnte durch Lieferungen von Teilen, insbesondere von Achsen, an die Iveco-Gruppe erzielt werden. Der Zwölfzylindermotor mit 340 PS wurde aufgrund des geringen Absatzes und nach Aussetzen der geplanten 8-

Magirus 256 D 26 AK · 1977–1988

MAGIRUS DEUTZ
256
ME DV 283

PS/t-Formel durch den 270-PS-Motor ersetzt. In die Haubenmodelle kam als kleinste Maschine nun der 130-PS-, als größte Maschine der 310-PS-Motor.
Im Jahre 1978 wurde die Ausstattung der MKR-Fahrzeuge verbessert. Eine Dachluke zur besseren Belüftung im Sommer ließ sich nun ausstellen, die Dachpartie wurde dabei leicht verändert. Mit dem Vierzylindermotor kam als kleinste MKR-Version der 90 M 7 FL hinzu. Dabei machte sich das Unternehmen mit der deutschen MKR- und der italienischen NC-Baureihe mit gleichen Leistungen Konkurrenz im eigenen Haus. Aufgrund der weiterbestehenden 6-PS/t-Formel wurde der Zehnzylindermotor mit 305/310 PS und in gedrosselter Version mit 270 PS durch einen neuen, hubraumstärkeren Zehnzylindermotor mit 320 PS sowie durch einen ebenfalls im Hubraum vergrößerten Achtzylindermotor mit 256 PS ersetzt.
Ein neues Fahrerhaus-Werk wurde 1978 als modernste europäische Fertigungsstätte für Karosserien von Nutzfahrzeugen im Werksgelände Donautal in Betrieb genommen. Nach der Eingliederung der Magirus Deutz AG in Iveco erfolgte 1983 die Umbenennung in Iveco Magirus AG.
Mit dem gut eingeführten Daily-Programm beginnt nun das gemeinsame Programm im Bereich von 2,8 bis 3,5 Tonnen Gesamtgewicht. In der Mittelklasse bot Magirus nach der Gamma-Z- und der MKR-Baureihe Fahrzeuge mit 130, 168 und 192 PS für Gesamtgewichte von 14 bis 16 Tonnen an. In der schweren Nutzlastklasse mit Gesamtgewichten von 16, 19, 22, und 26 Tonnen im Solobetrieb wurden Saugmotoren mit 256 und 320 PS sowie Ladermotoren mit 290 und 360 PS installiert. In den Fernverkehrsausführungen kommen seitdem ZF-Ecosplit-, aber auch Eaton-Fuller-Getriebe zum Einbau, nachdem sich die Iveco an einem Fertigungsprojekt dieser Firma beteiligt hatte.
Die MKR-Baureihe erhielt 1984 nun serienmäßig geräuscharme Motoren und eine verbesserte Innenausstattung. Die Fahrzeuge der M-Baureihe für den Nah- und Mittelstreckenverkehr für Nutzlasten von 7 bis 11 Tonnen wurden nun unter den Bezeichnungen 109-14,115-17 und 135-17 R mit wassergekühlten und aufgeladenen Fiat-, unter den Bezeichnungen 110-13 A und 130-13 A mit aufgeladenen Deutz-Motoren ausgeliefert.
Die Fahrzeuge der T-Baureihe wurden karosserie- und antriebsmäßig überarbeitet und beginnen mit dem Modell 165-24 R für den 32-Tonnen-Zug und enden mit dem in Ulm entwickelten, aber in Turin gebauten 190-30 Turbo-Star. Der 330 PS starke, mit nur 1800 Umdrehungen laufende äußerst drehmomentstarke Motor wird aus dem UNIC-Werk in Bourbon-Lancy angeliefert.
In der schweren Klasse ergänzt im 180-24 der 240 PS starke, aufgeladene Sechszylinder-Reihenmotor von Deutz die bisherige 256/260-PS-Maschine mit acht Zylindern.

Iveco Turbo-Tech · 1990

190-32

Iveco Euro-Cargo · 1990

Als schwerstes Fahrzeug entwarf Magirus den 400-35 8 X 4 als Vierachs-Frontlenker für 40 Tonnen Gesamtgewicht. Der Fiat-V-8-Motor mit 352 PS wird hier verwendet.

1985 konnte mit 10440 verkauften Fahrzeugen nach nur 9004 Modellen im Vorjahr wieder ein kleiner Gewinn erwirtschaftet werden. Die aufwendige Zehnzylindermaschine mit 320 PS von Deutz wurde durch den Sechszylinder-Fiat-Motor ersetzt, der eine Leistung von 306 und 330 PS aufweist.

1984 erschien als neues Spitzenmodell der nunmehr zur T-Reihe gewandelten Fernverkehrsmodelle der Turbo-Star, darunter rangierte auch für den Fernverkehr das Modell Turbo-Tech. Der Turbo-Star galt als für seine Klasse sehr gut ausgestattet und besaß ein komfortables Fahrerhaus, welches in der Regel von einem serienmäßigen Windabweiser auf dem Dach gekrönt wurde. Der Turbo-Tech war die Normalversion, sein Haus war gegenüber dem Spitzenmodell um 18 cm schmaler. Beide neuen Fahrzeugtypen gab es nur noch mit wassergekühlten Turbo-Motoren. Die anderen Fahrzeuge der T-Reihe wie auch die MK-Typen mussten weiterhin mit alphanumerischen bzw. später rein numerischen Modellbezeichnungen auskommen. Auch die darunter angesiedelten T-Modelle gab es zunächst weiter als Fernverkehrslastwagen mit 260 und 300 PS, Turbo-Tech und Turbo-Star mit 320 und 360 PS, nur den Turbo-Star auch mit 380 und 420 PS.

Mit der Weiterentwicklung der Fernverkehrs-Lkw zur T-Reihe erhielten die Baufahrzeuge die Bezeichnungen P-Reihe für Frontlenker, deren Design denen der schwächeren T-Modelle entsprach, sowie PA für die noch immer im Programm befindlichen schweren Hauber aus dem Magirus-Deutz-Erbe. Beide waren sowohl mit konventionellem als auch mit Allradantrieb zu haben, ebenso gab es inzwischen auch ein Allradmodell der MK-Reihe (z. B. der Typ 130M7FAL).

Die alten Hauben-Modelle wurden trotz modernisierter Technik (u.a. hatten sie die aktuellen Turbo-Motoren mit bis zu 300 PS erhalten) ebenfalls nur noch in geringer

Iveco Euro-Star · 1993

Stückzahl verkauft. Die schweren Frontlenker-Baufahrzeuge der P-Reihe hingegen verkauften sich noch immer sehr gut. Am Ende gab es sie mit bis zu 340 PS und neben den bekannten Zwei- und Dreiachsern nun auch in Deutschland nach Änderung der Zulassungsvorschriften als vierachsige Kipper und Betonmischer.
Technische Weiterentwicklungen gab es in den Folgejahren kontinuierlich, doch erst ab 1990 erfolgte in relativ kurzer Zeit eine komplette und bisher in der europäischen Nutzfahrzeug-Industrie beispiellose Erneuerung des Lkw-Programms. Den Anfang machte der Euro-Cargo als leichterer Verteiler-Lkw (vor allem in der 7,5-Tonnen-Klasse), der die alte MK-Reihe wie auch die größeren Modelle der leichten Zeta-Reihe ersetzte (die kleineren Modelle der Zeta-Reihe wurden durch die schwereren Modelle des Transporters Daily abgelöst). Ebenso trat der Euro-Cargo in Großbritannien an die Stelle des dort zuletzt als Iveco-Ford gebauten und noch immer beliebten Ford Cargo, wurde aber nur dort aufgrund des auch im LKW-Bereich noch sehr renommierten Namens Ford ebenso wie die neuen stärkeren Modelle noch einige Jahre unter dem Doppelnamen Iveco-Ford verkauft. Das Spektrum des Euro-Cargo reichte von 6,5 bis 15 Tonnen Gesamtgewicht.
1993 erschienen der Fernverkehrslastwagen Euro-Star, der in namentlicher Anlehnung an das bisherige Spitzenmodell Turbo-Star die Oberklasse der neuen Modellreihen bildete, sowie als mittelschwerer und schwerer Verteiler- und Fernverkehrs-Lkw der Euro-Tech mit kleinerem Fahrerhaus. Noch im selben Jahr verschwanden mit der Einführung des aus der Euro-Tech-Reihe abgeleiteten Euro-Trakker als Allrad- und Baufahrzeug das gesamte mit dem Fahrerhaus der T-Reihe ausgestattete Frontlenker-Programm der 80er Jahre und auch die letzten noch auf Magirus-Deutz zurückgehenden Haubenwagen liefen noch in diesem Jahr aus.
Obwohl bereits bei der Gründung eine optische Vereinheitlichung der verschiedenen Baumuster formuliert wor-

den war, bekamen erst jetzt alle neuen Modelle ein bisher bei Iveco nicht gekanntes sehr ähnlich gestyltes Familiengesicht. Die neuen Modelle erhielten Fahrerhäuser mit klaren symmetrischen Konturen und mehreren horizontal verlaufenden Kühlluftöffnungen an der Front (je drei bei Euro-Cargo und Euro-Tech, fünf beim Euro-Star). Auch die aus dem Magirus-Deutz-Erbe stammenden luftgekühlten Motoren waren wegen nur noch geringer Nachfrage aus dem Angebot verschwunden, so dass auch seitens der Motoren ein einheitliches Programm angeboten wurde. Die luftgekühlten Aggregate waren zuletzt vor allem noch bei den schweren Baufahrzeugen und bei den Feuerwehrfahrzeugen zu finden gewesen.

Während die Fahrzeuge für den Bausektor traditionell schon seit Magirus-Deutz-Zeiten ein starkes Standbein gewesen waren, fiel dieser Bereich in den Folgejahren deutlich hinter den Wettbewerbern zurück und hat bis heute die ehemals hohe Bedeutung nicht wieder erlangt.

Äußerlich unverändert blieben die neuen Modelle fast 10 Jahre im Programm, bis 2002 die heute noch aktuellen Fahrzeuge herauskamen, unter dem Blech änderte sich jedoch während dieser Jahre ein Großteil der Technik. Die schweren Fahrzeuge waren bereits seit dem Modellwechsel mit Scheibenbremsen an der Vorderachse ausgestattet. Ab 1997 gab es für diese als große technische Neuerung alternativ zum herkömmlichen Schaltgetriebe das halbautomatische Getriebe namens Euro-Tronic für die schweren Straßenlastwagen. 1998 erschienen für die mittleren Euro-Tech-Modelle die Cursor-8-Motoren mit einer Bandbreite von 240 bis 350 PS. Im Folgejahr erschienen für die stärkeren Euro-Tech sowie die Euro-Star-Fahrzeuge die Cursor-10-Aggregate mit 390 und 430 PS. Im Jahr 2000 folgten für den Euro-Cargo die Tector-Motoren zwischen 130 und 210 PS. 2001 schließlich, als die neuen Modelle bereits in den Startlöchern standen, folgten noch die großen Cursor-13-Maschinen mit 380 bis 540 PS. Diese Motoren gingen nahtlos in die 2002 optisch erneuerten Lastwagenmodelle über. Im gleichen Jahr wurden auch die Nachfolger der Euro-Star-Baureihe, die Stralis präsentiert.

2006 kam die vierte Generation des Daily auf den Markt. Das Brandschutztechnik-Werk von Iveco Magirus wurde Anfang 2007 von dem alten Standort in der Ulmer Magirusstraße in das Iveco-Werk im Industriegebiet Donautal verlagert. Dort nimmt es einen Großteil des ehemaligen Fahrerhauswerks ein, wobei seit 2006 dort auch wieder Fahrerhausmontage und -innenausbau stattfinden. Die Fahrerhausproduktion im Donautal wurde 1997 in das Iveco-Werk nach Brescia verlagert, jedoch im Jahre 2006 wieder zurück nach Ulm geholt. Aus Brescia werden seitdem nur noch die lackierten Rohkabinen geliefert. Anfang 2007 wurde der Stralis überarbeitet und wird nun in der neuen Fassung angeboten.

Iveco Stralis · 2002

H. JUSTEN GmbH & Co. KG
Spedition
56858 St. Aldegund/Mosel Tel. 06542/9361-0 Fax 9361-29
430
20

MAN

Das Nürnberger Lastwagenwerk der MAN war durch wiederholte Luftangriffe stark zerstört worden (70 Prozent der Gebäude und 30 Prozent der Maschinen). Am 16. April 1945 besetzte eine US-Einheit das Werk und beschlagnahmte die unversehrt gebliebenen Einrichtungen. Ab 8. Mai 1945 wurden unter Aufsicht der Besatzungsmacht erste Ersatzteillieferungen und Reparaturarbeiten an US-Armeefahrzeugen durchgeführt. Ab Mitte des Jahres konnten bereits erste Reparaturen an MAN-Lastwagen geleistet werden.

Im Herbst erhielt das Werk eine Genehmigung zum Bau des mittelschweren 4,5-Tonners, der in der Vorkriegszeit als Typ SML und während des Krieges als Typ ML 4500 S gefertigt worden war. Der erste Nachkriegslaster dieser Baureihe erschien dann unter Überwindung unsagbarer Schwierigkeiten Weihnachten 1945. Acht weitere aus Ersatzteilen montierte Exemplare konnten noch 1945 das Werk verlassen, wobei mitunter auch Hartgummi-Stahlräder zum Einbau kamen.

Der seit 1941 gebaute und Ende 1945 wiederaufgelegte 4,5-Tonner wurde mit dem 110-PS-Globus-Motor ausgestattet, der das überaus moderne MAN-Kugelbrennraumverfahren als Direkteinspritzer besaß. Das auf einem genieteten Fischbauchprofilrahmen aufgebaute Fahrzeug besaß eine große Bodenfreiheit und eine kurze Baulänge, wobei die MAN-Kurzhaube eine günstige Pritschenlänge ermöglichte. Die Hinterachskonstruktion war in traditioneller MAN-Bauweise mit einer Tragachse und mit getrennten Antriebswellen mit Stirnradübersetzung in den Radnaben gebaut. Ein um 90 Grad gedrehtes ZF-Fünfganggetriebe war eingebaut, wobei der 5. Gang als Schongang ausgebildet war. Der in der Senkrechten zu betätigende Schalthebel konnte durch diese Anordnung den Beifahrer nicht stören. Die Bremsen wurden über Druckluft betätigt, die Höchstgeschwindigkeit betrug 60 km/h. Rahmen und Fahrerhäuser kamen aus dem Presswerk des MAN-Werkes Gustavsburg bei Mainz. 1946 wurde das Modell als Typ MK (für Kurzhaube) mit dem durch Drehzahlsteigerung auf 120 PS angehobenen Motor in 311 Exemplaren gefertigt.

Obwohl durch westalliierte Bestimmungen die Materiallieferungen bis 1949 kontingentiert waren, erhielt das Werk größere Rohmateriallieferungen, die jedoch für die Auslandsproduktion verwendet werden mussten. So gelang es schon 1947, einen ersten Großauftrag aus der Schweiz auf 400 4,5-Tonner hereinzuholen. Die Fertigungszahlen stiegen 1947 auf 617, 1948 auf 725 und 1949 auf 857 Fahrzeuge, wobei, abgesehen von den Exportaufträgen, ein großer Teil der Fahrzeuge an Kommunalverwaltungen abgegeben werden musste.

MAN MK · 1945–1949

Ferntransporte
Güterfernverkehr NW 368
GL-06302

Nach Ende der Zwangsbewirtschaftung im Anschluss an die Währungsreform und gestützt auf die große Nachfrage in Deutschland und im Ausland, erweiterte MAN das Programm um das Fünftonnen-Solofahrzeug MK 25 und um den 130 PS starken 6,5-Tonner MK 26.
Die nach den gleichen Baugrundsätzen konstruierten Laster besaßen modernisierte und abgerundete Kühlermasken. An den Seiten waren ovale, langgestreckte Lufteinlässe angebracht. ZF-Sechsganggetriebe kamen zum Einbau. Der MK 26, der vor allem für den schweren Anhängerverkehr gedacht war, erhielt eine etwas breitere Haube und Trilex-Speichenräder. Auch als Dreiachser mit einer hinteren Schleppachse wurde dieses Modell unter der Bezeichnung MK 26 D geliefert. Darüber hinaus konnte dieses Modell auch als Typ MK N 26 mit einem Niederrahmen und mit einer Alligatorhaube aus der Omnibusserie sowie ab 1953 unter der Bezeichnung MK F als Frontlenker bezogen werden. Beide Modelle wurden auch mit permanentem Allradantrieb als MK 25 A und MK 26 A geliefert. Die bis 1954 hergestellten beiden Baureihen wurden im letzten Baujahr dann schon mit dem neuen M-Motor ausgestattet.
1950 war die Produktion wieder auf über 1400 Lastwagen angestiegen.
Als vierten Typ nach dem Krieg stellte MAN auf der Frankfurter IAA 1951 den schweren F 8 für den Fernverkehr vor, mit einer Tragkraft von 8,3 Tonnen im Inland und von 10 Tonnen im Ausland. Herzstück dieses Fahrzeugs war der neuentwickelte 11,6-Liter-Motor mit 180 PS und acht Zylindern in V-Anordnung, der aus zwei 130-PS-Gruppen des MK 26 bestand. Erstmals kam hier im internationalen Motorenbau ein derartiger Dieselmotor in einem zivilen Lastwagen zum Einsatz. Da der F 8 für ein technisch zulässiges Gesamtgewicht von 19 Tonnen konstruiert war, verfügte er im Hinblick auf die in Deutschland zugelassene Höchsttonnage von 16 Tonnen bei diesem Einsatz über eine große Kraftreserve. Das Ganzstahl-Fahrerhaus war mit einer breiten Haube versehen. Auch größere Kotflügel mit eingebauten Scheinwerfern und eine größere Verglasung waren angebracht. Das Fahrzeug konnte mit verschiedenen Radständen geliefert werden. Eine Federspeicher-Feststellbremse war hier erstmals eingebaut. Die Höchstgeschwindigkeit betrug 60 km/h.
Auch ein Prototyp mit dem auf 240 PS gesteigerten Motor wurde erprobt. Der G-Motor wurde 1954 durch den neuen M-Motor gleicher Leistung ersetzt. Bis 1963 wurde dieses Modell gebaut, wobei allerdings in den letzten Baujahren nur noch Spezialausführungen für den Export hergestellt wurden.
Gleichzeitig stellte das Unternehmen 1951 den ersten deutschen Turbolader-Dieselmotor mit 8,72 Litern vor. Die Normalleistung des Motors von 130 PS wurde um 30 Prozent auf 175 PS angehoben. Der mit 40.000 U/min laufende Turbolader war in Zusammenarbeit mit dem Strömungsmaschinenbau in Augsburg entwickelt worden. Der Wirkungsgrad dieses noch nicht ganz standfesten Motors lag bei 45 Prozent.
Im Jahre 1952 entwickelte Prof. Dr. Ing. Dr. Ing. E. h., Siegfried Meurer das nach ihm benannte neue M-Verfahren zur Serienreife, nach dem nun die MAN-Fahrzeugdieselmotoren konstruiert wurden.

MAN 515 · 1954–1956

Die besondere Konstruktion besaß neben dem Kugelbrennraum Drallkanäle in den Ansaugleitungen, um die Drehgeschwindigkeit der Verbrennungsluft zu erhöhen. Der Kraftstoff wurde durch eine besonders gekühlte Zweilochdüse unter 175 at Druck auf allerkürzestem Weg filmartig auf die Wand des Verbrennungsraumes gespritzt, wobei etwa 5 Prozent des Kraftstoffs zur Initialzündung genügten. Damit war ein Feuerkreisel gezündet. Der glühende Wirbel raste nun in dem Verbrennungstopf an dem allmählich verdampfenden Kraftstoff-Film vorbei und brannte schichtweise und vollständig ab. Dieser stufenförmige Verbrennungsvorgang vermied das bekannte charakteristische Nageln des Direkteinspritzers fast völlig und sicherte bei hohem Wirkungsgrad einen weichen, elastischen Motorlauf. Darüber hinaus zeichnete sich der M-Motor durch eine Kraftstoffunempfindlichkeit aus,

was die technischen Bedingungen für den Vielstoffmotor erleichterte. Der Kaltstart wurde durch Vorwärmung der Ansaugkanäle verbessert. Schließlich wurde der Kolbenboden von unten her mit Motoröl angespritzt und auf 340 Grad abgekühlt.
Dieses Verbrennungsverfahren wurde ab 1953/54 in alle MAN-Motoren eingebaut. Auch ältere Motoren konnten mit einem neuen Zylinderkopf auf das M-Verfahren umgerüstet werden.
Lizenzen für dieses Verfahren wurden an die Firmen Bernard, Renault, Berliet, Citroën, Simca, Saviem, Moto Guzzi, Continental Motors Corp., White Motor Corp., IHC, Hupp Corp., Industrial Import Bukarest und Ikarus in Budapest vergeben.

MAN 520 F · 1957–1966

Als robusten und wirtschaftlichen Lkw der Sechstonnen-Klasse stellte MAN 1953 zur Ablösung des MK 26 mit gleichem Fahrgestellrahmen den Typ 630 L1/2 vor. Die Leistung des in der Bohrung leicht vergrößerten, schnelllaufenden Motors lag bei 130, später bei 135 PS. Die Hinterachse wurde durch eine Ölpumpe geschmiert. Eine pneumatische Motorbremse und eine Federspeicher-Feststellbremse konnten gewählt werden. Die Frontscheiben ließen sich ausstellen.

Der 758 L1 erschien als Siebentonner, der sich als besonders wirtschaftlicher Laster für den Güterfernverkehr erwies. Er wurde mit einem im Hubraum verkleinerten V-8-Motor versehen, der nach dem neuen M-Verfahren arbeitete und 155 PS leistete, so dass das Fahrzeug bei einer verhältnismäßig hohen Endgeschwindigkeit von 70 km/h über ein großes Steigvermögen verfügte. Im Inland war das Modell für 16, im Ausland für 22 Tonnen Gesamtgewicht zugelassen. Auch Prototypen mit einem Turbolader wurden entwickelt, der den Motor auf 220 PS brachte. Bis 1956 blieb dieses Modell im Programm.

Schließlich erschien als schwerer Achttonner der 830 L2. Dieser Lkw-Sondertyp zeichnete sich durch eine hohe Tragfähigkeit bei einer mittleren, wirtschaftlichen Motorleistung von 135 PS aus. Er sollte sich besonders für den „anhängerlosen Betrieb über weite Strecken und im bergigen Gelände" eignen. Hier war eine Lenkradschaltung eingebaut. Dieses Modell ging vor allem in den Export.

1955 wurde dieses Modell durch den 835 L abgelöst, der ebenfalls verstärkt exportiert wurde. Schließlich erhöhte man 1956 die Leistung im Ablöse-Typ 845 L auf 145 PS. Mit einem größeren Motor (160 PS) wurde der Achttonner 1957 als Typ 860 L versehen.

Bei all diesen Modellen wandte MAN ein neues Bezeichnungsschema an. Die erste Zahl gab die Tonnage, die zweite und die dritte Zahl unter Fortfall von 100 die PS-Leistung an. Ein Zahlenschild an den seitlichen Lüftungsblenden gab den Typ an. Trittplattenventile betätigten die Fußbremsen, eine Auspuffbremse war über einen Druckluftschalter zu steuern.

Die Motoren arbeiteten bei den hier vorgestellten Typen anfänglich noch nach dem G-, im Serienbau dann aber nach dem M-Verfahren.

Einen leistungsfähigen, schnellen und wirtschaftlichen Fünftonner für Universalzwecke stellte das Werk 1954 mit dem Typ 515 L1 vor. Der nach dem M-Verfahren arbeitende Vorkriegsmotor mit 7,9 Litern Hubraum leistete 115 PS.

Das mit einem bequemen Stahlfahrerhaus versehene Fahrzeug löste als Pritschen- und als Kofferwagen, als Kipper und als Sattelschlepper die MK-25-Serie ab. Auch in einer Frontlenkerausführung wurde der Fünftonner als 515 L1 F angeboten.

Ein weiterer Höhepunkt in der MAN-Nutzfahrzeugfertigung war1954 die Vorstellung des ersten Serien-Lastwagens mit einem Turbolader-Motor. Der Typ 750 TL war mit der 8,3-Liter-Sechszylindermaschine ausgestattet, die durch den Abgasturbolader von 130 PS Normalleistung auf 155 PS Spitzenleistung bei 2000 Umdrehungen in der Minute gebracht wurde. Ohne wesentlichen Gewichtszuwachs und ohne Erhöhung des Spitzendrucks war es hier-

MAN 745 · 1956–1961

bei gelungen, diesem bewährten Triebwerk weitere Leistungsreserven abzuringen.

Äußerlich war dieser Lkw durch einen kronenförmigen Schriftzug mit der Bezeichnung „Turbo" an der Kühlermaske gekennzeichnet. Auch hier wurde das Einheitsfahrerhaus verwendet.

Im Jahre 1955 ergab sich die Möglichkeit, das ehemalige BMW-Flugmotorenwerk in München-Allach zu erwerben. Dabei erhielt das Werk eine neue maschinelle Ausstattung, so dass nahtlos die äußerst erfolgreiche Produktion von Nürnberg in Teilen dorthin verlagert werden konnte, zumal das Nürnberger Werk mit 1600 Fahrzeugen im Jahr an der äußersten Fertigungsgrenze angelangt war. Die große Fertigungstiefe des MAN-Nutzfahrzeugbaus sollte durch das neue Werk weiterhin gewährleistet werden, außerdem war eine Kapazitätssteigerung möglich.

Ab 15. November 1955 liefen von den Münchener Fließbändern die ersten Lastwagen und Ackerschlepper, wobei schon recht bald deutlich wurde, dass dieses große Werksgelände die gesamte Lkw-Fertigung aufnehmen würde. Die Kapazität dieses ab 1956/57 selbständigen MAN-Werkes war auf 8000 Fahrzeuge ausgelegt, so dass das Unternehmen zuversichtlich mit den 3340 Mitarbeitern auf eine Produktionssteigerung blicken konnte. Der Motorenbau für diese Fahrzeuge verblieb im Nürnberger Werk und konnte kapazitätsmäßig ebenfalls ausgeweitet werden.

Mit Beginn der Fertigung in München stellte das Werk eine neue Kurzhauben- und Frontlenkergeneration vor, mit der MAN den neuen Gewichts-, Längen- und Leistungsforderungen entsprechen wollte. Die Haubenfahrzeuge besaßen geräumige Ganzstahlfahrerhäuser, die mit ihrer Panoramascheibe und ihren breiten Rückfenstern gute Sichtmöglichkeiten boten. Die im Prinzip noch heute verwendete Karosserie besitzt eine breite Motorhaube mit hochgezogenen Kotflügeln, in die die Scheinwerfer eingebaut sind.

Der Motor der Haubenfahrzeuge ruht auf einem Hilfsschemel, so dass gleiche Rahmen für die Hauben- und die Frontlenkerfahrzeuge verwendet werden konnten. Die Maschine ragt auch bei dieser Kurzhaubenbauweise leicht in das Fahrerhaus hinein.

Die Frontlenkerfahrerhäuser waren in ihrer einheitlichen Formgebung den Haubenfahrzeugen angepasst, wobei auf eine weitgehende Verwendung von Teilen Wert gelegt wurde. Unter Berücksichtigung modernster Fertigungs-

MAN 770 H · 1962–1964

methoden konnten nun diese Fahrzeuge gefertigt werden. Hinzuweisen ist darauf, dass die Auslandsverbindungen wieder vollständig hergestellt worden waren und ein Großteil der Fahrzeuge in den Export ging.
Mit dem 1955 vorgestellten Typ 400 L versuchte das Werk wieder den Einstieg in die Mittelklasse zu gewinnen, nachdem das Programm der Nachkriegszeit immer stärker in höhere Klassen fortentwickelt worden war. Das den Seebohmschen Forderungen entsprechende Leichtbaufahrzeug war mit einem neuentwickelten 5,2-Liter-Motor ausgerüstet, der 100 PS leistete. Das Fahrzeug besaß ein Fünfgang-Allklauen-Leichtschaltgetriebe oder ein Achtgang-Synchromatgetriebe. Die Vorderräder wurden druckluftunterstützt mit Öldruck abgebremst. Eine druckluftbetätigte Motorbremse war vorhanden. Das bis 1958 gebaute Modell, das 1956 in 738 und 1957 in 1571 Exemplaren gefertigt wurde, erhielt 1957 schon eine Ablösung durch den 415 L, der den auf 5,9 Liter aufgebohrten Motor mit 115 PS besaß.
1956 löste der Leichtbau-Sechstonner 620 mit dem neuen Fahrerhaus die Baureihe 630 ab. Der von 1957 bis 1970 gebaute leichte 4,5-Tonner 415 L in Frontlenker- und in Haubenbauart löste die Baureihe 400 ab. Das Fahrzeug besaß einen aufgebohrten 115-PS-Motor. Eine druckluftbetätigte Motorbremse war auch hier eingebaut. Der neue Fünftonner 520 wurde mit dem gleichen Motor gebaut.
Mit dem bekannten 8,3-Liter-Motor und mit einer Leistung von 145 PS bei 2200 Umdrehungen wurde der Siebentonner 750 vorgestellt, der in beiden Ausführungen bis 1961 gefertigt wurde. Unter der Bezeichnung 750 L1F wurde das Frontlenkermodell ebenfalls bis 1961 gefertigt. 1957 kam die Verlegung der Nürnberger Produktionseinrichtungen nach München zum Abschluss, wo in diesem Jahr mit 5000 Beschäftigten auf vier Montagebändern 5434 Fahrzeuge hergestellt wurden. Der Rahmen-, Fahrerhaus- und der Pressteilebau verblieb weiterhin im Werk Gustavsburg bei Mainz. Der Motorenbau, die Konstruktions-, die Versuchs- und die Forschungsabteilung hatten nun genügend Raum im Werk Nürnberg.
Für die Erstausstattung der Bundeswehr mit einem mittelschweren Lkw erhielt MAN den Auftrag, über 25.000 5,5-Tonner zu liefern. Von 1958 bis 1972 wurde das Allradantriebsfahrzeug 630 L2 mit dem FM-Vielstoffmotor mit 8,3 Litern ausgerüstet, der 130 PS abgab.
Auch hier waren Trag- und Triebachse getrennt eingebaut. Zunächst kam das um 90 Grad gedreht eingesetzte Getrie-

be zum Einbau, später ein waagerecht angebrachtes. In der Version 630 L2 AE wurde das Fahrzeug als Pritschenwagen mit großer Einfachbereifung und mit vorderer Seilwinde gebaut; in der Version 630 L2A erhielt das Modell eine kleiner dimensionierte Bereifung, hinten war eine Zwillingsbereifung angebracht. In dieser Version wurde der MAN-Geländewagen mit einem Kofferaufbau als Stabs-, Küchen- und als Fernmeldewagen gebaut. Auch eine Serie von Sattelschleppern wurde aufgelegt.
Ende der siebziger Jahre wurden große Serien dieser Lastwagen der Nato-Fünftonnen-Klasse in MAN-Service-Niederlassungen zerlegt und wieder neu aufgebaut, da die Nachfolgegeneration nicht in dem geplanten Ausmaß beschafft werden konnte.
1959 bestand das Programm in der Viertonnen-Klasse aus dem 415 L1H und dem 415 L1F, der gegenüber dem Haubentyp eine um einen Meter längere Pritsche besaß. Die vorderen Bremsen dieser Typen wurden mit Öldruck und zusätzlicher Druckluftwirkung abgebremst. Die Handbremse wurde durch einen Federspeicher verstärkt, die Höchstgeschwindigkeit lag bei 82 km/h.
Auch in einer geländegängigen Frontlenkerversion mit Allradantrieb und mit einer Dachluke wurde das Modell unter der Bezeichnung 415 L1FE angeboten.
In der 5,5-Tonnen-Klasse wurde der 520 Fl in der Haubenversion mit und ohne Allradantrieb und in der Frontlenkerversion mit einer besonders langen Ladefläche hergestellt.
Der alte 620 L1 wurde mit seiner 120-PS-Maschine als Schnelllaster der Sechstonnen-Klasse ebenfalls in beiden Bauarten hergestellt. Auch der 750 L1 wurde in beiden Versionen gefertigt. Der Haubenwagen konnte auch mit einem Allradantrieb geliefert werden. Daneben wurde noch weiterhin der seit 1957 im Programm stehende Achttonnen-Laster 860 L1 mit der 8,7-Liter-Maschine gebaut, die 160 PS leistete. Schließlich schloss der F8 in der wieder zugelassenen schweren Klasse mit dem V-8-Motor als äußerst robuster Schwerlaster das Programm ab.
Neuentwicklungen waren die dann ab 1960 im Serienbau hergestellten Typen 635 L1, 770 L1 und 10210 TL1, mit denen die MAN-Ingenieure Modelle vorstellten, die aufgrund ihrer Leichtbauweise und ihrer Motorleistung den neuen Zulassungsgesetzen entsprachen.
Den 6,6-Tonnen 635 trieb ein neuer, kleinvolumiger und schnelllaufender 135-PS-Motor an. Bei einem Eigengewicht von 4250 kg konnte er 6750 kg tragen. Auch hier wurde die drucklufthydraulische Vorderbremse eingebaut. Hängende Pedale kamen zur Verwendung. Eine hydraulische Kupplung und ein Achtgang-Synchromatgetriebe mit Druckluftunterstützung oder ein unsynchronisiertes Fünfgang-Leichtschaltgetriebe kamen zum Einbau.
Der 770 L1 wurde mit einem neuen, 172 PS starken, geräuscharmen und sparsamen 9,6-Liter-Antriebsaggregat

MAN 10.212 H · 1963–1966

ausgestattet, das mit maximal 2200 Umdrehungen lief. Das Fahrzeug wurde als Kurzhauber und als Frontlenker in verschiedenen Versionen, darunter mit zwei unterschiedlichen Radständen gebaut. Es konnte auch mit einer Doppelkabine geliefert werden. Auf eine weitgehende Schalldämpfung dieser Modelle wurde großer Wert gelegt.
Das Fahrerhaus und die Motorhaube der Haubenausführung waren höhengesetzt worden, die Kühlermaske war rechteckiger gestaltet. Runde Radausschnitte und tiefer angesetzte Lampen gaben diesem Modell gegenüber den anderen Haubenlastern ein gewaltiges Aussehen.
Beim Frontlenkerfahrzeug konnte bei einem Eigengewicht von 4750 kg eine Nutzlast von 7250 kg transportiert werden, so dass hier ein günstiges Verhältnis dieser Werte von 1 zu 1,5 vorlag.
In die Zehntonnen-Nutzlastklasse trat MAN mit dem Fernverkehrs-Dreiachser 10210 TL1 ein, der einen aus dem 172-PS-Motor entwickelten Turboladermotor besaß und somit eine Leistung von 210 PS aufwies. Mit diesem Triebwerk wurde die 6 PS/t-Formel für den 32-Tonnen-Zug sogar übererfüllt.
Mit hinterer Doppelbereifung konnte das Frontlenkermodell mit 11,7 Tonnen, mit einfacher Bereifung mit 10,8 Tonnen belastet werden. Das Großraumfahrerhaus war fest auf dem Rahmen montiert. Auch als Kipper und als Allradantriebsfahrzeug wurden diese Modelle in Hauben- und in Frontlenkerversionen gebaut, wobei 1961 die Zusatzbezeichnung „F“ und „H“ zur Unterscheidung kam.
Der Antrieb des Allradfahrzeugs war etwas eigenwillig gestaltet, wobei an der vorderen Achse ein Zwischengetriebe angeflanscht war, über das unter Zwischenschaltung eines Differentials der Antriebsstrang auf die beiden Hinterachsen fortgeleitet wurde. Sperrdifferentiale waren vorhanden.
Als schweres Baustellenfahrzeug wurde der 2170 L1 oder später 2170 HDKA in der Haubenausführung vorgestellt. Der für 21 Tonnen Nutzlast nur auf Baustellen zugelassene 172-PS-Allrad-Lkw besaß ein aufwendig konstruiertes hinteres Zwillings-Doppelachsaggregat und eine Kippmulde.
Mit hinterer Einzelbereifung wurde dieses Modell als Typ 1070 HK hergestellt. Das bisher für den Export gefertigte Pritschenwagenmodell 1070 L1 wurde nun auch für den Inlandsmarkt gefertigt.
Die in München immer stärker ansteigende Produktion hatte 1960 die Marke von 11109 und 1961 die von 12373 Fahrzeugen überschritten, wobei Fahrzeuge von 4,5 bis 18 bzw. 21 Tonnen Nutzlast angeboten wurden.
Um die Energieumwandlung noch günstiger zu gestalten, stellte MAN 1963 auf der Frankfurter IAA die neue HM-Motoren-Generation vor. Die Triebwerke erhielten nun eine besondere Anordnung der Ansaugkanäle, durch den

MAN 16.230 FS · 1967–1973

Hannemann
NSPORTE

heftigeren Feuerkreisel und die Luftanreicherung ließ sich der Kraftstoff rauch- und verlustfreier verbrennen.
1964 wurde die gut aufeinander abgestimmte Modellpalette mit kleinen Änderungen präsentiert. Die drei Grundmotoren arbeiteten nun alle nach dem HM-Verfahren, das eine Leistungssteigerung von 10 Prozent zur Folge hatte.
1965 erweiterte MAN das Angebot von 10 auf 15 Grundmodelle. Neu hinzu kamen die Typen 850, 12230, 14212, 14230, 15212 und 21212. Der 14230 war für ein Gesamtgewicht von 36,5 Tonnen zugelassen, der überarbeitete 10212 für 32 Tonnen Gesamtgewicht. Der bisherige 1080-Typ wurde durch den neuen 13212 HK ersetzt. Der schwere Frontlenker-Kipper 1580 mit dem 180-PS-Motor konnte 14,7 Tonnen tragen. Die Frontlenkerfahrzeuge erhielten mit diesem Baujahr teilweise vorkippbare Fahrerhäuser, so dass der zwischen den Sitzen stehende Motor besser gepflegt und gewartet werden konnte. Die ersten beiden Zahlen des neuen Bezeichnungsschemas bezogen sich nun nicht mehr auf die Nutzlast, sondern auf die Rahmentragfähigkeit. Bis 1967 war dieses System auf alle Modelle übertragen worden.
Der 230-PS-Turboladermotor wurde 1966 wieder aus dem Programm genommen. Die neue 10,3-Liter-Maschine mit 215 PS ersetzte diesen Motor in der schweren Klasse. Sie wurde in die Modelle 10215 H und F, 13215 H und BF (für bewegliches Fahrerhaus) und in die Dreiachser 15215 DH und DF eingesetzt. In der Version 15215 DF-TM wurde das dreiachsige Modell für den Transportbeton-Aufbau hergestellt. Die Kippvorrichtung der Fahrerhäuser wurde hydraulisch betätigt.
Mit der Renault-Tochterfirma Saviem in Suresnes bei Paris und in St. Quen wurde 1966 ein Abkommen über die Entwicklung und Fertigung sowie über den gemeinsamen Vertrieb der Fahrzeuge getroffen. MAN war dabei für die Gewichtsklasse ab 7,5 Tonnen verantwortlich. Erstes Modell der französischen Baureihe, das von MAN vertrieben wurde, war der Typ 270, der als 1,7-Tonner mit dem Saviem-Vierzylindermotor mit 70 PS versehen wurde. Der Motor arbeitete nach dem MAN-Verfahren. Das Fahrzeug wurde zunächst als Kastenwagen mit dem Typenschild Saviem-MAN hergestellt.
Gleichzeitig wurde der Typ 13215 BF mit neuem Fahrerhaus vorgestellt. Die kubischen Frontlenkerkarosserien lösten die bisher abgerundeten Fahrerkabinen in der mittleren und in der schweren Baureihe ab. Die hydraulisch kippbaren Karosserien dieser dritten Frontlenkergeneration, auch F-8-Fahrerhäuser genannt, wurden anfänglich im Rahmen des Zusammenarbeitsvertrages von Saviem bezogen. 1967 wurde die Gemeinschaftsreihe auf den 3,2-Tonnen-Pritschenwagen 475 ausgedehnt, der von dem auf 75 PS gesteigerten Motor angetrieben wurde. In der Bezeichnungsart kam nun ein Punkt hinzu, der die Tonnage- von der PS-Angabe trennte.

Im Bereich der Motorenausstattung stellte MAN ein neues 5,3-Liter-Triebwerk mit 126 PS vor. Daneben präsentierte das Werk einen kompakten V-8-Motor mit 15 Litern Hubraum, der 250 und ab 1968 275 PS leistete. Auswechselbare Zylinderlaufbüchsen und ein doppelter Schmierölkreislauf kennzeichneten diese Maschine.
Der Motor wurde als Untersitztriebwerk in die Modelle 13.230, 16.230 und 19.250 DF eingesetzt. Das 126-PS-

MAN 15.168 H · 1973–1977

Triebwerk wurde in die „Stadtwagen"-Modelle 5.126 H/F, 6.126 F, 7.126 HF und 8.126 F eingebaut. Daneben standen der bewährte 7-Liter-Motor mit 156 PS für die Acht- und Neuntonner, der 9,6-Liter-Motor mit 186 PS und die 10,3-Liter-Maschine mit 215 und 230 PS für die Neun- bis Dreizehntonner zur Verfügung. Angeregt durch Versuche in den USA konstruierte MAN auch eine Gasturbine mit einer Leistung von 350 PS, die in einem 38-Tonnen-Zug erprobt wurde. In der Stückzahl erreichte MAN 1967 mit über 12000 Exemplaren eine Größenordnung, die dem Werk die zweite Position vor Magirus nach dem Marktführer Daimler-Benz AG verschaffte, wenn auch alle Hersteller aufgrund der wirtschaftlichen Rezession in der Bundesrepublik beträchtliche Einbußen hinnehmen mussten.
1968 spürte MAN die andauernde Zurückhaltung der deutschen Transportunternehmer noch stärker, so dass

MAN 13.168 H · 1974–1983

die Produktion zurückgenommen werden musste. 10568 Fahrzeuge verließen in diesem Jahr das Werk.
Den 10,3-Liter-Motor bohrte das Nürnberger Motorenwerk geringfügig auf, so dass der so entstandene 10,9-Liter-Motor auf eine Leistung von 230 PS kam. Der V-8-Motor wurde, wie erwähnt, auf 275 PS gesteigert. Der damit ausgerüstete 13.275 F war als Achttonner eine Zeitlang dann der stärkste deutsche Laster auf dem Markt. Für den Baustellenverkehr rüstete MAN den 19.230 DFK als Zwölftonner und den 22.230 als 10,7- Tonner mit der 230-PS-Maschine aus. Zu erwähnen ist noch, dass Versuche angestellt wurden, den Achtzylindermotor auf eine Leistung von 300 PS zu bringen.
Mit dem Baujahr 1969 überarbeitete MAN die Haubenfahrzeuge. Motorhaube und Kotflügel waren nun miteinander verschweißt und konnten in einem Stück hochgeklappt werden, so dass der Motor von drei Seiten leicht zugänglich war. Schraubenfedern mit Dämpfern hielten die aufgeklappte Haube hoch. Das Styling wurde in Details verbessert, ebenso Komfort und Ausstattung insgesamt. Die kleineren MAN-Modelle 400, 415 und 6.115 wurden zugunsten der Saviem-Typen, u.a. dem 5.126 F, der mit dem Führerschein der Klasse III gefahren werden konnte, aufgegeben. Nachfolger des bewährten Typs 780 wurde der 9.186.
Mit einem Turbolader wurde die 10,9-Liter-Maschine in dem Modell 13.256 F auf 256 PS angehoben. Mit diesem äußerst gelungenen Triebwerk wollte MAN einen Motor für die geplante 8-PS/t-Formel präsent haben, um damit den 32-Tonnen-Zug auszustatten. Das Ende 1969 vorgestellte 256-PS-Modell ging Anfang 1970 dann in den Serienbau.
Als weitere neue Modelle kamen der 10.126 F/NK als Kipper, der 9.156 HK als Achttonnen-Kipper und der 19.230 DHK als 12,8-Tonnen-Dreiachser mit dem hochgesetzten Fahrerhaus hinzu.
Für den kombinierten Verkehr mit Containern und Wechselaufbauten konnten die Schwerlaster nun mit einer Luftfederung ausgestattet werden.
Montagewerke und Lizenznehmer der MAN-Motoren und -Fahrzeuge gab es gegen Ende der sechziger Jahre in Portugal, in Jugoslawien, in Rumänien, in der Türkei, in Südafrika, in Indien und in Korea.
Die Fertigungszahl war im Jahr 1969 wieder auf 11856 Fahrzeuge gestiegen.
Die Saviem-Baureihe wurde 1970 mit den Modellen 485 und 585 erweitert. Der Saviem-Vierzylindermotor war nun auf 85 PS angehoben worden. Dabei zeigte sich aber, dass ebenso wie bei den Gemeinschaftsbaureihen von

MAN-VW G 90 · 1979–1987

Büssing und von Henschel der Absatz der ausländischen Modelle auf dem deutschen Markt wenig Erfolg hatte. Neben dem ungewohnten Design war auch die geringe Nutzlast bei hohem Eigengewicht dafür ausschlaggebend. Nur geringe Stückzahlen der Modelle 270, 485, 585 und 5.126 wurden daher abgesetzt.

Mit dem 256-PS-Turboladermotor wurden nun auch der 16.256 FN, der 19.256 DF und der 22.256 DH ausgestattet. Die schon zur IAA 1969 vorgestellte neue V-8-Version erhielt eine Leistungssteigerung auf 304 PS und wurde in die Typen 13.304 F, 16.304 FN und 19.304 DF eingesetzt. Die Leistung entsprach genau der erwarteten gesetzlichen Forderung (der 8-PS/t-Formel) für den 38-Tonnen-Lastzug.

Allerdings stellte sich heraus, dass der standfeste Motor zwar äußerst kultiviert lief, aber im Hinblick auf seine Leistung einen doch zu hohen Verbrauch aufwies.

Die 10,3-Liter-Maschine erhielt nochmals eine Steigerung auf 192 PS. Erstes Kooperationsmodell mit Büssing wurde der 16.304 FVS als Dreiachs-Sattelzugmaschine mit einer angetriebenen Vorlaufachse. Unter den überarbeiteten Modellen von 1970 ist der 5.126 FK hervorzuheben, der von einem 5,3-Liter-Motor angetrieben wurde. Das gleiche Triebwerk wurde in den 7,4-Tonner 9.126 HK eingebaut. Mit der bewährten 186-PS-Maschine wurde die 9,5-Tonnen-Sattelzugmaschine in Bewegung gesetzt. Den 230-PS-Motor erhielten der Betontransporter 19.230 DHA-TM, der Dreiachs-Frontlenkerkipper 19.230 DFK und der 13.230 FL als Fernlaster für 16 Tonnen Gesamtgewicht.

Auf Anregung der Bundesregierung schlossen MAN und Daimler-Benz 1970 einen Vertrag über die gemeinsame Fertigung von Motorteilen im Bereich von 160 bis 500 PS und über die Fertigung einer Einheitshinterachse.

1971 übernahm MAN die Büssing-Werke in Braunschweig und Salzgitter-Watenstedt. Das Büssing-Unterflurprogramm wurde unter der Bezeichnung MAN-Büssing weitergeführt, wobei zunächst noch Büssing-Karosserien aufgebraucht wurden. Die Büssing-Baustellen-Modelle mit stehenden Motoren wurden nun eingestellt. Die Konstruktionsabteilung in Salzgitter erhielt zu diesem Zeitpunkt den Auftrag, ein neues Mittelklasse-Programm mit Unterflurmotoren zu entwickeln.

Standardmodelle dieses Baujahres waren die Typen 9.136, 15.192 H/F, 13.230 FGr, 19.230 DFK und 19.230 DHA.

Die Integration der Büssing AG in das MAN-Unternehmen war 1972 abgeschlossen. Das traditionsreiche Büssing-Emblem mit dem Löwen des Welfenherzogs Heinrich der Löwe zierte nun den Frontgrill aller MAN-Fahr-

zeuge. Die Unterflurmodelle wurden mit dem Schriftzug MAN-Büssing, die Münchener Modelle mit dem Schriftzug MAN-Diesel versehen. Im Rahmen des Komponentenabkommens mit der Daimler-Benz AG wurde der neue Zehnzylinder-V-Motor mit 15,9 Litern Hubraum und einer Leistung von 320 PS vorgestellt. Beide Firmen benutzten jedoch ihre spezifischen Verbrennungssysteme bei diesen Motoren. Der 8,5-Tonnen-Fernlaster 16.320 F und der Dreizehntonner 22.320 FNL sowie der 26.320 DF für 12,5 Tonnen wurden damit ausgestattet. Anstelle der früheren Zahlenkombination vor dem Punkt, die die Rahmentragfähigkeit angab, trat nun wieder eine Zweierkombination, die das Gesamtgewicht des Fahrzeugs angab.

Die Saviem-Typen 685 und 785 wurden nun mit 85 PS angeboten. Als neue Unterflurmodelle kamen die 6,5- und 8,4-Tonner 11.136 und 13.136 hinzu. Mit einer Luft-

MAN 32.321 H · 1982–1994

federung wurde der 11.168 HILF hergestellt. Der schwere Allradhaubenkipper 15.216 wurde mit dem auf 216 PS ausgelegten 10,3-Liter-Motor herausgebracht.Weitere beachtenswerte Modelle waren der 16.320 FLS als Sattelschlepper mit einer Luftsatteleinrichtung, der 20.320 FVLS mit einer Vorlaufachse, der 26.256 DHS für 32 Tonnen Gesamtgewicht und der 26.256 DF als Sechzehntonner.

Die Baustellenfahrzeuge erhielten Außenplanetenachsen, die eine große Bodenfreiheit durch das nun kleinere Achsdifferential und eine bessere Beanspruchungsaufteilung im Achsgetriebe zur Folge hatten. Zu erwähnen ist noch, dass das MAN-Presswerk in Gustavsburg bei Mainz Längsteile für DB-Lastwagen produzierte.

Im Rahmen des Kooperationsabkommens mit der Daimler-Benz AG wurde ein kleinvolumiges V-8-Triebwerk mit einem Turbolader entwickelt, das gegenüber dem 15,9-Liter-Motor aus 12,7 Litern Hubraum die gleiche Leistung von 320 PS herausholte.

Ein von vielen erwartetes gemeinsames Sechszylinder-V-Triebwerk wurde in der Entwicklung zurückgestellt.

Unter den MAN-Triebwerken zeigte sich der 256-PS-Turboladermotor als ein besonders leistungsfähiger und wirtschaftlicher Motor für den 32-Tonnen-Zug. Der eigene V-8-Motor mit 304 PS erfüllte dagegen nicht ganz die an ihn gestellten Erwartungen. Der Absatz konnte in diesem Jahr unter Einschluss der Unterflurmodelle auf 15639 Fahrzeuge gesteigert werden.

Die mit dem Führerschein der Klasse III zu fahrenden Saviem-Typen 690 F und 790 F erhielten eine letzte Leistungssteigerung auf 88 bzw. 90 PS im Jahre 1973; der Absatz dieser Modelle konnte jedoch auch dadurch nicht vorangetrieben werden. Den Kühlergrill zierte von nun an nur noch das MAN-Emblem.

Die Zweigleisigkeit des Fahrzeugangebots mit stehenden und mit liegenden Motoren baute MAN nun zielstrebig aus, so dass im Baukastensystem nahezu alle mittleren und schweren Frontlenkermodelle mit beiden Motorbauarten geliefert werden konnten. Als schwerster Kipper kam der 30.320 DHAK für 18,8 Tonnen hinzu. Der 26.320 DF für 12,2 Tonnen erhielt eine Tandemachse.

Mit einem neuen 200-PS-Motor wurden die mittelschweren Typen 15.200 H/F und 16.200 H/F versehen.

Ein Fünfzylindertriebwerk mit denselben Kolbenmaßen wie der 304-PS-Motor kam zum Einbau in die Modelle 12.192 U, 13.192 U und 15.192 U. Der nur 9,6 Liter große Motor ersetzte damit das gleich starke Sechszylindertriebwerk mit 10,3 Litern Hubraum der Saugversion.

Das zu Zwecken einer größeren Rationalisierung entworfene erste Fünfzylindertriebwerk, das an die Büssing-Fünfzylindermotoren der Vorkriegszeit anknüpfte, konnte mit einer sauber abgestimmten Zündfolge und einem verstärkten Kurbelgehäuse den als problematisch angesehenen Ungleichförmigkeitsgrad des Fünfzylindermotors überwinden. Der Kugelbrennraum wurde hier erstmals durch einen bei Büssing entwickelten Stufenkolbenbrennraum ersetzt, der sich durch einen ruhigeren und verbesserten Verbrennungsablauf umweltfreundlicher in den Abgasen zeigte. Besonders im unteren und im mittleren Drehzahlbereich erwies sich dieser Motor als emissionsärmer.

Die gleiche Technik wurde in der Folgezeit bei den anderen Motoren angewandt. Mitte der siebziger Jahre bot MAN ein feinabgestuftes Programm an Hauben- und Frontlenkerfahrzeugen mit stehenden Motoren sowie von Unterflurfahrzeugen mit feststehenden Fahrerhäusern an. Motoren mit Fünf-, Sechs-, V-8- und V-10-Technik kamen zum Einbau, wobei mit einem V-8-Turboladermotor die gleiche Spitzenleistung von 320 PS erzeugt wurde wie mit dem V-10-Saugmotor.
Mit dem alten Büssing-Fahrerhaus wurde noch der 13.192 U für 7 Tonnen angeboten.
Die Gesamtfertigung konnte wiederum gesteigert werden, so dass 16 296 Einheiten den Weg zu den Kunden fanden. Ein Jahr später fiel der Ausstoß der Fahrzeuge, bedingt durch die allgemeine Wirtschaftslage, wieder auf 15 706 Fahrzeuge zurück. Im gleichen Jahr traf MAN die Entscheidung, anstelle des neuen Saviem-Mittelklasse-Ringfahrzeugs, das Saviem, Volvo, DAF und Magirus fertigten, die Zusammenarbeit mit Saviem auslaufen zu lassen und mit der Volkswagen AG ein gemeinsames Mittelklasse-Programm im Bereich der Sechs- bis Neuntonner zu entwickeln. Das Programm sollte einerseits die VW-LT-Reihe mit Fahrzeugen von 2,8 bis 4,5 Tonnen fortsetzen, andererseits an die MAN-Modelle ab 10 Tonnen Gesamtgewicht anknüpfen.
Im eigenen Programm wurde der Fünfzylindermotor auf eine geringere Bohrung umgestellt und in einer 168-PS- und in einer 192-PS-Version gefertigt, wobei die Kolbengröße des 11 Liter großen Sechszylindertriebwerks übernommen wurde.
Im Jahre 1976 gestaltete MAN die Innenräume der Frontlenkerfahrzeuge um. Die Lenkradschaltung, die einen freien Durchgang im Fahrerhaus ermöglichte, wurde durch eine handlichere und präzisere Knüppelschaltung ersetzt. Ein ZF-Fernschalt- oder ein Allison-Automatikgetriebe, das besonders für die Verteilerfahrzeuge geeignet war, wurde eingebaut. Die Instrumententafel wurde versenkt angebracht. Die schweren Allrad-Dreiachser für den Baustellenverkehr und die Sattelzugmaschinen erhielten wahlweise ZF-Transmatic- oder Fullergetriebe. Der 22.320 FNL wurde mit einem Zwölfgang-Eaton-Fullergetriebe versehen, wobei die Gänge über einen Schalthebel gewählt wurden. Mit vier Achsen, die vorderen zwei Achsen wurden gelenkt, kam der 240 PS starke 30.240 mit dem 11,4-Liter-Motor für 30 Tonnen Gesamtgewicht hinzu.
Die Fertigung machte in diesem Jahr einen Sprung auf 18667 hergestellte Fahrzeuge.
Mit Vertragsabschluss vom 28. August 1977 lief die Konstruktion für die geplante MAN-VW-Baureihe in der unteren Mittelklasse an. Standardmaschine wurde nach dem Aussetzen der 8-PS/t-Formel das Sechszylindertriebwerk D 25 mit 11,4 Litern Hubraum, in verschiedenen Modellen als 240-PS-Saug- und ab 1979 als 280-PS- oder später 320-PS-Turboladermotor angeboten, das durch Hubverlängerung aus dem 11-Liter-Triebwerk hervorgegangen war.

Für Feuerwehrzwecke bot MAN die Modelle 14.192 F-DL und 16.240 F-LF an.
Als geländefähige Lastwagen für die Nachfolgegeneration der Bundeswehr präsentierte MAN unter Ableitung aus der zivilen Baureihe die Zweiachsmodelle 14.192 FAEG und 14.240 FAEG als Sechstonner und die Dreiachsmodelle 20.240 DFAEG und 20.280 DFAEG als Zehntonner. Den Allradantriebsmodellen gemeinsam waren ein

MAN 19.331 · 1985–1986

verwindungselastischer Rahmen und progressiv wirkende Schraubenfedern. Die mit dem Frontlenkerfahrerhaus versehenen Modelle verfügten über hervorragende Fahreigenschaften.
Für die Ersatzbeschaffung der Bundeswehr mit schweren vollgeländegängigen Transport- und Spezialfahrzeugen stellte MAN ab 1977 die 4X4-, 6X6- und 8X8-Modelle für Nutzlasten von 7 und 10 Tonnen vor. Die mit dem als F5 bezeichneten Frontlenkerfahrerhaus auf einem verwindungsfreien Kastenprofilrahmen hergestellten Fahrzeuge besitzen im Rahmen der vom Bundesministerium der Verteidigung vorgegebenen Gemeinschaftsentwicklung luftgekühlte Deutz-Motoren mit 256- und 320-PS-Leistung, wobei der 320-PS-Motor über einen Turbolader mit Ladeluftkühlung verfügt. (Die Modelle für die US-Armee erhielten den 320-PS-MAN-Motor.) Die Motoren sind hinter dem Fahrerhaus aufgesetzt und können durch einen Kran leicht herausgehoben werden. Drucklufthydraulische Bremsen und ein ZF-Sechsganggetriebe mit Vorgelege sind eingebaut. Außer dem Kippermodell N 4530 besit-

zen die Fahrzeuge in Pritschenausführung einen Bordladekran.
Einen erneuten Produktionsrekord stellte das Werk im Jahre 1978 mit einer Zunahme um 17 Prozent auf 21337 Fahrzeuge auf. Große Bestellungen aus den OPEC-Ländern hatten dazu geführt.
Die Zusammenarbeit mit Saviem wurde aufgrund der besseren Perspektiven mit dem Volkswagenwerk nicht mehr verlängert, so dass der Verkauf der Importfahrzeuge auslief.
Auch von der Zusammenarbeit mit der Daimler-Benz AG rückte MAN zeitweilig ab, da die V-8- und die V-10-Triebwerke für die schweren Muldenkipper, Sattelzugmaschinen und für die Fernlaster nicht der MAN-Motorenphilosophie entsprachen.
MAN verlegte sich in der Motorentechnik dagegen mehr auf den Sechszylindermotor, der sich durch besondere Laufruhe und durch einen ausgezeichneten Drehmomentverlauf bei einer erheblichen Gewichtseinsparung auszeichnete.
Besonders gut gelungen war der Reihensechszylindermotor D 25 mit 11,4 Litern Hubraum, der in der Standardversion 240 PS leistete. Durch eine neue Motorentechnik wurde diese 1976 vorgestellte Maschine auf 280 und 320 PS gesteigert. Diese dritte Nachkriegsgeneration an Motoren war mit der Überlegung konstruiert worden, dass der Turbolader seine Kraftentfaltung erst bei höheren Drehzahlen entwickelt; beim Anfahren mit niedrigen Drehzahlen ist dagegen ein sogenanntes „Turboloch" vorhanden, was zu einem oft bemängelten Durchzugsvermögen im unteren Drehzahlbereich führte. Den Ausweg brachte nun der Direkteinspritzer mit einer kombinierten Aufladung durch einen Turbolader und einem Resonanzrohrsystem. Zusätzlich kam eine Ladeluftkühlung durch einen luftaufbeschlagten Wärmetauscher als weiterer Schritt zur Anwendung, der die Verbrennungsluft auf 60 Grad herunterkühlte.
Bei dem Resonanzrohrsystem werden die Druckschwankungen im Ansaugsystem genutzt. Durch eine sorgfältig abgestimmte Resonanz im Ausgleichsbehälter, in Resonanzrohren und in Resonanzbehältern lässt sich der Ladedruck bei niedriger Drehzahl gleichmäßig auf alle Zylinder verstärken, so dass ein günstiger und steiler Drehmomentanstieg bei einer ungewöhnlich guten Laufruhe von Anfang an vorhanden ist. Bei höheren Drehzahlen kehrt sich dieser Effekt um, so dass eine überhöhte Aufladung und damit eine zu große Belastung des Motors verhindert werden. Die mit dem Resonanzrohrsystem versehenen Motoren bezeichnet MAN als Formel-6-Triebwerke.
Gemeinsam mit dem neuen Motorenprogramm wurde nun ein präzise auf die Motorcharakteristik abgestimmtes ZF-Sechzehngang-Leichtschaltgetriebe mit Klauenschaltung oder mit einer Synchronisation an diese Maschinen

entwickelt. Das Getriebe wurde über eine Doppel-H-Schaltung betätigt. Alternativ konnten auf Wunsch auch Eaton-Fuller-Getriebe gewählt werden. Druckluftbetätigte und geräuscharme Auspuffbremsen stellten das dritte Bremssystem dar. Bei den Dreiachsern in Kurzhauben- und in Frontlenkerausführung für den Baustellenverkehr wurden die Außenplanetenachsen beim Geländegang mechanisch, die Ausgleichssperren pneumatisch geschaltet. Das Doppelachs-Aggregat war über Federn pendelnd am verwindungselastischen Rahmen befestigt.

MAN F 2000 26.463 · 1994–2000

Verstärkte Luftfederungen kamen in den Fahrzeugen für Container- und Wechselpritschenverkehr zum Einbau. Pritschenwagen für 11 bis 15 Tonnen, Sattelzugmaschinen für 11 bis 26 Tonnen, Dreiseitenkipper für 11 bis 32 Tonnen, Muldenkipper für 22 bis 32 Tonnen Gesamtgewicht und Spezialfahrgestelle bildeten das weitgespannte Programm von 1979. Eine Spezialversion war der Allrad-Dreiachs-Sattelzug 40.400 DFS mit dem 400 PS starken V-Zehnzylindermotor, der mit einem Turbolader und einer Ladeluftkühlung auf diese Leistung gebracht worden war.

Auf der Frankfurter IAA präsentierte MAN auf einem Gemeinschaftsstand mit dem Volkswagenwerk die als G-Modelle bezeichneten Typen 6.90, 8.90, 8.136 und 10.136 in Pritschen- und in Kippversionen für 2,7, 4, 5,5 und 6 Tonnen Nutzlast. Ein neu entwickeltes, schnelllaufendes Baukastentriebwerk, das in der Vierzylinderversion 90 PS, in der Sechszylinderversion 136 PS leistete, fand Verwendung.
Vorderachsen und Rahmen sowie der Motor wurden von MAN beigesteuert. Das Fünfganggetriebe, die Hinterach-

MAN 14.192 · 1989–1996

sen, die Fahrerhäuser und die Pritschenaufbauten kamen vom Volkswagenwerk. Der Schriftzug MAN und das VW-Abzeichen zierten den MAN-typischen Kühlergrill. Ein Maximum an gemeinsamen Teilen sollte die Fertigung rationalisieren. Diese in Salzgitter und in Hannover im Verhältnis 3:1 zu bauenden Modelle schlossen an den MAN-Typ 11.136 F an.

Das vor 15 Jahren eingeweihte Omnibuswerk in Penzberg wurde als Produktionsstätte für Fahrzeugkomponenten und Teile umgegliedert. Der Bau der Reiseomnibusse wurde nach Salzgitter verlegt. Der MAN-Büssing-Doppelname an den Unterflurmodellen entfiel nun; alle Modelle werden seitdem einheitlich mit dem Burglöwen-Abzeichen und den Buchstaben MAN versehen.

Eine Design-Studie mit einer auf das Fahrerhausdach gesetzten Schlafkabine war der vierachsige Prototyp X90 auf der Basis des 19.280. Der Absatz, der im Geschäftsjahr 1978/79 um 3000 Fahrzeuge auf 20337 Exemplare gefallen war, konnte 1979/80 wieder auf 21564 Lastwagen bei einem Exportanteil von 50 Prozent gebracht werden. Hinzu kamen über 4000 Modelle der mit VW gefertigten G-Baureihe. Der deutsche Marktanteil lag bei 22 Prozent.

Die Kurzhauben-Modelle erhielten 1981 eine leichte Erhöhung der Frontscheibe und des Daches. Weitere allgemeine Detailverbesserungen waren die wahlweise Ausrüstung mit Bosch- oder Knorr-ABS-Einrichtungen für die Zweiachser und die Sattelzugmaschinen, eine Leuchtweitenregelung und eine Scheinwerferreinigungsanlage.

Mit dem V-10-Triebwerk mit 400 PS wurde das für den Export vorgesehene 40-Tonnen-Modell 40.400 DFAS als MAN-Spitzenmodell und als weiterhin stärkster MAN-Laster vorgestellt, das ein Jahr später in den Serienbau ging. Das 6x6-Fahrzeug besaß als Dreiachs-Frontlenker mit einem Allradantrieb eine hinter dem Fahrerhaus montierte, großflächige Kühlanlage und eine Universal-Plattform für verschiedene Aufbauten.

1982 konnte MAN den Marktanteil in der Klasse von 12 bis 19 Tonnen auf 21,4, in der Klasse ab 19 Tonnen auf 30 Prozent steigern. Die im Vorjahr eingetretene Schrumpfung des Marktes brachte MAN einen leichten Rückgang des Absatzes auf 21000 Exemplare. Der Exportanteil glich mit 70 Prozent an der Gesamtfertigung den Rückgang auf dem deutschen Markt teilweise aus.

Der bewährte 11,4-Liter-Motor wurde nun in einer gedrosselten Version mit 192 PS anstelle des Fünfzylindertriebwerkes gleicher Leistung in den 22.192 DF für 22 Tonnen Gesamtgewicht eingesetzt.

Die Gemeinschaftsbaureihe erhielt erste Detailverbesserungen. Das Armaturenbrett wurde geändert, die Innenausstattung wurde verbessert und Luft-Federsitze wurden

MAN LE 12.220 · 2003

eingebaut. Um den EG-Geräuschzielwerten zu entsprechen, erhielt der Motor eine Kapselung.
Vorbereitungen wurden getroffen, um ein spezielles Fahrerhaus für die Fahrzeuge im Bereich von 10 bis 14 Tonnen Gesamtgewicht zu entwickeln.
Motoren mit 4, 5 und 6 Zylindern mit Leistungen von 90 bis 320 PS standen in den Hauben- und Frontlenkertypen, Fünf- und Sechszylindermotoren in den Unterflurmodellen und V-8- und V-10-Motoren mit 256 bis 400 PS in den Schwerlastfahrzeugen zur Verfügung.
Ein aus dem 136-PS-Motor abgeleitetes Hochleistungstriebwerk mit 5,7 Litern Hubraum stellte MAN 1983 vor. Mit milder Aufladung gab die Maschine 170 PS, mit starker Aufladung 192 PS ab. Der mit 2800 bis 3000 Umdrehungen laufende Motor war durch die kombinierte Aufladung mit dem Resonanzsystem auf diese Leistung gebracht worden. Einzelheiten waren, dass das Kurbelgehäuse und der Motorblock in einem Graugussstück gegossen waren. Nach unten schloss die Ölwanne, nach hinten das Schwungradgehäuse den Motor ab. Die Zwillingszylinderköpfe besaßen eingegossene Drall-Ansaugkanäle; Leichtmetallkolben mit kugelförmigem Verbrennungsraum und Einlochdüsen, die den Kraftstoff auf die Innenwand des Kugelraumes einspritzten, waren weitere Konstruktionsmerkmale. Der Abgasturbolader arbeitete nach dem System der radialen Luftführung. Die Maschine gelangte in die Mittelklasse-Nahverkehrsfahrzeuge der Baureihen 12.170 F, 14.170 F sowie in die Baureihen 12.192 F und 14.192 F. Der 12.170 löste dabei den 12.168 ab, wobei durch den neuen Motor und durch andere Verbesserungen 700 kg Gewicht eingespart wurden.
Auf der Frankfurter IAA stellte MAN als Attraktion den 360 PS starken Typ 19.350 vor. Der 11,4-Liter-Sechszylindermotor D 25 war hierfür auf 11,9 Liter Hubraum, nunmehr als D-28-Triebwerk, vergrößert worden. Gleichzeitig erhielt dieser Motor einen Turbolader und eine Ladeluftkühlung sowie eine Mehrstrahleinspritzung. Damit ging MAN vom Muldenkolben und der Mittelsitz-Strahldüse mit der Filmstrahlung ab, da das bisherige Verfahren in den unteren Drehzahlbereichen doch noch erhebliche Abgasemissionen aufwies. Das ursprünglich von Büssing entworfene Verfahren mit dem Stufenkolben mit einer trapezförmigen Mulde und einer Vierstrahldüse führte durch die sofortige Zerstäubung und Vernebelung der Ölpartikel zu einer Optimierung der Gemischbildung und Verbrennung. Die Stickoxidemission konnte durch die rauchärmere Verbrennung erheblich reduziert werden. Die anderen Motoren wurden ebenfalls auf dieses Verbrennungsverfahren umgestellt.

Im Rahmen der Gemeinschaftsbaureihe wurde ein Allradantriebsfahrzeug mit Einzelbereifung für die Feuerwehr und für das Rote Kreuz mit dem 136-PS-Motor als Typ 8.136 FAE vorgestellt. 1984 nahm MAN mit dem Volkswagenwerk Verhandlungen auf mit dem Ziel, die G-Baureihe, die bisher zu 75 Prozent in Hannover und zu 25 Prozent in Salzgitter gefertigt wurde, vermehrt auf den neuen Fertigungsbändern in Salzgitter laufen zu lassen. Diese waren für eine Jahresfertigung von 4000 Fahrzeugen modernisiert und erweitert worden. Das Werk in Salzgitter

MAN F 2000 26.414 · 1994

mit seinen 2200 Beschäftigten war zu diesem Zeitpunkt mit den Unterflurmodellen, den Spezialfahrzeugen für die Bundeswehr, den Reiseomnibussen und den Modellen der Gemeinschaftsbaureihe noch nicht einmal zur Hälfte ausgelastet. Lediglich 6 schwere und 6 mittelschwere Unterflur- sowie Gemeinschaftsmodelle wurden täglich montiert.

Die Fertigung der G-Baureihe konnte in Salzgitter konzentriert werden. Eine Stückzahl von 16 bis 20 Fahrzeugen wurde nun täglich erreicht. Um das Münchener Werk zu entlasten, wurde die Montage der Zwölf- bis Vierzehntonner für den Verteilerdienst nach Salzgitter verlegt. Ebenso wurde die Teilefertigung aus dem einst 1200 Mann starken Werk in Braunschweig-Querum dorthin verlagert.

Schmerzliche Einbußen in den Fertigungszahlen musste MAN 1985 hinnehmen. Die Produktion für das abgelaufene Geschäftsjahr war auf 13500 Einheiten zurückgegangen. Eine Ursache hierfür waren annullierte Kaufverträge mit dem Irak infolge des dortigen Krieges. Die Belegschaft musste von 24000 auf 18000 Mann reduziert werden. Die Modellpalette wurde von 90 auf 50 Typen gekürzt.

Ein Kooperationsabkommen mit der General-Motors-Tochter Redford in England scheiterte. Dafür konnte MAN einen Vertrag mit dem amerikanischen Getriebehersteller Eaton Corp. schließen. Auch mit der Daimler-Benz AG wurde die gegenseitige Belieferung mit Aggregaten und Blechpressteilen nach dem Auslaufen des Komponentenabkommens von 1981 wiederbelebt. Mit dem Zehnzylinder-V-Motor mit 365 PS wurden die Modelle 26.365 DF und 32.365 ausgestattet. Der Motor entstammt der neuen Gemeinschaftsbaureihe mit der Daimler-Benz AG.

Der überschwere Vierachser 48.321 VFAK für 48 Tonnen Gesamtgewicht wurde in Kleinserie von der ÖAF gefertigt. Ein weiteres Schwermodell aus diesem Werk war der 48.700 VFAS, der einen Zwölfzylinder-V-Motor mit 700 PS erhielt.

Die 1983 vorgestellte Mittelklasse-Baureihe erweiterte MAN in diesem Jahr um den 16.192 für 16 Tonnen Gesamtgewicht.

Durch die Auslandsaktivitäten konnte MAN trotz der allgemeinen Rezession vor allem im Baugewerbe den Umsatz im Lkw-Bereich wieder steigern.

Im Laufe des Jahres stellte MAN als zweitgrößter deutscher Schwerlastwagenhersteller eine neue Frontlenker-Fahrerhausausführung unter der Bezeichnung F 90 vor. Das breitere und längere Fahrerhaus besitzt eine höher angebrachte Frontscheibe und eine nun senkrecht stehende Rückwand. Das auf vier gedämpften Federbeinen mit einem Torsionsstab zur Begrenzung der Seitenneigung ruhende Fahrerhaus ist im unteren Bereich abgekantet. Eine hochfeste Stahllegierung sorgt für eine Gewichtseinsparung. Große Partien aus Kunststoff werden eingesetzt. Der Motor wurde tiefergelegt, um besser gegen Geräusche abgedämmt werden zu können. In kurzer oder in langer Ausführung wird das F-90-Fahrerhaus hergestellt.

Als Standardmotor wird das 11,9-Liter-Triebwerk verwendet, das in der Saugversion 290 PS, als Turboladermotor

330 PS und mit Ladeluftkühlung sowie einem zusätzlichen Resonanzeffekt 360 PS leistet. Ein Sechzehngang-ZF-Ecosplit- oder ein unsynchronisiertes Eaton-Fuller-Dreizehnganggetriebe kommt zu Verwendung.

Eine Besonderheit unter den neuen Modellen ist der 22.240, der zwei gelenkte Vorderachsen besitzt.

Eine Zusammenarbeit mit der Military Vehicles Operation (MVO) der General Motors Corp. in Detroit/USA über eine gemeinsame Entwicklung eines hochgeländegängigen Lastwagens wurde abgeschlossen. Für die Bundeswehr konnte in diesem Jahr der 10000. Lastwagen der Nachfolgegeneration ausgeliefert werden. Die Jahresproduktion konnte 1986 wieder auf 21239 Lastwagen gesteigert werden. Die Mitarbeiterzahl betrug nun wieder über 20000 Mann. Der Marktanteil in der G-Baureihe betrug 10 Prozent, in der mittleren und in der schweren Baureihe 26,8 Prozent.

Im Produktionsjahr 1988 stellte MAN das neue Fahrerhaus der Mittelklasse-Baureihe M 90 vor, das sich hauptsächlich in den etwas kleineren Abmessungen von dem F-90-Fahrerhaus unterscheidet.

Das auf Gummipolstern ruhende Fahrerhaus besitzt eine Dachluke, eine anspruchsvolle Innenausstattung und einen ergonomisch gestalteten Fahrerplatz. Die Ausstellfenster sind wie beim F-90-Fahrerhaus etwas tiefer heruntergezogen. Eine breite Frontklappe verbessert die Zugänglichkeit des Motors. Der aus hochfestem Spezialstahl hergestellte Rahmen erhielt Ausbuchtungen zur Gewichtseinsparung.

Die M-90-Serie besteht aus Pritschenwagen, Kippern und Spezialfahrgestellen mit sechs verschiedenen Radständen. Blatt- oder Blatt-Luftfedern können gewählt werden. Einfach übersetzte Hypoidachsen werden in die Pritschenwagen eingebaut. Außenplanetenachsen mit verschiedenen Achsübersetzungen verbessern die Traktionsfähigkeit der Baustellenfahrzeuge, die auch mit einem Allradantrieb versehen werden.

Ein neuer 6,6-Liter-Reihensechszylindermotor, der mit einem Turbolader 186 PS, mit einer zusätzlichen Ladeluftkühlung 230 PS abgibt, oder ein 6,9-Liter-Triebwerk, das als reiner Saugmotor 155 PS leistet, kommen zum Einbau.

Ein neues synchronisiertes Sechsgang-Eaton- oder ein ZF-Getriebe mit Vorschaltmöglichkeiten wird verwendet.

Der 186-PS-Motor kann auch mit einem Sechs-, Neun- oder mit einem Sechzehngang-ZF-Getriebe und einer einfach übersetzten Hypoidverzahnung von Eaton versehen werden.

Die neuen M-90-Fahrzeuge unterscheidet MAN in zwei Klassen. In der „mittleren" Mittelklasse werden Fahrzeuge bis 11 Tonnen Gesamtgewicht angeboten. In der „schweren" Mittelklasse werden die Modelle von 12 bis 17 Tonnen Gesamtgewicht eingereiht. Erstes Modell in dieser

MAN TG 460 A · ab 2000

MAN
COHNEN
Tel. 02173 - 78571
Cohnen
ZANDER

MAN TG 410 A XXL · ab 2000

Baureihe wurde der 12.170, der für 11,8 Tonnen Gesamtgewicht zugelassen ist.
Für den Fernverkehr kann auch das F-90-Fahrerhaus auf Wunsch aufgesetzt werden.
In der schweren F-90-Modellreihe werden Fahrzeuge mit Gesamttonnagen von 17 bis 48 Tonnen angeboten. MAN setzt dabei in der Motorenbestückung fast ausnahmslos auf Triebwerke mit Turbolader und Ladeluftkühlung.
Mit einem derartigen Fünfzylindermotor wird z. B. der 19.261, mit einem Sechszylindermotor der 19.292 angeboten. Der 290-PS-Motor treibt als neue Modelle auch den 19.290 als Neunzehntonner und den Dreiseitenkipper 24.292 an. Mit dem 330 PS starken Unterflurmotor wird der 19.332 U, mit dem 360-PS-Motor der 24.362 gefertigt. Der noch mit dem alten F-8-Fahrerhaus ausgestattete 24.361 wird von dem 360-PS-Motor angetrieben.
Die F-90-Fahrzeuge werden als Zwei- und als Dreiachser mit Vor- oder mit Nachlaufachse oder mit einem Doppelachsaggregat sowie als Vierachser gefertigt. Die Fahrzeuge können auf Wunsch mit einem Anti-Schlupf-Regelungssystem (ASR) ausgestattet werden.
Als stärkstes europäisches Serienfahrzeug wurde 1988 der 19.462 mit dem 460 PS starken V-Zehnzylindermotor mit Turbolader und Ladeluftkühlung angeboten. Eine Sonderausführung kann mit dem auf 760 PS ausgelegten V-Zwölfzylindermotor versehen werden.

Von der G-Baureihe wurden bisher über 25.000 Einheiten produziert. Die Vier- und Sechszylindermotoren wurden Ende 1987 durch Hubraumvergrößerung auf 102 und auf 150 PS gesteigert, wobei gleichzeitig die Drehzahl auf 2700 Umdrehungen reduziert wurde.
Die Hinterachsen der Allradantriebsfahrzeuge werden mit verschiedenen Übersetzungen geliefert. Die große Bodenfreiheit dieser Fahrzeuge resultiert aus der Verwendung von Außenplanetenachsen.
Serienmäßig werden Differentialsperren an den Vorderachsen und eine Längssperre zwischen den Achsen eingebaut. Die robusten MAN-Kurzhauber werden mit Gesamttonnagen von 16 bis 32 Tonnen gefertigt. Motoren mit 240 bis 320 PS kommen in die Zwei- und Dreiachsfahrzeuge, die mit oder ohne Allradantrieb erhältlich sind.
Den V-Zehnzylindermotor der Gemeinschaftsproduktion steigerte MAN auf 492 PS und baut ihn mit einem Sechzehnganggetriebe und einer einfach übersetzten Hypoidachse in den 19.492 als MAN-Spitzenmodell ein. Ende 1990 wird der 460 PS starke V-10-Motor auf eine Leistung von 500 PS gebracht. Da die Motorleistungen 1990 nicht mehr nach DIN-Norm gemessen werden, sondern nach der neuen ISO-Norm, wird das Motorenprogramm neu geordnet. Nach der ISO-Norm wird die Leistung ohne die Leistung, die der Visco-Lüfter schluckt,

MAN TG 18.430 XXL · ab 2004

angegeben. Demnach gibt es jetzt folgende Stufen: 270, 320, 370, 420 und 500 PS.
Ab 1994 wurde die schwere Baureihe F 90 durch die Baureihe F 2000 (erkennbar z.B. an den geänderten – nun vier einzelnen – Scheinwerfern, der neuen Frontschürze sowie einem neuen Endtopf) und schließlich F 2000 Evo (Entfall des Chromrahmens um die Kühlermaske) ersetzt. Die mittelschwere Reihe M 90 fand ihren Nachfolger ab 1996 in der Baureihe M 2000, wobei der Kunde wählen konnte, ob er ein Fahrerhaus der schweren oder der leichten Klasse haben wollte. Bis zum Auslauf 2007 wurden im MAN-Werk Wien die Fahrzeuge LE 2000 und ME 2000 gefertigt.
Das schwere Modell von MAN heißt seit dem Jahr 2000 TGA (XXL) und ab 2006 gibt es den TGA auch mit XLX-Fahrerhaus. Die Höhe stammt von der LX-Version und die Breite von der XXL-Version. Der ebenfalls neue TGM deckt die mittelschwere Gewichtsklasse ab. Im Februar 2007 wurde der TGA mit ESP und D26-Motoren in Serie ausgestattet.
Der Nachfolger des TGA wird im Herbst 2007 erstmals der Öffentlichkeit auf der RAI in Amsterdam präsentiert. Neben technischen Veränderungen fand vor allem eine Modernisierung des Fahrerarbeitsplatzes und des Führerhauses statt. Neben der kleinen Baureihe TGS kommt noch die Baureihe TGX für den Fernverkehr auf den Markt.
Beide Fahrzeuge sind mit einer modernen Common-Rail-Direkeinspritzung ausgestattet und erfüllen mit Hilfe eines AdBlue-Abgasreinigungssystems bereits heute die ab 2009 verpflichtende Euro-5-Abgasnorm. Der TGX V8 (und somit das Top-Modell der neuen Baureihe) verfügt über 16,2 Liter Hubraum und acht Zylinder. Sein Triebwerk mit Doppelturbo stemmt bei 1400 Touren 3000 Nm Drehmoment auf die Kurbelwelle und leistet 500 kW (680 PS). Mit dieser Leistung ist der TGX V8 der stärkste Serien-LKW Europas. Das Fahrzeug ist auf Wunsch mit dem in den Wasserkreislauf integrierten Primärretarder MAN PriTarder erhältlich. Er arbeitet wartungsfrei, bringt lediglich 30 kg auf die Waage und bietet eine Bremsleistung von bis zu 600 kW, die auch bei langsamer Fahrt wie etwa auf der Baustelle zur Verfügung steht.
Der TGS verwendet die bereits aus dem Vorgänger TGM bekannten D20- und D26-Common-Rail-Dieselmotoren, allerdings überarbeitet und teilweise mit höherer Leistung. Die Palette beginnt bei 235 kW (320 PS) und endet bei 397 kW (540 PS). Die variantenreiche Baureihe umfasst verschiedenste Rad- und Antriebsformeln, von 4x2 bis hin zu 8x8, sowie Tonnagen von 18 bis 41 Tonnen. Auch beim TGS ist der MAN PriTarder verfügbar.
Die Motoren-Baureihen D 2066 und D 2676 sind sowohl als Euro 4- (mit MAN PM-Kat) als auch als Euro-5-Ausführung (mit MAN AdBlue-Technologie) erhältlich.

MERCEDES-BENZ

Kriegseinwirkungen hatten die Daimler-Benz-Werke schwer getroffen. Das Werk in Sindelfingen war zu 85 Prozent, das Werk in Gaggenau zu 80 Prozent, das Werk in Untertürkheim zu 70 Prozent, das Werk in Mannheim dagegen nur zu 20 Prozent zerstört worden. Das Werk in Berlin-Marienfelde lag nahezu vollständig in Trümmern.
Da das Schwerlastwagenwerk in Gaggenau in der französischen Besatzungszone lag und die französische Verwaltung die Verbindung zur Stuttgarter Zentrale untersagte, konnte über dieses Werk zunächst auch nicht verfügt werden. Hinzu kamen umfangreiche Reparationsleistungen an Maschinen aus den Werken Untertürkheim und Sindelfingen nach Frankreich.
Für die US-Besatzungsmacht musste das Pkw-Werk in Sindelfingen Großreparaturen an amerikanischen Fahrzeugen durchführen.
Das Leichtlastwagenwerk in Mannheim, das seit 1944 gezwungenermaßen den Opel-Blitz-Nachbautyp 701 in Lizenz fertigte, konnte schon im Sommer 1945 die Montage dieses Modells aus dort lagernden Teilen wieder aufnehmen. Bis 1949 wurde der Lizenzvertrag mit dem Opel-Werk jährlich verlängert, so dass insgesamt 10300 Opel-Blitz-Fahrzeuge ohne Emblem das Mannheimer Werk in der frühen Nachkriegszeit verließen. Die schließlich noch vorhandenen 467 Teilesätze wurden aufgrund der freundschaftlichen Geschäftsbeziehungen an das Opel-Werk zurückgegeben.
Parallel zu diesem Dreitonner mit dem 68-PS-Vergasermotor lief in Gaggenau die Fertigung des 4,5-Tonnen-Kriegslastwagens an, der ebenfalls mit dem Hartfaserplatten-Einheitsfahrerhaus und spartanischer Ausstattung mit dem seit 1935 verwendeten, 112 PS starken 7,3-Liter-Motor auf einem genieteten Rahmen aufgebaut wurde. Das Fahrzeug besaß vorne Öldruck- und hinten Druckluftbremsen.
Das später als „Wiederaufbauhelfer“ bezeichnete Modell wurde in den ersten Jahren hauptsächlich an das französische Militär geliefert, wo sich die Fahrzeuge über Jahrzehnte hinweg problemlos bewährten. Trotz großer Materialschwierigkeiten, wobei Fahrzeuge teilweise ohne Bereifung ausgeliefert wurden, verließen 1945 schon 747 Dreitonner das Mannheimer und 290 4,5-Tonner das Gaggenauer Werk. 1946 waren es 1497 und 522, 1947 2001 und 405, 1948 3805 und 893 und 1949 2250 und 1092 Modelle dieser Baureihen.
Im Jahre 1948 wurde in Untertürkheim ein 3,25-Tonner als erstes neues Nachkriegs- und Ablösemodell für den Opel-Typ entworfen. Dieses als L 3250 bezeichnete Modell sollte schon 1948 vorgestellt werden, konnte aber aufgrund der Materialengpässe erst auf der Hannover-Messe 1949 präsentiert werden.

Mercedes-Benz L 5000 · 1949–1952

Auf dem kalt gepressten kombinierten Schweiß-Nietrahmen war ein neu konstruierter, schnelllaufender Vorkammer-Dieselmotor eingebaut, der sich fertigungstechnisch an den Opel-Blitz-Motor anlehnte, um die vorhandenen Maschinen weiterbenutzen zu können. Der 90-PS-Motor arbeitete nach dem neuen Vorkammer-Gleichstrom-Einspritzverfahren.
Ein leicht schaltbares Fünfgang-Klauengetriebe und Öldruckbremsen waren in dem 90 km/h schnellen Laster eingebaut. Das aus der Vorkriegsbaureihe verwendete, abgerundete Ganzstahlfahrerhaus besaß eine modernisierte Motorverkleidung mit einer ebenfalls abgerundeten Kühlermaske. Bei einem Eigengewicht von 2,9 Tonnen konnte dieser (damalige) Mittelklasse-Lkw 3,25 Tonnen Nutzlast befördern.
Die ersten Serien mussten als Reparationsleistung an die US- und an die französische Armee abgegeben werden. Die französische Besatzungsmacht genehmigte im Gegenzug den Maschinen- und Teileaustausch mit dem Gaggenauer Werk. Das äußerst gut gelungene Fahrzeug wurde schon im gleichen Jahr für 3,5 Tonnen ausgelegt und ab 1954 unter der Bezeichnung L 311 bis 1961 in über 100000 Exemplaren gebaut. Im Zuge der Modellpflege hatte das Fahrzeug ein Synchrongetriebe, eine Hypoid-Hinterachse und auf Wunsch eine Druckluft- und eine Motorbremsanlage erhalten.
Für den großen Erfolg in dieser Klasse sprach allerdings auch der Umstand, dass Opel als einst größter Hersteller von Dreitonnern durch den Verlust des Brandenburger Werkes ausgefallen war. Durch das günstige Nutzlast-Eigengewichtsverhältnis konnte der L 3500/ L 311 die gesetzlichen Bestimmungen von 1958 problemlos erfüllen.
Mit der Lockerung der militärischen Aufsicht über das Gaggenauer Werk wurde 1949 der „Wiederaufbauhelfer“ zum L 5000 verstärkt. Das Holzfahrerhaus wurde durch die Ganzstahlkabine der Vorkriegszeit ersetzt. Am Rahmen wurde vorne wieder eine durchgehende Stoßstange angebracht.
Auch die behelfsmäßigen Kotflügel und die Scheinwerfer wurden ausgetauscht. Die Motorleistung wurde durch die Umstellung auf das Vorkammer-Gleichstrom-Einspritzverfahren und durch einen neuen Zylinderkopf auf 120 PS angehoben. Die Räder erhielten eine Stirnraduntersetzung in den Radnaben.
Unter der Bezeichnung L 5500 ab 1953 und L 325 bzw. L 330 ab 1954 wurde dieser schwere Mittelklasselastwagen bis 1961 (zuletzt vorwiegend für den Export) in insgesamt 15 200 Modellen gebaut.
In der schweren Klasse knüpfte Daimler-Benz 1950 mit dem L 6500 aus Gaggenau wieder an die Tradition der Schwerlastwagen der Vorkriegszeit an und drängte damit in den von Henschel und Krupp beherrschten Schwerlastwagenmarkt.

Das Fahrzeug war mit einem neu konstruierten freischwebend auf Gummilagern ruhenden 145-PS-Motor versehen. In Anlehnung an das Design des 3,5-Tonners erhielt der Wagen eine abgerundete Kabine und eine lange, abgerundete und etwas spitz zulaufende Haube.
Mit dem Sechsgang-Allklauengetriebe war der Wagen in der Lage, eine Höchstgeschwindigkeit von 70 km/h zu erreichen. Der Fahrersitz konnte hier erstmals verstellt werden.
Ein Jahr später wurde die Nutzlast dieses Fahrzeugs unter der neuen Bezeichnung L 6600 auf 6,6 Tonnen angehoben. 1954 erhielt dieser Typ als 7,2-Tonner die Bezeichnung L 315 bzw. 1958 L 331 und wurde bis 1961 für das Inland und bis 1964 für den Export in über 26 000 Exemplaren gebaut.
Neben einer Allradversion, die 1953 erschien, konnte das Fahrzeug auch als Sattelzugmaschine und als Niederrahmentyp für Möbeltransporte sowie ab 1954 als Dreiachser mit einer hinteren Schleppachse geliefert werden. Erstes Serien-Allradmodell nach der Lockerung der alliierten

Mercedes-Benz L 6600 · 1950–1954

Bestimmungen über geländefähige Kraftfahrzeuge wurde 1951 der LA 3500 mit einem Verteilergetriebe ohne Differential zwischen den Achsen. Mit dem Geländegang wurde der Vorderachsantrieb zugeschaltet. Das vor allem für den Export vorgesehene Modell war dabei auf einem elastischen, geschweißten Rahmen aufgebaut, der für eine große Verwindungsfähigkeit konstruiert war.

Ein erster Großauftrag von 1000 Teilesätzen des auf 4,5 Tonnen verstärkten L 3500 unter der Bezeichnung L 4500 kurbelte wieder das Auslandsgeschäft in Brasilien an, wo dann auch 1953 bzw.1956 in Sao Bernarde do Campe die Mercedes-Benz do Brasil S. A. als Montage- und als Fertigungsbetrieb für den süd- und nordamerikanischen Markt eingerichtet wurde. Hinzu kam die 1952 gegründete Mercedes-Benz Argentina in Buenos Aires. Bis weit in die sechziger Jahre standen die Langschnauzer dort noch im Fertigungsprogramm.

Das Marienfelder Motorenwerk konnte 1950 wieder die Fertigung von Fahrzeug- und Industriemotoren aufnehmen. Hinzuweisen ist noch darauf, dass der Wiederaufbau der Daimler-Benz-Produktionsstätten ein Jahr später abgeschlossen werden konnte.

Gegenüber dem schweren 4,5-Tonner aus dem Kriegsprogramm erschien 1953 der neue L 4500 in Leichtbauweise, der auf einem Profilrahmen mit genieteten Querträgern mit der Karosserie des L 3500 versehen wurde.

Anfänglich kam noch der 4,6-Liter-Motor mit 90 PS zum Einbau. Im gleichen Jahr aber kam die Maschine durch Drehzahlerhöhung schon auf 100 PS. Gegenüber dem kleineren Modell waren die Hinterachsübersetzung geändert, Getriebe und Achsen verstärkt worden.

Das später unter der Bezeichnung L 312 hergestellte Modell entwickelte sich ebenfalls zu einem gut verkäuflichen Fahrzeug, das bis 1961 bzw. 1966 in über 75000 Ausführungen gebaut wurde.

Die Feuerwehren auf der Basis des L 3500 wurden ebenfalls mit dem 100-PS-Motor ausgestattet, der 1954 mit einem Turbolader auf 115 PS angehoben wurde. 1954 wurde die 100-PS-Maschine der Standardmotor des 3,5-Tonners.

Im Jahre 1954 wurden die bisherigen aus der Vorkriegszeit bzw. aus dem Schell-Programm stammenden Typenbezeichnungen durch eine dreistellige Zahlengruppe abgelöst, die sich auf den Motortyp des betreffenden Fahrzeugs bezog. So wurde, wie erwähnt, der L 3500 zum L 311 und der L 4500 zum L 312, der L 5500 zum L 325 und der L 6600 zum L 315.

Im gleichen Jahr wurde die Motorleistung des L 325 durch Frischluftansaugung nochmals auf 125 PS angehoben. Gleichzeitig erschienen die ersten Frontlenker-Fahrzeuge im Nachkriegsprogramm, wobei die LP-311-, LP-312- und LP-315-Modelle mit Fahrerhäusern von Wackenhut und von Binz ausgestattet wurden, da die Daimler-Benz AG vor einer Serienproduktion die Marktlage erst beobachten wollte. Das „P" in der Typenbezeichnung stand für Pullmanausführung.

Die LP-311- und LP-312-Fahrzeuge fanden vor allem Verwendung als Kommunal-, Pritschen- und Kastenfahrzeuge für den Möbeltransport. Beim 8,2-Tonner LP 315 mit einem großen, von Wackenhut gefertigten Fahrerhaus mit geteilter Frontscheibe konnte die 145-PS-Maschine auf einem Schlitten nach vorne herausgezogen werden. Eine Fernschaltung war eingebaut. Das Fahrzeug wurde als Pritschen- und als Kofferwagen sowie als Sattelzugmaschine gefertigt, wobei die Modelle in kurzer oder in langer Kabinenausführung vorwiegend in den Export gingen.

In diesem Jahr verließ bei einer monatlichen Fertigung von 1300 Lastwagen der 50000. Nachkriegs-Lkw das Werk.

Ihre Auslandsaktivitäten vergrößerte die Daimler-Benz AG in Tatanager bzw. Jamshedpur/Indien mit der Tata Engineering and Locomotive Company Ltd. (Telco) durch die Errichtung eines Montage- und Fertigungswerkes, das vor

Mercedes-Benz LK 325 · 1954–1957

allem geländegängige Typen für die indische Armee fertigte. 1971 wurde die 50prozentige Beteiligung an die Telco abgegeben; 1979 wurde das Werk selbständig.

In den bisher von Opel und von Borgward beherrschten Markt der 1,75-Tonner stieg Daimler-Benz 1955 mit dem auf der Frankfurter IAA vorgestellten Kleinlaster L 319 D ein. Das kompakte Frontlenkerfahrzeug besaß in der Kastenwagenausführung eine selbsttragende Karosserie, in der Pritschenwagenausführung einen Leiterrahmen.

Die Vorderachse mit den Radkästen war weit vorgesetzt und gab mit der abgerundeten Frontpartie dem Fahrzeug ein eigenwilliges Aussehen. Die Starrachsen waren an Blattfedern aufgehängt. Das äußerst wendige Fahrzeug besaß eine Kugelumlauflenkung, ein Viergang-Synchrongetriebe und eine hintere Hypoidverzahnung.

Der Motor, das Getriebe, die Vorderachse und die Lenkung ruhten auf einem Fahrschemel, wie er auch bei den damaligen Pkw-Typen verwendet wurde. Zum Antrieb diente der 43 PS starke Dieselmotor aus dem Pkw-Modell 180 D, der mit seiner Leistung diesem 1,8-Tonnen-Verteilerfahrzeug nur eine bescheidene Beschleunigung verleihen konnte. Ab 1957 konnte dieser Kleinlaster mit seinen allerdings günstigen Gewichtsverhältnissen auch mit dem auf 65 PS gedrosselten Vergasermotor aus dem Pkw-Programm geliefert werden. 1961 wurde die Dieselversion auf 50, die Vergaserversion auf 68 PS gesteigert. Die Höchstgeschwindigkeit mit diesem Motor belief sich auf 95 km/h.

Die Fertigung wurde in diesem Jahr aus dem Sindelfinger Werk in das von der Auto-Union gepachtete Düsseldorfer Werk verlagert, das – nebenbei – als einstiges Rheinmetall-Werk um die Zeit des Ersten Weltkrieges die Ehrhardt-Lastwagen hergestellt hatte.

Bis zur Ablösung durch die L-406-Typen im Jahre 1967 wurde dieses äußerst gut verkäufliche Modell als Kasten-, Koffer-, Stahltiefpritschen- und Pritschenwagen sowie als Doppelkabiner und als Sattelzugmaschine in über 107 000 Exemplaren hergestellt.

Als zweiter Bundeswehr-Typ aus dem Gaggenauer Werk kam der von 1956 bis 1964 in 6639 Exemplaren ausgelieferte Fünftonner LG 315 hinzu, der aus dem L 6600 hervorgegangen war und die MAN-Fünftonner ergänzen sollte, die in der kurzen Zeit nicht in der entsprechenden Anzahl gebaut werden konnten. Die 145-PS-Maschine war für den Vielstoffbetrieb geeignet.

Das geländegängige Modell wurde mit einem Stahlfahrerhaus mit einer Dachluke für den Treibstofftransport und als Tanklöschfahrzeug, mit einem Klappverdeck als Pritschen-, Kran- und Kofferwagen hergestellt. Äußere

Mercedes-Benz L 315 · 1954–1958

Besonderheiten waren die aufgesetzten Luftfilterdeckel, die kantigen Kotflügel und die Einfachbereifung bei der Pritschenwagenausführung. Weitere 1644 Modelle wurden an fremde Armeen geliefert.

Im Rahmen der Vorbereitung auf die geplanten Maß- und Gewichtsbestimmungen präsentierte Daimler-Benz Ende 1956 verschiedene Exportbaureihen, darunter die Modelle L 326 für 8/9 Tonnen. Der durch Hubraumvergrößerung aus der 145-PS-Maschine hervorgegangene 10,8-Liter-Motor mit vier Ventilen pro Zylinder erbrachte hier eine Leistung von 192 PS, so dass er auch in Deutschland für den geplanten 32-Tonnen-Zug genau ausreichte.

Auf der IAA 1957 wurde der L 326 für eine Nutzlast von 8,5 Tonnen auch für den deutschen Markt angeboten. Zeitweise wurde er auch als LP 326 mit einer Frontlenkerkabine ausgeliefert. Auf Wunsch konnte ein Vollsynchrongetriebe mit Druckluft-Schalthilfe anstelle des Sechsgang-Allklauengetriebes eingebaut werden.

Mit einer neuen Einheitskarosserie, die aus der Kabine des L 315 und der kleineren Haube des L 325 zusammengesetzt wurde, erschien der neue 6,5-Tonner L 329 mit dem 145–PS-Motor. Neben der Pritschenversion erschien dieser Grundtyp auch als LP 329 mit einem Wackenhut-Fahrerhaus, als 172 PS starker Allradkipper LAK 329 und als Allradsattelzugmaschine LAS 329. Reine Exportmodelle mit gedrosselten Motoren wurden 1957 die Schwerlastwagen-Baureihen L 330 und L 331 und ein Jahr später L 332, wobei die anstehende neue Straßenverkehrs-Zulassungsordnung (StVZO) das stark exportorientierte Unternehmen zu einer Zweigleisigkeit im Bau von Inlands- und Exportmodellen zwang. Eine weitere Auswirkung der geplanten Verordnung war nun auch der Serienbau von Frontlenkerfahrzeugen in Mannheim und in Gaggenau, die der Forderung nach möglichst großer Nutzfläche besser entsprachen.

Mit einem guten Nutzlast-Eigengewichts-Verhältnis von 1:1,5 ergänzte schließlich in diesem Jahr die L/LP-321-Baureihe für 5,5 Tonnen mit einem neuen, 110 PS starken 5,1-Liter-Motor die mittlere Lkw-Baureihe. Die hydraulische Bremsanlage wurde durch einen Druckluftvorspann in ihrer Wirkung verstärkt. Eine Motorbremse, ein synchronisiertes Fünfganggetriebe und eine Kugelumlauflenkung waren vorhanden. Die Pullmanausführung erhielt das von Daimler-Benz hergestellte, harmonischer wirkende und leicht abgerundete Frontlenkerfahrerhaus. Die gleichen Karosserien erhielten später auch die Siebentonner LP 337 und die Achttonner LP 338, die bis 1963 im Programm blieben. Mit einem veränderten Frontlenkerfahrerhaus erhielt

Mercedes-Benz L 311 · 1955–1961

der 6,5-Tonner LP 329 1958 den für 172 PS ausgelegten 10,8-Liter-Motor. Der Achttonner LP 326 von 1956 wurde mit dem 172 PS starken und später auf 192 und schließlich auf 200 PS gesteigerten Motor versehen.

Große Beachtung fand der 1958 vorgestellte Dreiachs-Frontlenker LP 333 mit zwei gelenkten Vorderachsen. Das für 9 Tonnen Nutzlast zugelassene Fahrzeug, das aus den Modellen LP 326 und LP 329 hervorgegangen war, besaß ein Eigengewicht von 6,9 Tonnen, so dass es als Dreiachser noch unterhalb der 16-Tonnen-Ausnahmeregelung für derartige Fahrzeuge blieb und noch einen Sechzehn-Tonnen-Anhänger älterer Zulassung ziehen konnte. Daimler-Benz zielte mit dieser technischen Lösung auf die Besitzer eines derartigen Schwerlast-Anhängers, die ihre Fahrzeuge noch sinnvoll einsetzen wollten. Die Nutzlast konnte somit 20 bis 22 Tonnen betragen.

Die exakte Lenkungskinematik der vorderen Achsen gab dem Fahrzeug eine hervorragende Kurvenstabilität selbst bei nassen und vereisten Straßen. Hydraulische Vorderradbremsen sorgten für spurtreues, wirkungsvolles Verzögern. Auch die erhöhte Sicherheit bei einem Reifendefekt wurde hervorgehoben. Neben der besseren Achslastverteilung konnten kleinere und damit billigere Reifen verwendet werden, was zu einem kleineren Wendekreis, aber auch zu einem größeren Reifenabrieb führte. Die hydraulische Lenkung erleichterte dem Fahrer die Lenkarbeit und ermöglichte eine problemlose Kurvenführung. Das vollsynchronisierte Sechsganggetriebe wurde mit Druckluft geschaltet. Die Motorbremse wurde ebenfalls mit Druckluft gesteuert.

Die Exportversionen wurden mit einer 10-Tonnen-Hinterachse für 11,2 Tonnen Nutzlast versehen.

Als LPS 333 wurde der Dreiachser als Sattelzugmaschine gebaut. Die zweite Achse war vor die Hinterachse zurückgesetzt worden, um das Durchdrehen der Räder beim Beschleunigen unter Belastung zu verhindern. Die Scheinwerfer wurden in die Stoßstangen verlegt.

Nach der Lockerung der Seebohmschen Verordnungen im Jahre 1960 verflog das Interesse an diesen Modellen, so dass sie aus dem Programm genommen wurden. Erst mit dem 1966 vorgestellten LPS 2020 wurde das Prinzip der beiden gelenkten Vorderachsen wieder aufgenommen. Bis zur Produktionseinstellung im Jahre 1961 wurden 1833 LP-/LPS-333-Fahrzeuge gefertigt.

Die neuen Maß- und Gewichtsbestimmungen führten in einer weiteren Folge zum Ende der Langhauber für den

Mercedes-Benz L 312 · 1955–1961

deutschen Markt; die Modelle L 315 und L 326 wurden weiterhin für den Export gefertigt.
Der 1958 gleichzeitig mit dem Exportmodell L 327 vorgestellte Kurzhauber L 322, der die neue Haubengeneration einleitete, besaß ein abgerundetes Fahrerhaus mit einer großen Panoramascheibe und einer über die ganze Fahrerhausbreite gezogenen Haube. In die untere feststehende Frontpartie waren die Scheinwerfer integriert. Der Motor ragte notgedrungen etwas in das Fahrerhaus hinein, ohne allerdings den Durchgang zu behindern.
Der L 322 als Mittelklasse-Lkw für 5 Tonnen löste bis 1961 den L 312 ab. Das anfänglich eingebaute 110-PS-Antriebsaggregat mit 5,1 Litern wurde 1961 durch den neuen 5,7-Liter-Motor mit 126 PS bei gleichzeitiger Nutzlasterhöhung auf 6,5 Tonnen ersetzt. Auch hier wurde eine Kugelumlauflenkung eingebaut. Ab 1959 erschien diese Baureihe auch in der Allradversion LA 322 und in der Frontlenkerversion LP 322. Die Schwerlastwagen wurden durch den mit einer größeren Kurzhaube und einem verbreiterten Fahrerhaus versehenen Anfangstyp L 337 als 7,2-Tonner ersetzt. Der Ritzel-Stirnradantrieb wurde bei diesem 172-PS-Modell beibehalten, das den Langschnauzer L 329 ablöste. Ein Synchrongetriebe mit einer Zweiganghinterachse, die ein druckluftgesteuertes Planetengetriebe enthielt, wurde neben einer Öldruckbremse mit Druckluftunterstützung eingebaut. Darüber hinaus wurde der Lkw „mit vielen Vorbereitungen versehen, um ihn bei einer eventuellen Änderung der Maße und Gewichte ohne größeren Kostenaufwand brauchbar zu machen".
Mit dem L 334 wurde der bisherige 8,6-Tonner L 326 abgelöst. Der neue 6,6-Tonner L 329 mit dem 172-PS-Motor trat an die Stelle des Langhaubermodells L 329 von 1956.
Bei den Baustellenausführungen waren die Scheinwerfer geschützt in den Stoßfängern angebracht. Das verbesserte LP-Fahrerhaus in abgerundeter Form mit einer Panoramascheibe kleidete die Mittel- und Schwerlast-Fernverkehrsmodelle LP 322, LP 327 und LP 337.
Den neuen Verordnungen mit ihren Änderungen bzw. mit der 6-PS/t-Formel und dem 32-Tonnen-Maximalzug entsprach 1960 der L 321 als Solofahrzeug, der den bereits erwähnten, aber doch nicht so erfolgreichen L 337 ablöste. Der L 338, der bis 1971 gefertigt wurde, erhielt als Achttonner den auf 180 PS ausgelegten 10,8-Liter-Motor, so dass er für den 30-Tonnen-Zug geeignet war. Als Sattelzugmaschine konnte er einen genormten 16-Tonnen-Auflieger transportieren.

Mercedes-Benz LP 323 · 1957–1959

Der vielbeachtete LP 333 wurde durch die 192 PS starken Zweiachser LP 334 und L 334 ersetzt, die genau der 6-PS/t-Formel für den 32-Tonnen-Zug entsprachen. Der LS 334 wurde mit einem Hilfsrahmen für die Sattel-Kupplung versehen. Der Haubentyp L 334 erhielt einen Spezialdoppelrahmen für 8,7 Tonnen Nutzlast. 1961 erhielt der LP 334 mit dem auf 200 PS gesteigerten Motor eine tiefer gelegte Stoßstange mit Breitbandscheinwerfern. Ein zweizylindriger Luftpresser wurde eingebaut. Das Fahrerhaus ruhte auf großen Gummitöpfen. Eine hintere querstehende Blattfeder mit Stoßdämpfern stützte es zusätzlich ab.
Mit Beginn der sechziger Jahre, als über 200000 Nachkriegsfahrzeuge die Werke verlassen hatten, standen sieben Grundtypen vom Kleintransporter L 319 D mit 43 PS bis zum L 334 mit 200 PS zur Verfügung. Synchrongetriebe, Servolenkungen, Motor- und Zweikreis-Bremsanlagen waren dabei Standardausrüstungen der mittleren und schweren Daimler-Benz-Lastwagen geworden.
1961 knüpfte der L 328 als 4,8-Tonner an den leichten Mittelklasse-Lkw L 312 der fünfziger Jahre an. Der L 328 mit dem 100-PS-Motor wurde als Verteilerfahrzeug mit dem Attribut „Lkw mit den Fahreigenschaften eines Pkw“ angeboten.
Das ab 1967/68 unter der Bezeichnung L 911 gefertigte Fahrzeug wurde bis 1969 in fast 37000 Modellen gebaut. Der 327, später unter der Bezeichnung L 1413 als 7,5-Tonner, brachte es bis 1970 auf fast 29000 Exemplare. Der bis 1970 hergestellte L 323 bzw. L 710 erreichte in allen Versionen eine Stückzahl von über 33000 Exemplaren und ersetzte den 3,5-Tonner L 311 von 1949 bzw. 1954. Die Maschine wurde in ihrer Leistung 1963 auf 126 PS gesteigert.
Mit den Baureihen L 322, L 323, L 327 und L 328 erreichte diese Fahrzeugklasse bis zum Produktionsende 1969/70 eine Gesamtstückzahl von 159125 Fahrzeugen. Hinzu kamen 32918 Mittelklasse-Frontlenker.
Im Jahre 1962 wurde das Fahrerhaus des LPS 334 vorgerückt, um die Fahreigenschaften zu verbessern. Gleichzeitig erhielten die großen Frontlenkerfahrzeuge anstelle der kiemenförmigen Lufteinlässe einen Gittergrill. Die Blinker wurden tiefer gesetzt, die Kabine erhielt eine Dachluke.
Verstärkt in den Bereich der Allradantriebsfahrzeuge mit Kipperaufbau für den gemischten Straßen- und Geländeeinsatz stieg die Daimler-Benz AG mit den Modellen LAK 327 für 6,5 und mit dem LAK 329 für 7,5 Tonnen Nutzlast ein.

Mercedes-Benz LP 321 · 1957–1959

1963 stellte das Unternehmen auf Drängen des Verbandes der Automobilindustrie (VDA) das Typenbezeichnungsschema auf ein sinnvolles Zahlensystem um, wobei die erste Ziffer bzw. die ersten beiden Ziffern das Gesamtgewicht und die beiden folgenden Ziffern, mit zehn multipliziert, die Motorleistung angeben.
Das Verbrennungsverfahren der Motoren wurde auf das Direkteinspritzverfahren umgestellt, das sich durch eine erhebliche Treibstoffeinsparung bei größerer Laufruhe und niedrigerer Drehzahl sowie einer höheren Laufleistung des Motors als wirtschaftlicher gegenüber dem Vorkammer-Verfahren erwies. Das neue System erhielt zur besseren Verwirbelung der Luft mit den Brennstoffstrahlen Drallkanäle im Zylinderkopf. Die Einspritzung mit einer Vierstrahldüse erfolgte auf die Wand der topfförmigen Kolbenmulde, so dass der Kraftstofffilm stufenweise abgetragen werden konnte. Das in Wörth bei Germersheim am Rhein seit 1961 im Bau befindliche Montagewerk nahm in diesem Jahr den Karosseriebau auf und wurde für die Aufnahme der Gesamt-Lkw-Montage vorbereitet, um die Lkw-Fertigung zu rationalisieren und zu vergrößern.
Im gleichen Jahr erhielten die schweren Frontlenkerfahrzeuge die modern gezeichnete, kubische Fahrerhauskabine, die sich durch Geräumigkeit und Zweckmäßigkeit auszeichnete. Eine durchgehende Panoramascheibe ermöglichte ein weiteres Sichtfeld in dem weit vor der Vorderachse überhängenden, feststehenden Fahrerhaus. Der unter dem Fahrerhausboden geräuschgedämmt eingebaute stehende Motor war von oben durch eine Klappe sowie von vorne durch zwei Wartungsluken zugänglich.
Bis 1965 löste dieses Fahrerhaus die Fahrerkabinen der mittelschweren und schweren Frontlenkerfahrzeuge der ersten Generation ab. Das Einheitsfahrerhaus konnte mit oder ohne Schlafkojen geliefert werden. Als Nachfolger des LP 334 erhielten der LP 1620 und der LPS 1620 als erste Modelle diese Kabine. Der Motor war mit einem thermostatisch gesteuerten Visco-Lüfter versehen, der den Motor erst bei Überschreiten der Betriebstemperatur abkühlte. Eine Hydraulik unterstützte die Kugelmutterlenkung. Lange Federn mit Stabilisatoren und Stoßdämpfern ermöglichten ein weitgehend erschütterungsfreies Fahren. Mit dem LAK 1620 stieg die Daimler-Benz AG erstmals mit einem schweren Kipper in Frontlenkerbauart in den Markt für Baustellenfahrzeuge ein.
In der 14-Tonnen-Klasse kam der schwere LP 1418 mit dem auf 185 PS gedrosselten 10,8-Liter-Motor im Direktein-

spritzverfahren hinzu. Daneben präsentierte das Unternehmen für den schweren Baustellenverkehr erstmals einen serienmäßigen Dreiachser in Haubenbauweise vom Typ LK/LAK 2220 für 11,5 Tonnen Nutzlast auf öffentlichen Straßen und für 15/16 Tonnen auf Betriebsgelände. Er besaß einen Spezialrahmen aus US-Profil-Längsträgern mit eingenieteten Traversen. Das hintere Doppelachsaggregat wurde über zwei Wellenstränge mit Längslenkern zur Führung und mit Weitwinkelgelenken angetrieben. Zwischen den Achsen wurde ein weiteres Ausgleichsgetriebe eingebaut. Über einen Federpaket-Waagebalken mit hohem Schwenkwinkel wurden die Achsen abgestützt.
Neben dem Sechsgang-Allklauengetriebe war ein Dreiwellen-Verteilergetriebe in der LAK-Version eingebaut. Der 200 PS starke, auf das Direkteinspritzsystem umgestellte 10,8-Liter-Motor kam zum Einbau. Eine leichtere, zweiachsige Kipperausführung wurde der LAK 1518 für 7,5 Tonnen Nutzlast.
1964 übernahm die Daimler-Benz AG die Mehrheit der Aktien der Maschinenfabrik Esslingen, die zuvor im Besitz der Gutehoffnungshütte waren. Die Elektrofahrzeugfertigung wurde mit der neugegründeten Fahrzeugwerke Esslingen GmbH später an die Hans Still GmbH in Hamburg abgegeben. Das Werk der Maschinenfabrik Esslingen in Mettingen wurde zur Gießerei für die Teilefertigung ausgebaut; die anderen Werksteile dienten als Großersatzteillager.
Das Programm der Kurzhauber wurde durch die Modelle L/LA 911, L/LA 1113 und L/LA 1413 nochmals ausgebaut. Sie konnten nach der Änderung der StVZO als Solofahrzeuge mit dem 110-PS-Vorkammer- oder mit dem durch die Änderung der Einspritztechnik auf 126 PS gesteigerten Motor versehen werden.
Die Lücke zwischen den 1,8- und den 3,5-Tonnern schloss nun der LP 608, der die mittlere LP-Klasse einleitete. Auch hier waren ein kubisches Fahrerhaus mit kurzer Baulänge und eine weit vorgesetzte Vorderachse äußere Merkmale dieses Typs. Der neue 80-PS-Vierzylinder-Motor wurde unter den Sitzen angebracht, durch Klappen ließ er sich von oben her warten.
Als erster Fahrzeugtyp wurde dieser Verteiler-Lastwagen in dem neuen zentralen Montagewerk in Wörth gefertigt. Diese Baureihe mit den späteren Typen LP 808, LP 709, LP 809, LP 811, LP 813, LP 913 und LP 1113 wurde bis 1984 in über 300 000 Exemplaren hergestellt.
Die 10,8-Liter-Maschine wurde durch die Umstellung auf das Direkteinspritzverfahren auf 210 PS gesteigert und kam zum Einbau in die Typen IL/LP 1920 und L 2220.
Technische Standardausrüstungen der Daimler-Benz-Nutzfahrzeuge wurden zur Mitte der sechziger Jahre neben vollsynchronisierten Fünfganggetrieben Zweigang-Planetengetriebe in den Hinterachsen für die Baustellenfahrzeuge, werkseigene Servolenkungen und längere Vor-

Mercedes-Benz L 334 · 1958–1962

Mercedes-Benz LP 334 · 1960–1963

der- und Hinterachsfederungen mit Stabilisatoren und Stoßdämpfern. Um die Nutzfahrzeugfertigung aus den beengten und nicht mehr erweiterungsfähigen Anlagen in Gaggenau und in Mannheim herauszubekommen und um, wie erwähnt, durch die Konzentration auf eine Fertigungsstätte rationeller produzieren zu können, wurde die Nutzfahrzeugfertigung unter dem Technischen Leiter, Direktor Richard Stahl, ab 1964 nach Wörth verlegt, so dass nun eine Tagesleistung von 205 Fahrzeugen erreicht werden konnte. Das Werk in Mannheim übernahm die Omnibus- und Motorenfertigung, das Werk in Gaggenau neben der beibehaltenen Unimogfertigung den Bau der Achsen und der Getriebe.

1965 löste der L 810 den L 710 ab, zumal die LP-Baureihe in diese Nutzlastklasse vorstieß. Der L 1413 als 7,5-Tonnen-Solofahrzeug wurde mit einem Turbolader versehen, der den 126-PS-Motor auf 150 PS anhob. Beachtung fand die neue Sattelzugmaschine LPS 2020, die als Dreiachser mit einer mittleren Vorlauf-Lenkachse versehen wurde und ebenfalls an die Tradition des LPS 333 anknüpfte. Das Fernverkehrsfahrzeug mit dem 218-PS-Motor konnte den 32- bzw. 36-Tonnen-Lastzug befördern.

Mit dem LP 810 startete das Unternehmen eine mittelschwere Frontlenkerbaureihe, die mit dem modifizierten kubischen Fahrerhaus versehen wurde. Die für 4 bis 8 Tonnen Nutzlast ausgelegten Modelle LP 810, LP 1013, LP 1213 und LP 1216 erhielten unter dem Fahrerhausboden angebrachte 100-, 126- und 160-PS-Motoren.

1966 stellte Daimler-Benz die neue Düsseldorfer Transporterbaureihe im Nutzlastbereich von 2 bis 2,75 Tonnen vor, die ein Jahr später in den Serienbau ging.

Das modern, zweckmäßig und übersichtlich entworfene Fahrerhaus mit einer herumgezogenen Verglasung, die an den Kanten durch zwei Streben abgestützt wurde, besaß einen kleinen Vorbau, so dass der Vierzylindermotor kaum, der spätere Sechszylindermotor nur wenig mehr in das Fahrerhaus hineinragte.

Die Version L 406 D erhielt anfänglich die 55-PS-, im Jahre 1968 dann die 60-PS-Maschine aus dem Pkw-Programm. Mit dem 80-PS-Dieselmotor konnte sie als L 508 D ebenfalls ausgestattet werden und nun dem Fahrzeug ausreichende Fahrleistungen verleihen. Daneben wurde eine 80-PS-, später 85-PS-Vergasermaschine eingebaut, die ebenfalls aus der Pkw-Serie stammte.

Mercedes-Benz L 710 · 1963–1967

Die sich hervorragend bewährenden Modelle wurden mit verschiedenen Radständen als Pritschen- und als Kastenwagen, als Doppelkabinen, als Feuerwehrfahrzeug und als Kleinbus in den Baureihen L 406, L 407, L 408, L 409, L 410, L 508, L 608 und L 613 bis 1984 in über 477000 Exemplaren gefertigt.

Schließlich sind für das Jahr 1966 noch die Modelle LP 2223, LPS 2223 und LPS 2024 zu erwähnen, die mit einem neuen 230-PS-Motor mit 11,6 Litern Hubraum ausgerüstet wurden, der durch Hubverlängerung aus der 10,8-Liter-Maschine hervorgegangen war. Mit diesen Modellen zielte Daimler-Benz auf die seit 1965 zugelassene 38-Tonnen-Regelung für Lastzüge.

Der Dreiachser LP 2223 mit hinterer Schleppachse oder mit Doppelantriebsachsen konnte mit einem 16-Tonnen-Anhänger mit gleicher Pritsche versehen werden, so dass er sich besonders für den Container- und Palettentransport eignete. Die Kurzhauben erhielten eine letzte Überarbeitung. Die Frontscheibe wurde höhengezogen, die Scheinwerfer wurden nun außerhalb des verkleinerten Frontgrills angebracht. Eine Dachluke zur besseren Belüftung kam serienmäßig zum Einbau.

Als die Fried. Krupp GmbH in Essen die Einstellung des dortigen Schwerlastwagenbaus beabsichtigte, und die Fiat AG Interesse zeigte, den Vertriebsapparat der Krupp-Nutzfahrzeuge zu übernehmen, entschloss sich die Daimler-Benz AG zum sofortigen Erwerb der Krupp-Verkaufsorganisation und der Niederlassungen. Die Daimler-Benz AG stellte daneben die Ersatzteilversorgung für die auslaufenden Krupp-Modelle sicher. Zur Abwicklung dieser Übernahme wurde die KRAWA Kraftwagen GmbH in Stuttgart gegründet.

Das Mittelklasse-Programm rundete das Unternehmen 1968 mit den Typen 1313, 1317, 1319 und 1513, 1717 sowie 1519 mit dem auf 130 PS angehobenen 5,8-Liter- und dem neuen 170- bzw. 192-PS-Motor ab. Dabei wurde Wert darauf gelegt, möglichst viele Teile und Aggregate in den modernisierten L/LA- und LP-Baureihen zu verwenden.

Als Mittelklasse-Dreiachser kamen die Modelle L 1813, L 1817 und LP 1617 hinzu. Als schwerstes Baustellenfahrzeug erschien der LAK 2623 6x6 für 14 Tonnen Nutzlast.

Das im Kfz-Teilebau tätige Werk der Ernst Heinkel AG in Zuffenhausen wurde 1968 übernommen.

Mercedes-Benz LK 710 · 1963–1970

1969 zeigte das englische Leyland-Unternehmen die Absicht, den in Schwierigkeiten geratenen Nutzfahrzeugbereich der Hanomag- und der Henschel-Werke zu übernehmen. Um diesem Vorhaben zuvorzukommen, vereinbarte Daimler-Benz mit der Muttergesellschaft dieser beiden Fahrzeugunternehmen, der Rheinischen Stahlwerke AG, die Gründung der Hanomag-Henschel Fahrzeugwerke GmbH (HHF), an der sich die Daimler-Benz AG zu 51 Prozent beteiligte, und eine 25-Prozent-Beteiligung der Daimler-Benz AG an der Rheinstahl-Hanomag AG.
Im Februar 1969 wurde in einem Rahmenabkommen die Eingliederung der HHF in die Daimler-Benz AG getroffen, indem die Daimler-Benz AG die 25-prozentige Beteiligung an dem Hanomag-Motoren- und Baumaschinenbereich an die Rheinischen Stahlwerke AG zurückgab und dafür Alleineigentümer der HHF wurde.
Von Interesse für die Daimler-Benz AG war einerseits die weitere Abrundung des Daimler-Benz-Angebots nach unten durch die Transporter im Bereich der 1,5-Tonnen-Klasse, die der Daimler-Benz AG bisher fehlte, zum anderen konnte die eigene Marktposition durch die Übernahme der Hanomag-Schnelllasterproduktion und der ebenfalls gut eingeführten schweren Straßen- und Baustellenfahrzeugproduktion der Henschel-Werke gestärkt werden.
Mit dem Übergang der Kapazitäten der HHF-Werke in Bremen, Hamburg-Harburg und in Kassel konnte die Daimler-Benz AG gegen Ende der sechziger Jahre eine Größenordnung erreichen, die es ermöglichte, große Nutzfahrzeugserien aufzulegen, so dass das Unternehmen zum unangefochten größten westeuropäischen Nutzfahrzeughersteller aufsteigen konnte und ein entscheidender Wettbewerber im internationalen Fahrzeugbau wurde.
War zunächst die Absicht vorhanden, die HHF als zweite Marke mit einem eigenen Vertriebsweg weiterzuführen, so wurde dann aber letztlich beschlossen, die Kapazität des Bremer Schnelllastwagenwerkes für die Steigerung der Montage der Daimler-Benz-Kleinlaster zu nutzen. In dem erst kurz zuvor mit der modernsten deutschen Gelenkschmiede ausgerüsteten Henschel-Werk in Kassel-Mittelfeld wurde der Achsenbau aller Nutzfahrzeuge immer mehr konzentriert, nachdem bis 1983 noch die aus Wörth ausgelagerten Haubenfahrzeuge montiert worden waren.
1969 führten die Daimler-Benz AG und die MAN ihre Tochtergesellschaften im schweren Motorenbau, die Maybach-Mercedes-Benz Motorenbau GmbH in Friedrichsha-

Mercedes-Benz LP 1113 · 1963–1969

fen (die aus der Porsche-Diesel-Motorenbau GmbH hervorgegangen war) und die MAN-Turbo GmbH in München-Allach zur Motoren- und Turbinen-Union (MTU) in Friedrichshafen unter paritätischer Beteiligung zur Stärkung der Wettbewerbsfähigkeit zusammen. (1985 wurde die Daimler-Benz AG Alleineigentümer.)

Ein weiteres Abkommen betraf 1970 den schweren Nutzfahrzeug-Motoren- und den Achsenbau, das als sogenanntes Komponentenabkommen bis 1981 bestand und in neuer Form in der Mitte der achtziger Jahre wieder aufgegriffen wurde.

Um für die anvisierte 8-PS/t-Formel entsprechend starke Triebwerke zur Verfügung zu haben, wurde im Rahmen dieses Abkommens die gemeinsame V-Motorenbaureihe 400 mit 6, 8, 10 und 12 Zylindern entworfen. Daneben wurde eine Reihenmotorenbaureihe mit 4, 5 und 6 Zylindern mit Direkt- und zusätzlicher Vielstofftechnik entwickelt.

In die Nutzfahrzeuge beider Partner gelangte der V-Zehnzylindermotor mit 320 PS, der in Mannheim als Baureihe 403 gefertigt wurde, aber mit den unterschiedlichen Verbrennungsverfahren beider Partner versehen wurde. Der mit nahezu quadratischen Kolbenmaßen konstruierte Motor besaß eine zylindrische Kolbenmulde und Einzelzylinderköpfe. Das kompakte und relativ leichte Triebwerk kam in den Modellen LP 1632, LP 2032 und LP 2232 zum Einbau, die damit die 8-PS/t-Formel erfüllen konnten. Der Dreiachser LP 2232 besaß wieder eine angetriebene Achse und eine Schleppachse oder ein Doppelachsaggregat.

Die Modelle LPS 2032 und LPS 2232 wurden als schwere Sattelzugmaschinen mit zwei gelenkten Vorderachsen und hinterer Planeten-Antriebsachse für den 38-Tonnen-Zug angeboten. Das Fahrerhaus konnte bei diesen Modellen erstmals mit einer Kolbenpumpe hydraulisch etwas vorgekippt werden. Wartungsklappen waren zusätzlich vorhanden. Teilweise wurden schon Luftfederungen vorne und hinten eingebaut. Mit dem nun 240 PS leistenden 11,6-Liter-Motor wurden die Zugmaschine LPS 2024 mit ebenfalls zwei gelenkten Vorderachsen, der Dreiachser LP 2224 für 13,7 Tonnen und die Modelle LK/LAK 2624 für 16,6 Tonnen Nutzlast ausgerüstet.

Die Fertigung von Lastwagen war von 62518 Fahrzeugen im Jahre 1968 auf 83196 im Jahre 1969 gesteigert worden.

1970 verließ das einmillionste Nutzfahrzeug der Nachkriegsproduktion das Wörther Hauptwerk. Die Tagesleis-

Mercedes-Benz L 2623 · 1967–1969

tung war dort im größten und modernsten Lkw-Werk Europas auf 290 Fahrzeuge gesteigert worden.
In der leichten Mittelklasse stellte der neue LP 811 mit 110 PS und einer Nutzlast von 4 bis 4,5 Tonnen die Verbindung zu den Mittelklasse-Fahrzeugen LP 911 B her, wobei das Haubenmodell L 710 dafür wegfiel. Mit gleichem, auf 130 PS gesteigertem Motor und mit einer auf 5,5 Tonnen erweiterten Nutzlast stieg der L 913 schon in die echte Mittelklasse auf. In der schweren Klasse trieb ein im Baukastenprogramm der V-Motoren entwickelter Achtzylindermotor vom Typ 402 mit 256 PS die Modelle LP 1626 und LP 2226 an.
Die Produktion konnte in diesem Jahr erstmals auf 106258 Modelle erhöht werden, wozu noch rund 75 000 Fahrzeuge aus dem HHF-Programm hinzukamen.
Für die Nachfolgegeneration der Bundeswehr-Radfahrzeuge wurde auf Drängen der Bundesregierung eine Arbeitsgemeinschaft mit dem MAN- und dem Magirus-Werk eingerichtet. Wenn auch die Daimler-Benz AG nicht am späteren Bau der neuen schweren Transportfahrzeuge beteiligt, dafür aber mit dem Bau der Radpanzer betraut wurde, erhielten die Militärfahrzeuge aber aufgrund des Komponentenvertrages Achsen aus dem Kasseler Werk.
Luftfederungen kamen nun serienmäßig in die Modelle LP/LPS 1932, LP/LPS 2232 und LP/LPS 2219, um im kombinierten Verkehr mit Wechselaufbauten oder Containern die Fahreigenschaften zu verbessern und das Auf- und Absetzen zu erleichtern.
Eine weitere Rationalisierung der Teile- und Aggregatefertigung sowie der Enderzeugnisse wurde im Rahmen der nunmehrigen Großserienfertigung mit den HHF-Betrieben durchgeführt. In Erwartung der für den Jahresbeginn 1972 vorgesehenen 8-PS/t-Formel bereitete Daimler-Benz die Ausstattung der Fahrzeuge mit Triebwerken für den Lastzugbetrieb vor. In der Mittelklasse wurden dafür Triebwerke mit 110, 130 und in aufgeladener Form mit 168 PS vorgesehen. In der schweren Klasse standen Motoren mit 192, 256 und 320 PS zur Verfügung.
Mit dem sich als wirtschaftlich, laufruhig und leistungsfähig erweisenden V-Zehnzylindertriebwerk wurden als stärkste Baustellenfahrzeuge die Modelle LAPK 1632 für 7 Tonnen und LAPK 2632 für 14 Tonnen Nutzlast in zwei- und dreiachsiger Allradausführung hergestellt. Bei diesen Übergangstypen wurden die Fahrerhäuser des Henschel-Typs F 136 AK mit einem DB-Stern im Grill verwendet, um die Kunden der Schwerlastfahrzeuge von Henschel

Mercedes-Benz L 1623 · 1967–1970

für die Daimler-Benz-Marke zu gewinnen. Diese Modelle zeigten, dass sich der Frontlenker problemlos für den schweren Baustelleneinsatz eignete, so dass die Planungen bestärkt wurden, Haubenausführung aus dem geplanten neuen Programm herauszunehmen.

Die Fertigung der Nutzfahrzeuge war aufgrund der allgemeinen rückläufigen Entwicklung auf insgesamt 156764 Exemplare im Jahre 1972 gesunken, wobei 54253 Modelle aus den HHF-Werken stammten. Im Herbst 1973 präsentierte das Unternehmen die ersten Schwerlastwagenmodelle der „Neuen Generation" (NG) mit einem rationell zu fertigenden Einheitsfahrerhaus für alle Ausführungen. Die kompakter wirkende Kabine, die mit kleinen Änderungen noch heute gebaut wird, besitzt eine leicht abgerundete und in der Frontpartie etwas vorgewölbte Form mit weichen Übergängen. Eine großflächige und weit heruntergezogene Panoramascheibe, die außen bündig an der Karosserie angebracht ist, ergibt mit den etwas heruntergezogenen seitlichen Ausstellfenstern hervorragende Sichtverhältnisse.

Das Fahrerhaus kann in kurzer Ausführung, in langer Fernverkehrs-Version sowie in zwei Zwischengrößen geliefert werden. Es lässt sich bis zu einem Winkel von 70 Grad hydraulisch vorkippen, wobei Lenkung und Schaltung teleskopartig hochgehoben werden.

Bei den Ausführungen mit Hinterradantrieb wird der Motor-Getriebeblock leicht abgesenkt in dem Fischbauch-Leiterrahmen eingebaut. Bei den Allradtypen ist der Motor zweckmäßigerweise höher eingesetzt, so dass er notgedrungen stärker in das Fahrerhaus hineinragt, wobei Motor und Getriebe getrennt angebracht sind. Die Straßenausführungen erhalten hintere Starrachs- oder Planetenaußenantriebe, die Baustellenfahrzeuge vordere und hintere Planetenantriebe. Bei den Dreiachsfahrzeugen ist die erste Hinterachse als Durchtriebsachse ausgebildet, so dass nur ein Wellenstrang verwendet wird. Die 6x6-Allradfahrzeuge besitzen sperrbare Quer- und Ausgleichsdifferentiale. Automatisch wirkende lastabhängige Bremskraftregler (ALB) werden an den Bremsen eingebaut.

Motorenausstattung, Rahmen, Federungen, Achsaufhängungen, Bremsen, Lenkungen und die gesamte Fahrzeugelektrik sind im Baukastensystem ausgeführt und tragen zu einer optimal rationalisierten Fertigung bei.

Zum Antrieb standen in den ersten Ausführungen die bekannten V-8-und V-10-Motoren sowie der hinzugekommene V-Sechszylindermotor vom Typ 401 mit 192 PS

Mercedes-Benz PS 624 · 1969–1974

zur Verfügung. (Dieser wurde im Nürnberger MAN-Werk gefertigt, gelangte aber im Gegensatz zu den beiden anderen V-Motoren nur bei den Daimler-Benz-Fahrzeugen zum Einbau.)
Um die Baustellentauglichkeit dieser Frontlenkerfahrzeuge zu unterstreichen, erschienen als erste Modelle der NG-Baureihe die Typen 1919, 1626, 1926 und 1932 als Kipper mit und ohne Allradantrieb im Bereich von 16 bis 26 Tonnen Gesamtgewicht, die durch die Planetenantriebe und durch die dadurch kleineren Differentiale eine große Bodenfreiheit bei einer besseren Übersetzung besaßen.
Hinzuweisen ist an dieser Stelle darauf, dass die schweren Haubenfahrzeuge, wie erwähnt, im Kasseler Werk vor allem für den Export (Typen L 1313, L 1513, L 1621, L 1921, L 1924, L 2624 und L 2628) weitergefertigt wurden und schließlich 1984 eine Gesamtstückzahl von fast 300000 Exemplaren erreicht haben. Seit 1983 werden diese Modelle wieder im Wörther Zentralwerk gebaut.
Mit der Einführung der neuen Modellreihe konnte die leicht rückläufige Absatzentwicklung im vergangenen Jahr aufgefangen werden. Ohne die auslaufenden HHF-Modelle konnten 1973 über 130 000 Fahrzeuge produziert werden.
Die kleine Transporterbaureihe wurde in den Modellen 407 D und 409 mit 68-, später 72-PS-Diesel- und 90-PS-Vergasermotoren stärker motorisiert.
1975 erhielten die Fahrzeuge des Mittelklasse-Programms neben dem 130-PS-Saugmotor die auf 168 PS gesteigerte Turboversion oder den V-Sechszylindermotor mit 192 PS. Die schweren LP-Modelle in Pritschen- und in Sattelschlepperausführung wurden noch bis Ende 1975 gefertigt und dann nach einer Gesamtzahl von 126000 Fahrzeugen durch die NG-Fahrzeuge abgelöst. In einer dritten Phase bereitete das Unternehmen die Umstellung der mittelschweren LP-Reihe auf das Einheitsfahrerhaus vor, so dass Ende 1975 das gesamte Programm ab 10 Tonnen Gesamtgewicht damit ausgerüstet werden konnte. Auf eine weitgehende Teilegleichheit der mittleren und der schweren Baureihen wurde auch hier großer Wert gelegt.
1976 konnte die Wörther Fertigung auf 400 Fahrzeuge pro Tag gesteigert werden. In dem Tonnagebereich von 10 bis 14 Tonnen Gesamtgewicht kamen nun die neuen Pritschen- und Kofferaufbauwagen, Kipper und Allradantriebsfahrzeuge mit verschiedenen Radständen sowie die Sattelzugmaschine zur Auslieferung. In diese Mittelklasse-Lastwagen gelangten synchronisierte Acht- oder (mit

Mercedes-Benz LAK 1624 · 1969–1975

Kriechgang) Neunganggetriebe mit nachgeschaltetem Planetensatz zum Einbau. Die Differentialsperren wurden elektrisch geschaltet. Elektrische Einrichtungen sicherten wie auch in den Schwerlastfahrzeugen die Differentialsperren.
Die Achtzylindermaschine wurde in einer gedrosselten 240-PS-Version für den Fünfzehntonner 2224 vorgestellt.
Die leichte LP-Baureihe stieg mit dem neuen LP 1013 als Alternativmodell in die 6,5-Tonnen-Nutzlastklasse der NG-Fahrzeuge ein. Eine Sonderausführung war der Pritschenwagen mit einer hinteren Doppelachse (als Sattel- bzw. Nachlaufachse für 12 Tonnen Gesamtzuggewicht), der vor allem als Biertransporter Verwendung fand. Viergang-Automatikgetriebe mit Wandler- und Überbrückungskupplungen können seitdem in die Transporter und in die leichte LP- bzw. Nachfolgebaureihe eingesetzt werden.
Als schwere Sattelzugmaschine mit wiederum zwei gelenkten Vorderachsen erschien der 2032 S. Eine weitere Spezialausführung wurde das Betonmischerfahrgestell 2224 B 6x4 und der Allradkipper 2624 6x6 mit einem Ansaugstutzen vor der Frontpartie.
Die leichte LP-Baureihe erhielt 1977 eine geringfügige Designänderung durch eine glattere Vorderfront mit einem schwarzen Kunststoffgrill. Die Scheinwerfer wurden in die Stoßstangen versetzt. Luftgefederte Achsen konnten eingebaut werden. Grundmodelle wurden der LP 709 und der LP 809 mit dem 85-PS-Motor.
Die Düsseldorfer Transporterreihe wurde mit dem L 613 D mit dem 130-PS-Sechszylindermotor und einer Tonnage von 3,4 Tonnen erweitert.
Für die Bundeswehr wurde der Typ 1017 in Hinterachs- und in Allradantriebsausführung als Fünftonnen-Pritschenwagen mit dem 172-PS-Turboladermotor in größeren Stückzahlen ausgeliefert.
Nach Aussetzen der 8-PS/t-Formel bot Daimler-Benz den V-Achtzylindermotor verstärkt mit 240 PS sowie den auf 256 PS gedrosselten V-Zehnzylindermotor an.
Die Fertigung der äußerst gut angekommenen NG-Serie ab 16 Tonnen konnte auf über 54000 Exemplare in diesem Jahr verdoppelt werden, so dass die Daimler-Benz AG in dieser Klasse die Nummer 1 in der Weltproduktion wurde. Die Tagesproduktion in Wörth war dazu auf 450 Fahrzeuge gesteigert worden. Inklusive der Transporter aus Bremen konnte das Unternehmen in Deutschland auf ein Rekordergebnis von 180005 Fahrzeugen zurückblicken.
Die Sechszylindermaschine mit 11,6 Litern Hubraum wurde durch einen Turbolader auf 280 PS gesteigert und in den 1928 eingebaut, aber schon 1979 durch einen im

Mercedes-Benz LP · 1970–1976

Hubraum vergrößerten V-Achtzylinder-Saugmotor gleicher Leistung ersetzt.

Die Modelle 1628, 1928 und 2228 wurden mit diesem Triebwerk ausgestattet. Wandler-Schaltkupplungen aus eigener Fertigung oder von der Zahnradfabrik Friedrichshafen (ZF) wurden verwendet. Auf Wunsch konnten auch ABS-Einrichtungen eingebaut werden. Luftfederungen standen nun auch für die Fahrzeuge ab 6 Tonnen Gesamtgewicht zur Verfügung. Außerdem erhielten die NG-Fahrerhäuser leichte Änderungen am Grill und beiderseitige Kiemen für die bessere Luftzuführung.

Die Fertigung belief sich 1979 auf 182700 Lastwagen und konnte 1980 auf 198143 Exemplare erneut gesteigert werden.

1980 erwarb die Daimler-Benz AG eine Minderheitsbeteiligung an dem zum Oerlikon-Bührle-Fahrzeugbereich gehörenden Schweizer Nutzfahrzeughersteller Franz Bronzincevic (FBW) in Wetzikon. Durch die traditionsreiche Vierachstechnik dieses Unternehmens gelang es der Daimler-Benz AG, rasch die Fahrzeuge der NG-Baureihe auch in vierachsiger Ausführung für schwerste Transportaufgaben herstellen zu können, wobei dieses Schweizer Werk die Produktion übernahm. 1983 wurde dieses Unternehmen mit der ebenfalls von der Daimler-Benz AG erworbenen Adolphe Saurer Nutzfahrzeugfabrik in Arbon/ Schweiz zur Nutzfahrzeugwerke Arbon-Wetzikon (NAW) vereinigt, die gemeinsam die schweren Spezialfahrzeuge herstellen.

Die ab 10 Tonnen Gesamtgewicht beginnende Mittelklasse-Baureihe erhielt nun serienmäßig Servolenkungen.

Der neue V-Achtzylindermotor erschien in gedrosselter Form mit 250 PS im Modell 1625 sowie in der 280-PS-Version in den Modellen 2028, 2228 und 2628. Mit dem nun auch hier eingeführten Turbolader wurde die Maschine auf 330 PS und mit starker Aufladung auf 354 PS angehoben. Mit zusätzlicher Ladeluftkühlung standen 375 PS für den Typ 1638 zur Verfügung, der als geplantes Europamodell für 40 Tonnen Gesamtgewicht mit dieser Leistung drehmomentstark ausgestattet wurde, wenn auch die 280–PS-Maschine den Verordnungen entsprechend ausgereicht hätte.

Um bei den aufgeladenen Motoren schnell hohe Drehmomente bei niedrigen Drehzahlen zu erreichen, erhielt jede Zylindergruppe einen Turbolader mit einer Zweischeibentechnik.

Das Großraumfahrerhaus der starken 1633- und 1638-Typen konnte nun auch für die 280-PS-Modelle verwendet werden, die für eine mögliche 7-PS/t-Formel entwickelt worden waren.

Mercedes-Benz LP 2232 · 1971–1974

Während für den deutschen Markt der 16-Tonnen-Kipper als Typ 1619 angeboten wurde, erschien das Export-Parallelmodell 1622/1922 für 19 Tonnen Gesamtgewicht. Stärkster Kipper wurde das den Henschel-Typ ablösende Modell 2632 AK 6x6 mit der 320-PS-Maschine. Hinzuweisen ist noch an dieser Stelle darauf, dass der bei der NAW gefertigte Vierachser 3028 in 8x4/4-Ausführung für 33 Tonnen Gesamtgewicht im Daimler-Benz-Programm mit einer Ausnahmegenehmigung für den deutschen Markt angeboten wurde.
Ein neuer Sechszylinder-Reihenmotor mit 6 Litern Hubraum und einer Leistung von 170 PS mit einer Aufladung wurde erstmals 1982 in den Achttonner 1617 C eingebaut.
Die Jahresfertigung war 1982 leicht auf 182 234 Fahrzeuge gesunken. 1983 begann die Daimler-Benz AG im Wörther Zentralwerk mit dem Bau der Vorserie der neuen „Leichten Klasse" (LN2), die die LP-Modelle, die inzwischen in über 300 000 Exemplaren gefertigt worden waren, ablösen.
Die für den Verteilerverkehr konzipierten Fahrzeuge decken Nutzlasten von 3 bis 8,5 Tonnen ab und werden mit einem leicht gewölbten, mit klaren Linien gezeichneten Kippfahrerhaus in kurzer oder in langer Ausführung versehen. Die Seitenfenster sind im unteren Bereich leicht abgeschrägt. Die auf einem Leiterrahmen aufgebauten Fahrzeuge besitzen synchronisierte Fünfganggetriebe, Zweikreisbremsanlagen mit Druckluftunterstützung, Servolenkungen, eine ALB-Anlage auf der Hinterachse sowie eine Federspeicher-Feststellbremse und auf Wunsch eine ABS-Anlage. Gegenüber der Vorgänger-Baureihe werden kleiner dimensionierte Räder verwendet.
Die im Frühjahr 1984 vorgestellten Anfangsmodelle 709, 809 und 814 werden mit dem neuen Vierzylindertriebwerk mit 90 PS bzw. mit dem in den Zylinderabmessungen identischen 136-PS-Sechszylindermotor ausgerüstet.
Als Ersatz für den V-Sechszylindermotor der 401-Baureihe mit 192-PS-Leistung wurde der ausbaufähige und preiswert herzustellende Sechszylinder-Reihenmotor von 1961 wieder aufgelegt und mit einem Turbolader und einer Ladeluftkühlung auf ebenfalls 192 PS gesteigert. Die mittelschweren und die schweren Lastwagen der Baureihen 1419 C, 1619 C und 2219 C werden damit ausgestattet. Ein neues Sechsgang-Vollsynchrongetriebe kommt zum Einbau.
Im Rahmen einer neuen V-Motorenbaureihe mit größeren Abmessungen erschien ein neues Sechszylindertriebwerk mit 216 PS in der normalen Ausführung. Gleichzei-

Mercedes-Benz 1633 · 1980–1985

tig stellte das Werk einen neuen Zehnzylindermotor mit 355 PS in der Saugversion vor. Die Motoren zeichnen sich durch erhöhte Drehmomente aus.
Der mit der NAW-Vierachstechnik ausgestattete Typ 3032 erhielt den auf 330 PS gedrosselten Zehnzylindermotor.
Serienmäßig wurden die Fahrzeuge nun mit Verbundglasscheiben und einer verbesserten Innenausstattung ausgeliefert.
Nachdem der Vorgänger gut 18 Jahre im Grundkonzept unverändert in Produktion gewesen war, kam ab 1983 eine völlige Neuentwicklung, die intern LN 2 genannte Baureihe, heraus. Bei ihrer Einführung deckte sie Fahrzeuggewichte von 7, 8, 9, 11 und 13 Tonnen Gesamtgewicht mit Motorleistungen von 90, 136, 170 und 200 PS ab. Daraus ergaben sich die für Mercedes typischen Modellbezeichnungen, deren erste bzw. bei vier Stellen erste beiden das Gesamtgewicht in Tonnen, die hinteren beiden -etwa- ein Zehntel der Motorleistung in PS angaben. Verbreitetstes Modell war der 7,5-Tonner mit 136 PS, der auf die Bezeichnung 814, nunmehr auch intern ohne den bisherigen Zusatz LP, hörte.
Die neu entwickelten Motoren waren Direkteinspritzer-Reihenmotoren mit 4 und 6 Zylindern, äußerlich prägnanter war das neue Fahrerhaus, welches nun auch in der kleinsten LKW-Klasse endlich kippbar ausgeführt war. Das relativ glattflächige Haus fiel unter anderem durch die schräg nach hinten ansteigenden Unterkanten der Seitenfenster in den Türen auf, welche später als Designmerkmal auch bei den schweren Typen eingeführt wurden. Die Kotflügel unter der Kabine sowie die Stoßstange waren optisch etwas weiter ausgestellt als beim Vorgänger und ließen die neuen Typen etwas wuchtiger erscheinen. Da das Fahrzeug nicht mehr nur als reiner Nahverkehrs- und Verteiler-LKW gedacht war, gab es nun werksseitig auch eine vollwertige Fernverkehrskabine mit zwei Schlafliegen unter einem insgesamt etwas höheren Dach. Ab 1989 gab es als Krönung auch eine noch schwerere Version mit 15 Tonnen Gesamtgewicht mit 170, 210 (auch bei den anderen Modellen anstelle des 200-PS-Motors, die Bezeichnungen endeten aber weiter auf 20) sowie auch 240 PS, damit war bis zur Einführung des Nachfolgers Atego die Leistungsspitze der kleinen Modelle erreicht. Seit 1988 firmierte die Baureihe als LK für Leichte Klasse, parallel zur Überarbeitung der großen Fahrzeuge mit der nun auch offiziellen Bezeichnung SK für Schwere Klasse. Seit diesem Jahr gab es die leichteren Modelle auch mit Allradantrieb,

Mercedes-Benz 1635 · 1985–1989

der erwartungsgemäß bei den Bau- sowie den Feuerwehrfahrzeugen seine überwiegende Verbreitung fand.
Nach insgesamt 14 Jahren Bauzeit, wurde 1998 der Atego als Nachfolger der bekannten Baureihe LN eingeführt. Zunächst gab es die neue kleine Mercedes-Baureihe mit dem Reihenvierzylinder-Motor OM 904 LA (4,25 Liter Hubraum) und dem Reihensechszylinder OM 906 LA (6,37 Liter Hubraum), die zwischen 90–205 kW (122–279 PS) sowie 470 – 1100 Nm leisteten. Gleich zu Beginn bot Mercedes den Atego mit vier verschiedenen Fahrerhäusern (S, S verlängert, L [1 Bett] und L Hochdach [2 Betten]) sowie diversen Radständen zwischen 3020 mm und 6260 mm an. Hinzu kamen noch verschiedene Aufbauformen wie Kipper, Pritschenwagen oder Sattelzugmaschine. Als Getriebe waren die Typen G42/5-5 mit 5 Gängen, G60/6-6 und G85/6-6 mit jeweils 6 Gängen und ein 12-Gang-Getriebe (6-Gang-Grundgetriebe mit Splittung, 1 Rückwärtsgang) verfügbar. Verfügbare Tonnagen waren die folgenden Typen: Atego 7xx (6,5 t), Atego 8xx (7,49 t), Atego 8xx (8,0 t), Atego 9xx (9,5 t), Atego 10xx (10,5 t), Atego 12xx (11,99 t), Atego 13xx (13,5 t), Atego 15xx (15 t), wobei statt der beiden x jeweils die Motorenleistung als ein Zehntel angegeben wird.

Zumal es zwischen Actros und Atego im Jahre 1998 noch keine mittlere Baureihe (den heutigen Axor) gab, war der Atego auch mit höherem Rahmen und den großen Maschinen als „schwere" Sattelzugmaschine erhältlich. Speziell für diesen Typ wurde zum Modelljahr 2000 der ATEGO 1533 und 1833 eingeführt. Motor war der schon bekannte Reihensechszylinder OM 906 LA, dessen Hubraum auf 7,2 l angehoben wurde und fortan 240 kW (326 PS) sowie 1300 Nm leistete. Lange hatte diese schwere Atego-Baureihe allerdings nicht Bestand, debütierte doch zum Modelljahr 2001 Mercedes-Benz Axor und wurde von da an als mittelschwere Baureihe im Programm geführt. Die Motoren des Atego zur Premiere 1998 und der Einführung des „schweren Atego" waren im Einzelnen:

Reihenvierzylinder OM 904 LA
Atego x12: 4250 cm³ | 90 kW (122 PS) | 470 Nm bei 1200–1600 U/min
Atego x15: 4250 cm³ | 122 kW (150 PS) | 580 Nm bei 1200–1600 U/min
Atego x17: 4250 cm³ | 125 kW (170 PS) | 670 Nm bei 1200–1600 U/min

Mercedes-Benz 1735 · 1988–1991

Reihensechszylinder OM 906 LA
Atego x23: 6374 cm³ | 170 kW (231 PS) | 810 Nm bei 1200–1600 U/min
Atego xx28: 6374 cm³ | 205 kW (279 PS) | 1100 Nm bei 1200–1600 U/min
Atego xx33: 7210 cm³ | 240 kW (326 PS) | 1300 Nm bei 1200–1600 U/min

Zur Nutzfahrzeug-IAA 2004 kam schließlich das Facelift, bei dem die Blinker vergrößert wurden und die Front mehr an den neuen Actros (seit März 2003) angeglichen wurde. Die Motoren blieben, doch sie konnten nun mit einem neuen hydraulisch betätigten Schaltgetriebe namens G131-9 (Viergang-Grundgetriebe mit Splittung und Kriechgang [Crawler], sowie ein Rückwärtsgang) oder dem ebenfalls neuen G85-6 mit Telligent-Schaltautomatik (eine aus dem Actros übernommene Technik), die unter anderem auch die Brems- und Fahrhilferegelung (ABS, ASR, BAS etc.) übernimmt sowie weitere Funktionen wie etwa zur Wankregulierung bietet, kombiniert werden.

Noch Ende 2005 wurde das Motorenprogramm um einen neuen Reihenvierzylinder erweitert, der sich aufgrund seines deutlich geringeren Gewichtes gegenüber dem Reihensechszylinder OM 906 LA vor allem im Nutzlast-sensiblen 11,99-Tonnen-Segment rechnet. Der Atego x17 erstarkte zudem um 7 PS auf nun 177 PS (sowie um 5 Nm auf 675 Nm) und wurde zum Atego x18.

Zudem überarbeitete Mercedes das komplette Cockpit, das von da an äußerst modern und fast PKW-mäßig daherkommt und das es in drei verschiedenen Ausführungen gibt: als Verteiler-, Fernverkehrs- und Komfort-Variante, wobei alle Fahrzeuge serienmäßig mit dem Verteiler-Cockpit ausgerüstet sind, gegen Aufpreis aber mit den beiden anderen Typen ausgestattet werden können. Das Verteiler-Cockpit weist zudem eine schmale Brüstung auf, um den Durchstieg zum Beifahrersitz zu vereinfachen und kann auf Wunsch mit einem Mittensitz ausgerüstet werden. Die Fernverkehrs- und Komfort-Variante haben eine breite Brüstung mit zusätzlichen Ablagen, wertige Oberflächen (Komfort) oder viele Ablagen auf dem Motorblock (Fernverkehr). Eine weitere wichtige Neuerung waren die verbreiterten Betten, die nun mit 64,5 cm (unten) und 70 cm (oben) ausreichend breit geraten sind und zur zusätzlichen Steigerung des Komforts einen stark belastbaren Lattenrost aufweisen.

Neue Motoren (Reihenvierzylinder OM 924 LA)
Atego x18: 4250 cm³ | 130 kW (177 PS) | 675 Nm bei 1200–1600 U/min
Atego x22: 4820 cm³ | 160 kW (218 PS) | 810 Nm bei 1200–1600 U/min

Mercedes-Benz 1844 · 1991–1996

Zum Modelljahr 2006 erhielt der Atego Euro 4/5-Motoren, die mit der bereits aus dem Actros bekannten BlueTec-Technologie kombiniert werden. Die neuen Motoren im Einzelnen:
Reihenvierzylinder OM 904 LA
Atego x13: 4250 cm³ | 95 kW (130 PS) bei 2.200 U/min | 500 Nm bei 1200–1600 U/min
Atego x16: 4250 cm³ | 115 kW (156 PS) bei 2200 U/min | 610 Nm bei 1200–1600 U/min
Atego x18: 4250 cm³ | 130 kW (177 PS) bei 2200 U/min | 675 Nm bei 1200–1600 U/min
Reihenvierzylinder OM 924 LA
Atego x22: 4820 cm³ | 160 kW / (218 PS) bei 2200 U/min | 810 Nm bei 1400–1600 U/min
Reihensechszylinder OM 906 LA
Atego x24: 6374 cm³ | 175 kW (238 PS) bei 2200 U/min | 850 Nm bei 1200–1600 U/min
Atego x26: 6374 cm³ | 188 kW (256 PS) bei 2200 U/min | 970 Nm bei 1200–1600 U/min
Atego x29: 6374 cm³ | 210 kW (286 PS) bei 2200 U/min | 1120 Nm bei 1.200–1600 U/min
Actros: Der als Nachfolger der „Schweren Klasse“ (SK), auf der IAA Nutzfahrzeuge 1996, eingeführte Actros war nicht nur eine neue Modellreihe, sondern in vielen technischen Details ein komplett neues Fahrzeug. Als Nachfolger des „SK“ wurde er auch „Schwere Klasse Neu“, kurz SKN genannt. Im Jahr 2003 folgte die Modellpflege des Actros, genannt Actros MP2 (Modellprojekt 2).
Zu den Neuerungen gehörten: Elektronisch geregelte Druckluftbremsanlage („Telligent“-Bremsanlage, ein Kunstwort aus Telematik und intelligent) mit Scheibenbremsen an Vorder- und Hinterachsen (für Baustellen- und Geländeeinsatz sind weiterhin Trommelbremsen verfügbar); Einbindung der im Fahrzeug verbauten Steuergeräte in ein Netzwerk (CAN-Bus). Weiterentwicklung der bekannten elektropneumatischen Schaltung (EPS) zur „Telligent“-Schaltung mit neuen Getrieben. Neue Motoren der Baureihe 500 (V6 und V8) mit „Telligent“-Motorsteuerung. Flexibles „Telligent“-Wartungssystem. Neue Hinterachse HL 8, die keine Außenplanetenachse mehr ist.
Eine internationale Jury aus Fachjournalisten hat den Mercedes Actros zum „Truck Of The Year 1997“ und den Actros MP2 zum „Truck Of The Year 2004“ gewählt.
Gebaut wird der Actros im DaimlerChrysler-Werk in Wörth am Rhein.
Alle Actros-Motoren erfüllten zu Beginn die Euro-2-Abgasnormen, später auch Euro 3. Die im Actros erstmals ein-

gesetzte neue Baureihe 500 bekam die Bezeichnung „OM 501 LA" für die Sechszylinder und „OM 502 LA" für die Achtzylinder. „OM" Steht für Oelmotor, „L" für Ladeluftkühlung, „A" für aufgeladen, also mit Turbolader.

Die gesamte Baureihe wurde so konzipiert, dass für fast alle Motoren, egal welche Leistung, Teilegleichheit besteht. Die unterschiedlichen Motorleistungen werden fast ausschließlich durch Unterschiede der jeweiligen Software im Motorsteuergerät erzeugt.

Es wurden folgende Motorisierungen angeboten:
V-6-Motoren (OM 501 LA 1. Serie)
230 kW (313 PS) mit max. 1530 Nm Drehmoment
260 kW (354 PS) mit max. 1730 Nm Drehmoment
290 kW (394 PS) mit max. 1850 Nm Drehmoment
315 kW (428 PS) mit max. 2000 Nm Drehmoment
335 kW (456 PS) mit max. 2200 Nm Drehmoment
Die 335-kW-Variante wurde erst später ins Motorenprogramm genommen.

Mercedes-Benz Atego 815 · 1998–2004

V-8-Motoren (OM 502 LA 1. Serie)
350 kW (476 PS) mit max. 2300 Nm Drehmoment
390 kW (530 PS) mit max. 2400 Nm Drehmoment
420 kW (571 PS) mit max. 2700 Nm Drehmoment

Neu bei dieser Baureihe ist auch die Kraftstoffeinspritzung nach dem „Pumpe-Leitung-Düse"-Prinzip (PLD). Hierbei hat jeder Zylinder eine eigene Einspritzpumpe, die durch einen eigenen Nocken auf der Nockenwelle angetrieben wird, eine Verbesserung des Prinzips der seit Jahrzehnten verwendeten Steckpumpen. Die Kraftstoffversorgung der Pumpen erfolgt über eine mechanisch angetriebene Förderpumpe. Im Rücklauf der Einzeleinspritzpumpe befindet sich ein elektromagnetisches Ventil, das von der Motorregelung (MR) angesteuert wird. Dadurch kann die MR je nach Betriebszustand Einspritzzeitpunkt und Einspritzdauer bestimmen. Der Einspritzdruck wird mechanisch aufgebaut. Die Einspritzdüse öffnet bei etwa 300 bar, der maximale Einspritzdruck liegt bei bis zu 1800 bar.

Im Zuge des auf der IAA 2002 vorgestellten und im Frühjahr 2003 auf dem Markt eingeführten Facelifts wurde die Leistung und das maximale Drehmoment der Motoren, die nun alle die Euro-3-Norm erfüllen, leicht gesteigert.

Die neuen Leistungsstufen sind:
V6-Motoren (OM 501 LA 2. Serie)
235 kW (320 PS) mit max. 1650 Nm Drehmoment
265 kW (360 PS) mit max. 1850 Nm Drehmoment
300 kW (408 PS) mit max. 2000 Nm Drehmoment
320 kW (435 PS) mit max. 2100 Nm Drehmoment
335 kW (456 PS) mit max. 2200 Nm Drehmoment
V8-Motoren (OM 502 LA 2.Serie)
370 kW (503 PS) mit max. 2400 Nm Drehmoment
395 kW (537 PS) mit max. 2500 Nm Drehmoment
425 kW (578 PS) mit max. 2700 Nm Drehmoment
Sondermodell Black Edition:
450 kW (612 PS) mit max. 2800 Nm Drehmoment

Weiterhin beinhaltet dieses Facelift unter anderem ein überarbeitetes Fahrerhaus, bei Modellen bis 335 kW eine neue, leichtere Hinterachse (HL 6), sowie einige neue Sonderausstattungen. Beispiele dafür sind das Integralheck, bei dem einige Bauteile (Batterie usw.) so verlegt wurden, dass mehr Bauraum zum Beispiel für größere bzw. zusätzliche Kraftstofftanks oder Komponenten zur Abgasreinigung entstand. Weitere neue Sonderausstattungen sind besonders lichtstarke Xenon-Scheinwerfer, die Super-Single-Bereifung (ein Breitreifen mit Notlaufsystem ersetzt die herkömmliche Zwillingsbereifung), die konsequent auf den Betrieb mit nur einem Fahrer ausgelegte Single-Cab-Innenausstattung sowie die Integration von Anhängern und Sonderaufbauten in das CAN-Bus-System, um nur einige Beispiele zu nennen.

Das Topmodell der Actros-Baureihe ist der „Actros Black Edition". Er erschien 2005 und ist limitiert auf 250 Einheiten. Dieses Modell hat gegenüber den Serienmodellen eine gehobene Innenausstattung (Vogelaugen-Ahorn, Lederlenkrad, Sitzbezüge mit eingestanztem Mercedes-Benz-Stern). Von außen ist er erkennbar am speziell für dieses Modell gestalteten Kühlergrill mit Chromspange, neuer Bugschürze mit Edelstahlgitter, chromumrandeten Scheinwerfern und verchromten Außenspiegeln. Angetrieben wird der Actros Black Edition von einem V8-Turbodiesel mit 450 kW (612 PS) in Euro-3-Ausführung aus 15,9 l Hubraum.

Mercedes-Benz 1838 SK · 1991–1996

Euro-4- und Euro-5-Motoren

Im Jahr 2004 wurden abermals neue Motorisierungen für den Actros vorgestellt: Als erster Hersteller präsentierte Mercedes-Benz Motoren, die die künftigen Abgasnormen Euro 4 bzw. Euro 5 erfüllen. Wie später auch die meisten anderen Lkw-Hersteller setzt Mercedes-Benz hierfür die sogenannte SCR(Selective Catalytic Reduction)-Technologie ein. Hierbei werden die Abgase nicht, wie bisher bei Lkw-Motoren üblich, nur innermotorisch reduziert, sondern wie bei Pkws durch einen Katalysator im Abgasstrang gereinigt. In diesem Fall werden im SCR-Katalysator unter Zugabe von AdBlue (ungiftige, 32,5-prozentige Harnstofflösung, wird in einem separaten Tank mitgeführt und in den Abgasstrang eingespritzt) in einer chemischen Reaktion die giftigen Stickoxide in Stickstoff und Wasserdampf umgewandelt.

Dies hat den Vorteil, dass bei der Motorabstimmung die Stickoxid-Rohemissionen vernachlässigt werden können und der Motor somit auf einen möglichst geringen Ausstoß anderer Schadstoffe (z. B. Rußpartikel) ausgelegt werden kann. Somit entfällt der bisherige Zielkonflikt (reduzierte Stickoxid-Emissionen bewirkten erhöhten Ausstoß aller anderen Schadstoffe und umgekehrt). Durch die Vernachlässigung der Stickoxid-Rohemissionen kann außerdem der Wirkungsgrad des Motors erhöht werden, was einen niedrigeren Kraftstoffverbrauch und/oder höhere Motorleistung zur Folge hat. Nach derzeitigem Kenntnisstand wäre spätestens bei der Euro-5-Norm eine gleichzeitige Einhaltung der Rußpartikel- und Stickoxid-Grenzwerte nur mit innermotorischen Maßnahmen ohnehin nicht mehr möglich.

Um den Wirkungsgrad zu verbessern, erhöhte Mercedes-Benz das Verdichtungsverhältnis von 17,75:1 auf 18,5:1 sowie den Zünddruck von 170 auf 180 bar und führte weitere dafür notwendige Anpassungen durch. Dadurch konnte bei einigen Motoren die Leistung und das Drehmoment erhöht bzw. eine zusätzliche Leistungsklasse eingeführt werden. In Anlehnung an den Zusatzstoff AdBlue wird diese Technologie bei Mercedes-Benz als BlueTec4 (Euro 4) und BlueTec5 (Euro 5) bezeichnet.

Die BlueTec-Motoren wurden beim Actros schrittweise zwischen Ende 2004 und Anfang 2006 eingeführt und sind in folgenden Leistungsstufen erhältlich:

V6-Motoren (OM 501 LA 3.Serie)

235 kW (320 PS) mit max. 1650 Nm Drehmoment

265 kW (360 PS) mit max. 1850 Nm Drehmoment

Mercedes-Eenz Actros 1840 L · 1996–2003

300 kW (408 PS) mit max. 2000 Nm Drehmoment
320 kW (435 PS) mit max. 2100 Nm Drehmoment
335 kW (456 PS) mit max. 2200 Nm Drehmoment
350 kW (476 PS) mit max. 2400 Nm Drehmoment
V8-Motoren (OM 502 LA 3.Serie)
375 kW (510 PS) mit max. 2400 Nm Drehmoment
405 kW (551 PS) mit max. 2600 Nm Drehmoment
440 kW (598 PS) mit max. 2800 Nm Drehmoment
Die zuvor genannten Euro-3-Motoren bleiben vorerst weiterhin im Angebot, jedoch werden für innerhalb der EU zugelassene Neufahrzeuge ab Oktober 2006 die Euro-4-Norm und ab Oktober 2009 die Euro-5-Norm verpflichtend.

Unimog: Im Mai 1955 verlässt der erste Unimog S der Baureihe 404.1 das Montageband in Gaggenau. Im Gegensatz zu dem bisherigen, als Ackerschlepper konzipierten Unimog ist der Unimog S ein kleiner, hochgeländegängiger Lkw. Er verfügt über einen langen Radstand (2900 mm) und ist für den militärischen Einsatz bestimmt. Im Hintergrund steht vor allem die Bundeswehr, die 1955 gegründet wird. Sie wird im Laufe der langen Karriere des Unimog S zum Großabnehmer dieser Variante, die sich folgerichtig zum Unimog-Bestseller entwickelt.

Der Unimog S trägt das typische ovale Kühlergitter mit eingefassten Rundscheinwerfern der Nutzfahrzeuge von Daimler-Benz aus dieser Zeit Der Radstand wächst um rund einen Meter erst auf 2670, dann 2900 mm. Unter der Haube des Unimog S arbeitet auch kein Dieselmotor, sondern ein modifizierter Benziner aus dem Pkw. Er leistet anfangs 82 PS aus 2,2 Liter Hubraum (Motor M180, niedrig verdichtet mit einem Doppelvergaser), später sind es alternativ 110 PS aus 2,8 Liter (Motor M130 höher verdichtet mit 2 Doppelvergasern). Im Laufe der Jahre begeistern sich nicht nur Kunden in Uniform für den Unimog S, er erfreut sich auch bei zivilen Kunden zunehmender Beliebtheit. Der Unimog 404S erwies sich als der beliebteste Unimog überhaupt und wurde bis 1980 insgesamt in einer Stückzahl von 64242 Stück produziert. Er wurde somit zum erfolgreichsten Unimog aller Zeiten.
1963 wird die das Unimog-Programm ergänzende neue Baureihe 406 vorgestellt. Das erste Modell verfügt über einen 65 PS starken Sechszylinder-Dieselmotor. Im Bauzeitraum wird die Motorleistung schrittweise auf bis zu 110 PS gesteigert. Der Radstand des U 406 beträgt 2380 Millimeter. Für viele ist diese Baureihe der typische Uni-

WILLEMS
G
TRUCK '97
ACTROS
1843
D WW 274

Mercedes-Benz Actros 1843 L · 1996–2003

mog. Die Fertigung des auch mit kippbarem Fahrerhaus lieferbaren U 406 läuft bis 1988.
1966 stellt das Unternehmen das Unimog-Programm neu zusammen: Zum kleinen Mercedes-Benz Unimog U 34 aus der Gründerzeit kommt nun die mittlere Baureihe 406 mit dem Modellen U 70, später mit steigender Leistung weiter entwickelt zu U 80, und U 84. Die Zahlen stehen jeweils für die Motorleistung in PS. Parallel dazu führt Daimler-Benz die Baureihe 416 mit 2900 Millimeter Radstand ein, entsprechend dem Unimog S. Sie besteht zunächst aus dem U 80, der in den nächsten Jahren über U 90 und U 100 bis zum starken U 110 wächst.
Dazu kommt die leichte Baureihe 421/403, später ergänzt durch die Reihe 413. Sie unterscheiden sich durch den Radstand und die Motoren, die zum einen vom Pkw abgeleitet sind (Reihe 421/U 40 mit 2,2 Liter Hubraum), und zum anderen vom Nutzfahrzeug stammen (Reihe 403/U 54 mit 3,8 Liter Hubraum). Auch diese Modelle wachsen bis zu ihrer Ablösung 1977 kontinuierlich in ihrer Leistung.
Mit dem U 120 der Baureihe 425 erweitert Daimler-Benz das Programm der vielseitigen Zug- und Arbeitsmaschinen durch eine zusätzliche schwere Reihe. Auffällig ist die neue, eckige Kabine mit einer großen, nach vorne zum Bug kaum abfallenden Motorhaube. Sie mündet in einer großflächigen, schwarzen Front. Die Optik dieses Fahrerhauses ist im Prinzip bis heute in ihren Grundzügen unverändert geblieben. Die Baureihe 425 beginnt 1974 mit 120 PS (kurz darauf 125 PS als U 125), 2810 mm Radstand und 9 Tonnen zulässigem Gesamtgewicht. Für die Bundeswehr beginnt 1975 die Fertigung der Baureihe 435 als Nachfolger des Unimog S, gekennzeichnet durch einen langen Radstand von 3250, 3700 oder gar 3850 Millimeter. Etwas weiter unten angesiedelt ist ab 1976 die Baureihe 424. Im Oktober 1974 verlässt der letzte U 411c mit 34 PS das Band in Gaggenau. Insgesamt wurden über 39000 Stück der Baureihe 411 (U 411, U 411a, U 411b, U 411c) gebaut.
Im gleichen Zeitraum sortiert Daimler-Benz wieder einmal die Typenbezeichnungen neu: In der inzwischen klassischen runden Form laufen die Modelle Mercedes-Benz Unimog U 600/L, U 800/L, U 900 und U 1100/L. Die neue eckige Form kennzeichnet die Modelle U 1000, U 1300/L, U 1500 und das Flaggschiff U 1700/L mit 124 kW (168 PS) Motorleistung. Der Buchstabe L steht für die Version mit langem Radstand, denn die meisten Modelle sind inzwischen in zwei Radstandsvarianten zu bekommen. Laufen die Unimog mit rundem Fahrerhaus als leichte Baureihe, so teilen sich die neuen Baureihen mit eckiger Kabine nach ihrem zulässigen Gesamtgewicht in eine mittlere und schwere Baureihe, manche Motoren überschneiden sich. Schließlich ergänzt immer noch der altbewährte Unimog S, wenn auch mit deutlich abnehmender Stückzahl, unverändert als einziger Benziner das Programm.

In den Jahren darauf bleibt das Unimog-Programm weitgehend konstant. Doch von 1985 bis 1988 geht es wieder mit neuen Modellen los: Mit den Baureihen 407, 417, 427 und 437 erneuert Daimler-Benz die gesamte Baureihe komplett. Basis ist das bekannte Fahrerhaus aus der mittleren und schweren Baureihe, das nun auch für die leichten Modelle eingeführt wird. Neue Radstände, Maße, Gewichte, Fahrwerke und Motoren ergeben unter dem Blech des Fahrerhauses komplett neue Fahrzeuge.
Das Programm ist nach der Rundumerneuerung größer denn je, reicht vom kleinen und besonders handlichen U 600 mit einer Leistung von 44 kW (60 PS) und 4,5 Tonnen Gesamtgewicht über unzählige Varianten nach neuerlichen Erweiterungen Anfang der neunziger Jahre bis hinauf zum Dreiachser U 2400. Seine Maschine holt aus sechs Liter Hubraum eine Leistung von 177 kW (240 PS). Der Zweiachser darf bis zu 14 Tonnen wiegen.
Insgesamt wurden in den Jahren 1988 bis 1992 789 Fahrzeuge der Baureihe 407 sowie ca. 2200 Fahrzeuge der Baureihe 417 im Werk Gaggenau gefertigt.
1992 lösen die neuen leichten und mittleren Baureihen 408 (U 90) und 418 (U 110, U 140) die Vorgängermodelle ab. Im Mittelpunkt steht ein rundum neu gestaltetes Fahrerhaus. Ins Auge fällt vor allem die sehr schräge Frontpartie, die eine gute Übersicht nach vorne vermittelt. Bei Bedarf erhält die Motorhaube einen asymmetrisch auf der Fahrerseite angeordneten Sichtkanal, er erlaubt gute Übersicht auf Anschlüsse und Anbaugeräte. Ein neuer Rahmen und progressiv wirkende Schraubenfedern verbessern das Fahrverhalten des Unimog.
Die komplett neu gestaltete Kabine mit einem angedeuteten Hochdach bietet deutlich mehr Platz als bisher, sehr übersichtliche Bedienungselemente und nicht zuletzt ein freundliches Arbeitsumfeld. Zu den technischen Besonderheiten des neuen Unimog zählen die während der Fahrt bedienbare Reifendruck-Regelanlage, Antiblockiersystem, neue Motoren aus dem Pkw-Bereich für den U 90 der leichten Baureihe sowie „Servolock“, eine Einrichtung zum hydraulischen Andocken von Arbeitsgeräten. Die neue Unimog-Generation sieht nicht nur eigenwillig und überaus funktionell aus, sie nähert sich mit ihren vielfältigen Einsatzmöglichkeiten auch mehr denn je einem immer wichtigeren Bereich von Abnehmern, den Kommunalbetrieben.
Im Jahr 2000 lösen die Modelle U 300, U 400 und kurz darauf der U 500 (Baureihe 405) die bisherigen mittelschweren und schweren Baureihen ab. Mit diesem Modellwechsel erhält der Unimog einen Technologieschub. Besonders augenfällig ist die modern und funktionell gestaltete Fahrerkabine aus Faserverbund-Werkstoffen. Die riesige, tief herunter gezogene Frontscheibe erlaubt einen sehr guten Blick auf die Frontanbaugeräte.
Im Innern lässt sich der Fahrerplatz mit Lenkrad, Instrumenten und Pedalen im neuen Unimog von der linken

Mercedes-Benz Axor 1 1843 · 2001–2004

SCHRÖDER
AXOR
1835
KO RF 858

auf die rechte Seite und wieder zurück wechseln. Was hier „VarioPilot" heißt, erweist sich vor allem für den wechselnden Einsatz in Kommunalbetrieben als überaus praktisch. Die neue Unimog Baureihe gibt es in den Radständen von 3080 mm, 3600 mm (U300, U400) und 3350 mm, 3.900 mm (U500). Das zulässige Gesamtgewicht variiert von 7,5 bis 15,5 Tonnen. Für spezielle Einsätze, zum Beispiel den Betrieb als Zugmaschine, gibt es den Unimog mit besonderen Sonderausstattungen, wie einer Wandlerschaltkupplung oder einer Fernbedienung mit Kabel.

Sowohl das Design des neuen Unimog als auch diese Features unterstreichen, dass er verstärkt die Richtung der Baureihen 408/418 einschlägt: Noch immer ist er ein guter Geländewagen, doch der Schwerpunkt liegt nun beim Einsatz als Geräteträger. Weitere Merkmale des neuen Unimog: permanenter Allradantrieb, die elektropneumatische Schaltung „Telligent", die neue Leistungshydraulik „VarioPower" und neue, leistungsstarke Motoren von 110 kW (150 PS) bis 205 kW (280 PS) nach dem Abgasstandard Euro 3.

Seit 2002 wird der Unimog in zwei Baureihen produziert: 405 und 437. Die Baureihe 405 (U 300 bis U 500) ist als Geräteträger konzipiert. Neben der für Geräteträger relativ hohen Geländegängigkeit (permanenter Allradantrieb, 100 % Steigfähigkeit, hohe Bodenfreiheit durch Portalachsen) wurden mit der Leistungshydraulik und der Wechsellenkung (Lenkung und Pedale lassen sich in 30 Sekunden von links nach rechts verschieben) Neuheiten entwickelt, die zu einer effektiven Nutzung der Fahrzeuge beitragen. Die hochgeländegängige Baureihe 437.4 (U 3000 bis U 5000) verwendet mit dem OM 900 die gleiche Motorbaureihe. Die Achsaufhängung (Schubrohrachsen) und der gekröpfte Rahmen unterscheiden die Baureihe jedoch deutlich vom Geräteträger und setzen im Hinblick auf Geländegängigkeit die Tradition der alten Baureihen fort.

Charakteristisch für alle Unimog sind der Aufbau auf einem Leiterrahmen mit einer Hilfsladefläche (oder einem Sonderaufbau), die Portalachsen (der Antrieb der Räder von den Differentialgetrieben erfolgt über Vorgelegegetriebe im Achsportal, dadurch liegen die Achsrohre und Differentialgehäuse deutlich über dem Mittelpunkt der Räder und es wird eine sehr hohe Bodenfreiheit erreicht), diese Portalachsen wurden in den schnelleren Fahrzeugen mit Planetengetrieben ausgestattet, das Getriebe mit integriertem Verteilergetriebe (auf Wunsch auch mit zusätzlichen Untersetzungen der Arbeits- und Kriechganggruppe erhältlich) für den während der Fahrt zuschaltbaren, bzw. auch permanenten Allradantrieb.

Alle Unimog-Baureihen sind zur Erfüllung der Abgasgrenzwerte Euro 4 mit der „BlueTec"-Technologie von Mercedes-Benz ausgerüstet. Dabei wird erstmals eine Abgasnachbehandlung im Unimog eingeführt: Während

Unimog U 140 · 1992–2000

U 140

die Partikelgrenzwerte noch durch innermotorische Maßnahmen erreicht werden können, wird zur Erreichung des Stickoxid-Grenzwerts ein SCR-Katalysator eingesetzt. Dabei handelt es sich um einen Reduktionskatalysator, der Stickoxide (NOx) mit Ammoniak (NH3) zu Wasser (H2O) und Stickstoff (N2) umwandelt. Zum Betrieb des Katalysators ist die Eindüsung eines Reduktionsmittels z.B. mittels einer Dosierpumpe ins Abgas erforderlich („AdBlue"®). Mit dieser neuen Technologie sind die Unimogbaureihen bereits für die Erfüllung zukünftiger Abgasgrenzwerte gerüstet, und es wird gleichzeitig die Leistung und der Wirkungsgrad der Motoren gesteigert.
Transporter: Die Transporter von Mercedes, Nutzfahrzeuge mit einem zulässigen Gesamtgewicht bis 7,5 Tonnen, lassen sich in drei Gruppen einteilen, in Kleintransporter (2,65 t bis 3 t), mittlere Transporter (2,4 t bis 4,6 t bzw. 6,0 t) und Großtransporter (3,5 t bis 7,5 t).
Kleintransporter: Hier wurde in Deutschland von 1988 bis 1995 die Baureihe MB 100 angeboten.
Das Fahrzeug war nur mit einem einzigen Motor (OM616), dem 2,4-Liter-Diesel mit 72 PS, zuletzt 75 PS, wie er auch im nächstgrößeren 207D verwendet wurde, lieferbar. Die Herstellung erfolgte in dem im Jahr 1981 aufgekauften Werk Vitoria in Spanien. Konkurrenten waren unter anderem der VW Transporter und der Ford Transit, Nachfolger war der Mercedes-Benz Vito.
Das Grundkonzept der Frontlenkerbauweise mit vorne längs eingebautem Motor und Frontantrieb und einer nicht selbsttragenden Karosserie auf einem Rohrrahmen geht auf die Kleintransporter DKW F 1000 L und Tempo Matador zurück. Als direkter Vorgänger hinsichtlich des technischen Konzepts gilt der Harburger Transporter, der in den frühen sechziger Jahren entwickelt wurde und dessen Bauzeit 1977 endete. So war der MB100 für eine Entwicklung der achtziger Jahre in einigen Details nicht mehr zeitgemäß (z.B. Drehstabfederung an der Vorderachse, die regelmäßiges manuelles Abschmieren mittels Fettpresse verlangt), hatte aber bauartbedingt einen sehr

Mercedes L 319 · 1957–1961

Mercedes L 407 D · 1974–1986

großen Laderaum im Verhältnis zur Fahrzeuggröße und übertraf in dieser Hinsicht seine Konkurrenten.
Durch die Kombination aus Frontmotor, Frontantrieb und Rohrrahmen war der MB100 gut als Basis für Sonderaufbauten geeignet. Insbesondere Verkaufswagen, oft mit deutlich verlängertem Rahmen und hinterer Doppelachse, aber auch Abschleppwagen oder Möbelkoffer und sogar Linienbusse wurden von verschiedenen Fahrzeugbauern auf dem Fahrgestell des MB100 gefertigt.
Zum Modelljahr 1992 wurde der MB100 überarbeitet. Äußerliches Erkennungsmerkmal war die nun schräg verlaufende Kühlerpartie. Die verlängerte Frontpartie sollte unter anderem die passive Sicherheit des Fahrzeugs erhöhen.
Als Nachfolger des MB 100 wurde von 1996 bis 2003 der Vito aus der Baureihe W 638 gebaut, der in folgenden Ausführungen erhältlich war:
als Mixto mit 2 Sitzreihen und kleinem Laderaum
als Kleinbus, genannt Transporter, mit 3 Sitzreihen
als Kastenwagen (1 Sitzreihe, großer Laderaum)
Vito F mit Westfaliaeinbauten (umklappbare Rücksitzbank mit Bettfunktion) als alltagstaugliches Freizeitmobil und optionalem Aufstelldach mit Dachbett
Vito Marco Polo – kompaktes Reisemobil mit Westfaliaausstattung (Aufstelldach mit Dachbett, Küchenzeile mit Kühlbox und Gasherd, Rücksitz-/Liegekombination, Schränke etc.)
Nachfolger des W 638 ist seit 2003 der W 639, der als gewerbliche Transporter-Variante (Vito) und private Van-Variante (Viano) ausgeliefert wird und mit zwei unterschiedlichen Radständen, drei Baulängen und zwei Dachhöhen erhältlich ist.
Vito und Viano gibt es mit zwei V6-Benzinmotoren mit 3,2 und 3,7 Litern Hubraum, sowie auch mit unterschiedlich starken 2,2-Liter-Vierzylinder-Dieselmotoren und einem 3,0-Liter-V6-Dieselmotor (CDI). Letzterer ist ein 150 kW starker Common-Rail-Diesel und bietet ein maximales Drehmoment von 440 Nm, das den Viano in 9,7 Sekunden von 0 auf 100 beschleunigt. Es ist Allradantrieb für gewisse Motorvarianten in Verbindung mit Automatikgetriebe erhältlich.

Mittlere Transporter: Im Jahr 1977 brachte Mercedes-Benz einen neuen Transporter auf den Markt, der intern als T 1 bezeichnet wurde. Andere Bezeichnungen waren Baureihe TN und Bremer Transporter, da das Fahrzeug in den

Mercedes 100 · 1987–1994

ersten Jahren im Werk Bremen gebaut wurde. Der T1 war der erste Kleintransporter, den Mercedes-Benz selbst entwickelte, zum Vorgängermodell war man durch die Übernahme von Hanomag-Henschel gekommen. Der T 1 war ein robustes Fahrzeug, das als Kastenwagen, Kleinbus und Pritschenwagen (auch als Doppelkabine) mit drei unterschiedlichen Radständen zur Verfügung stand. Die zulässigen Gesamtgewichte reichten von 2,55 t bis 4,6 t, der Antrieb erfolgte wahlweise durch Benzin- oder Dieselmotoren aus dem eigenen Haus. Auch als Wohnmobil wurde der T 1 verwendet. Von Mercedes-Benz selbst angeboten wurde der von Westfalia ausgebaute James Cook.

Die Typenbezeichnungen entsprechen dem Schema, das Mercedes-Benz auch bei größeren Lastkraftwagen anwendet, und setzen sich aus dem (abgerundeten) zulässigen Gesamtgewicht und der (ungefähren) Leistung in PS zusammen. So hatte ein 207 D bis 2,8 t Gesamtgewicht und 72 PS und ein 409 D bis 4,6 t Gesamtgewicht und 88 PS. Die 4er-Fahrzeuge sind an der zwillingsbereiften Hinterachse erkennbar und waren nur mit mittlerem und langem Radstand lieferbar.

Die Produktion wurde 1984 nach Düsseldorf verlegt und nach 18 Jahren Bauzeit 1995 eingestellt.

Der Mercedes-Benz Sprinter trat ab 1995 die Nachfolge des Mercedes-Benz T1 („Bremer Transporter") an. Es handelte sich um eine komplette Neuentwicklung mit einem vom Vorgängermodell erheblich abweichenden Erscheinungsbild. Das auffälligste Unterscheidungsmerkmal ist die schräg verlaufende Motorhaube im Unterschied zur kantigen „Schnauze" des T1. Der Sprinter wird mit drei unterschiedlichen Radständen sowie zwei verschiedenen Höhen angeboten und bietet ein Transportvolumen von bis zu 17 Kubikmetern.

Der neue Sprinter wird in einer noch größeren Variantenvielfalt angeboten, so gibt es nun vier Aufbaulängen (Vorgänger drei), drei Dachhöhen (Vorgänger zwei) sowie ein erweitertes Serien- und Sonderausstattungspaket. Ein erheblicher Vorteil ist die Laderaumschiebetür, die das seitliche Einladen von Europaletten ermöglicht. Angeboten wird er mit 4- oder 6-Zylinder-Diesel-Motor sowie einem V6-Benziner. Als Getriebe kommen ein 6-Gang-Handschaltgetriebe sowie ein 5-Gang-Automatikgetriebe zum Einsatz. ESP ist Teil der Serienausstattung.

Großtransporter: Der Mercedes L 319 kam 1956 auf den Markt und rangierte zwischen Kleintransportern und

Mercedes Sprinter · ab 1995

leichten Lkws. Dadurch betrat Mercedes Neuland und rundete sein Nutzfahrzeugprogramm nach unten ab. (Kleintransporter waren zu diesem Zeitpunkt noch nicht im Programm.) Der Motor war vorne angeordnet, der Antrieb erfolgte auf die Hinterachse.

Der L 319 konnte als Kasten-, Pritschenwagen und Tieflader, sowie als Omnibus (O 319) geordert werden. Die Fertigung erfolgte anfangs in Sindelfingen und Mannheim (Bus) und wurde 1961 ins ehemalige Auto-Union-Werk nach Düsseldorf verlegt. 1963 wurde der L 319 in L 405 (Diesel) bzw. L 407 (Benziner) umbenannt. Außerdem wurde das Programm ausgeweitet, so dass nun auch die Typen L 406 und L 408 zur Verfügung standen.

Trotz seiner sehr simplen Konstruktionsweise und seines bescheidenen Komforts wurde der L319 ein Verkaufserfolg, über 120000 Fahrzeuge konnten abgesetzt werden. Die Produktion endete 1967, Nachfolger war der noch erfolgreichere Mercedes T 2 („Düsseldorfer Transporter").

Der T 2 stand als Kastenwagen, Pritschenwagen (auch als Doppelkabine) und Bus zur Verfügung. Die Karosserie war ab 1977 für Kastenwagen und Bus in zwei verschiedenen Breiten lieferbar. 1981 gab es ein Facelift, auffälligster Unterschied war der Kühlergrill, der nun aus schwarzem Kunststoff bestand.

Die Produktion von Kasten- und Pritschenwagen der ersten Generation endete nach 19jähriger Bauzeit und ca. 450000 Exemplaren im Jahr 1986, der Bus wurde noch eine Weile weiterproduziert.

Die zweite Generation des T2 kam 1986 auf den Markt und wurde bis 1996 gebaut. Dabei handelte es sich um eine komplette Neuentwicklung, die Haube war ein Stück länger geworden, das Design insgesamt kantiger. Obgleich die Bezeichnung „Vario" erst mit der 3. Generation einführt wurde, wird sie häufig auf die Fahrzeuge der T2-Serie angewandt. Die Unterschiede sind gering. Der T2 wurde vorranging mit Dieselmotoren ausgestattet. Es gibt 10 Typ-Variationen: 508 D, 609 D, O 609 D, O 611 D, O 614 D, 709 D, 711 D, 809 D. 811 D, 814 D. Lediglich eine Variation des T2 fährt mit Benzin, nämlich das Modell Mercedes 510.

Seit 1996 kommt der T 2 aus dem Werk Ludwigsfelde und heißt seitdem Vario. Die Unterschiede zum Vorgänger sind recht gering: Scheinwerfer, Blinker und Kühlergrill wurden neu gestaltet; der Innenraum wurde überarbeitet.

OPEL

Während des Krieges hatte das Opel-Werk Brandenburg die Dreitonner Blitz S und Blitz A in großen Stückzahlen gefertigt. Die gleichen Modelle hatte ab 1944 die Daimler-Benz AG auf Druck des Generalbevollmächtigten für das Kraftfahrwesen unter der Typenbezeichnung 701 nachzubauen.
Das Rüsselsheimer Stammwerk musste während des Krieges 1942 die Fahrzeugfertigung aufgeben und produzierte neben Motoren auf Anweisung der Reichsregierung Flugzeugteile für die Firma Junkers in Dessau. Im August 1944 wurde das von der Muttergesellschaft aufgegebene Werk zu 50 Prozent zerstört.
Nach dem Krieg zögerte die General Motors Corporation zunächst aufgrund der hoffnungslos erscheinenden Lage in Deutschland, das als sogenanntes Feindvermögen abgeschriebene Unternehmen wieder zu übernehmen. Die amerikanische Militärregierung in Groß-Hessen führte das Werk zunächst in Treuhänderschaft. Als erstes wurden die ärgsten Trümmerstellen beseitigt und die Maschinen geborgen. Die Produktionsanlagen für den Opel Kadett wurden vertragsgemäß als zusätzliche Reparationsleistung in den Osten geschafft.
Die Militärregierung erteilte, nachdem schon wieder Ersatzteile gefertigt werden konnten, Anfang 1946 die Genehmigung zum Bau des 1,5-Tonners, der von 1938 bis 1942 ebenfalls in Brandenburg produziert worden war und für den der Motor aus der Kapitän-Baureihe zur Verfügung stand. Die Werkzeuge für das Fahrgestell, die Achsen, das Getriebe, die Karosserie und für die Pritsche mussten von vorhandenen Typen kopiert werden, da ja alle Nutzfahrzeugunterlagen und Einrichtungen vor dem Krieg nach Brandenburg abgegeben worden waren.
Im Juli 1946 konnte unter Überwindung erheblicher Materialschwierigkeiten der erste Nachkriegs-Lkw ausgeliefert werden. Insgesamt montierte das Werk mit wieder 7075 Beschäftigten in diesem Jahr 839 Opel-Blitz-Laster, die mit Benzin oder mit Holzgasgeneratoren betrieben werden konnten.
Eine Besonderheit des als Pritschen- und als Kastenwagen gefertigten 1,5-Tonners war die „vollfliegende", ungeteilte Stahlguss-Hinterachse, die an Halbelliptikfedern aufgehängt war, so dass die Achse unberührt von den Verwindungen des Rahmens blieb. Der ungekröpfte Rahmen war mit einer hinteren K-Traverse, vier Querträgern und einer Stoßstange, die über die gesamte Fahrzeugbreite ging, versteift.
Die Fahrerhäuser waren in Stahl-Holz-Bauweise ausgeführt. Darauf hinzuweisen ist an dieser Stelle, dass die Firmen Kämper und Selve Einbaudieselmotoren bereithielten, so dass der Opel Blitz auch wirtschaftlicher mit einem Dieselmotor gefahren werden konnte.
1947 verließen schon 3219, 1948 7063 und mit der Währungsreform 1949 11574 1,5-Tonner die Werkshallen. Bis 1951 wurden von diesem Modell über 37 000 Stück gefertigt.
Am 1. November 1948 übernahm die General Motors Corporation wieder die Kontrolle über das Rüsselsheimer Werk.
Nachdem die Daimler-Benz AG 1949 wieder in der Lage war, eigene Dreitonner zu bauen, gab sie die noch vorhandenen Teilesätze des Opel-Blitz-Dreitonners an das Rüsselsheimer Werk ab, wo von 1950 bis 1954 dieser Typ mit dem 3,6-Liter-Motor in 467 Exemplaren vorwiegend als Omnibus karossiert wurde.
Der Wiederaufbau des Werkes war 1950 abgeschlossen, und das Opel-Werk bot neben diesen Schnelllastern mit

Opel-Blitz 1,7 t · 1952–1960

den Modellen Olympia und Kapitän wieder ein attraktives Programm an Personenwagen an.
Im Jahre 1952 stellte das Werk den neuen 1,75-Tonner vor, der nach amerikanischem Vorbild mit einer sogenannten Alligatorschnauze, integrierten Kotflügeln und einem Stahlblechfahrerhaus Aufsehen erregte. Das Fahrerhaus war an fünf Punkten vollelastisch aufgehängt. Das Fahrgestell aus U-Trägern konnte mit zwei verschiedenen Radständen geliefert werden.
Die Leistung des Motors betrug zunächst 58, ab 1955 62 PS und verlieh dem Fahrzeug eine Höchstgeschwindigkeit von 95 km/h. Eine Synchronisation des 2. bis 4. Ganges des stets von Opel gebauten Getriebes erleichterte das Schalten. Die Nutzlast wurde 1955 durch die Verstärkung der Achsen auf 2 Tonnen erhöht. Gleichzeitig kam anstelle des Röhrenkühlers ein Lamellenkühler zum Einbau.
Um die Vergaserwagen im Stadtverkehr wirtschaftlicher fahren zu können, konnten Treibgasflaschen am Rahmen angebracht werden. Das überaus erfolgreiche Fahrzeug, das den Absatz 1954 auf 13165 Exemplare hochschnellen ließ, wurde neun Jahre lang unverändert als Pritschen-, Kasten-, Post-, Polizei- und Kommunalwagen sowie als Omnibus, Sattelschlepper und als Kleinfeuerwehr mit einem Metz-Aufbau in über 89767 Einheiten hergestellt, wobei die Sonderaufbauten von renommierten Karosseriefirmen gefertigt wurden.
1959 präsentierte Opel auf der Frankfurter IAA einen 1,9-Tonner mit einer modernen Kurzhaube und einer Vollsichtwindschutzscheibe. Die Leistung des gedrosselten und in das Fahrerhaus hineinragenden Kapitän-Kurzhubmotors betrug 70 PS. Auch bei diesem Modell konnten wieder zwei Radstände gewählt werden. Eine vollsynchronisierte Lenkradschaltung trug zum Komfort dieses 1960 in den Serien-

Opel-Blitz 1,7 t · 1965–1975

bau gegangenen Schnelllastwagens für den Kurzstreckenverkehr bei. Die von der Karosseriefabrik voll hergestellten Kastenwagen wurden mit Schiebetüren versehen.
1964 wurde die Nutzlast auf 2,1 Tonnen erhöht, wobei anzumerken ist, dass die Schnelllaster nun aus dem Bochumer Zweigwerk kamen. Bis 1965 wurden über 40000 Modelle dieser ersten Kurzhaubenversion gebaut.
1965 erschien der modernisierte Kurzhauber der zweiten Generation mit eckigerer Form als 1,7- und als 1,9-Tonner zunächst mit einer 70-PS-Vierzylindermaschine aus der Rekord-Pkw-Baureihe. Im Dauergebrauch stellte sich jedoch heraus, dass dieser mit 5000 Umdrehungen arbeitende Motor für diesen Typ nicht geeignet war. 1966 folgte dann der Blitz 2,1 mit der neuen, gedrosselten 80-PS-Sechszylindermaschine des Kapitäns. Das Fahrzeug besaß eine überdurchschnittliche Beschleunigung und eine Höchstgeschwindigkeit von 100 km/h. Nachdem der Absatz dieser letzten (größeren) deutschen Vergaser-Lastwagen beträchtlich zurückgegangen war, entschloss sich das Opel-Werk endlich zum wahlweisen Einbau eines sparsamen Dieselmotors. Da zunächst keine eigenen Dieselmotoren zur Verfügung standen, wurde ab 1968 ein Vierzylinder-Dieselmotor der Marke Peugeot-Indenor mit einer Leistung von 60 PS eingebaut. Da dieser Motor mit der gleichen Drehzahl wie der Vergasermotor arbeitete, konnte das Getriebe beibehalten werden. Die Nutzlast wurde für die Vergaser- und für die Dieselversion schließlich ab 1967 auf 2,4 Tonnen gesteigert. Trotzdem konnte der Absatz nicht mehr stabil gehalten werden. Nachdem die Verkaufszahlen eine rationelle Fertigung nicht mehr zuließen und das Montageband in Bochum für die überaus erfolgreiche Kadett- und Ascona-Produktion gebraucht wurde, gab Opel 1975 die traditionsreiche Lkw-Fertigung nach einer Gesamtmontage von über 218000 Fahrzeugen in der Nachkriegszeit auf. Dabei entfielen auf den letzten, zehn Jahre lang gebauten Kurzhauben-Typ immerhin 47368 Stück. Bis in die achtziger Jahre hinein vertrieb Opel dann mit mäßigem Erfolg die englischen Bedford-Schnelllaster mit einem Opel-Abzeichen als Bedford-Blitz.

VOLKSWAGEN

Das Volkswagenwerk beschloss, nachdem die Firmen Opel und Hanomag aus dem Kleinlastwagenbau ausgestiegen waren und der VW-Transporter durch die in der Nutzlast größeren Ford-Transit-Modelle stark bedrängt worden war, eine eigene Kleinlastwagenproduktion im Transporterwerk Hannover einzurichten. Das Werk stellte dann im April 1975 die LT-Baureihe mit den Modellen LT 28, LT 31 und LT 35 vor. Aufgrund der Modellbreite erfolgte ein gestaffelter Produktionsablauf, so dass das LT-35-Modell erst Anfang 1976 produziert werden konnte.

Die LT-Reihe, die inzwischen bis zum 3,4-Tonner angewachsen war, verfügte über Einheitsfahrgestelle für die Kastenwagen und für die Pritschenwagen sowie über ein Einheitsfahrerhaus. Während die Kastenwagen eine selbsttragende Karosserie besaßen, wurden die Pritschenwagen mit einem Kastenprofilverbund aus Längs- und Querträgern aufgebaut.

Das kleine LT-35-Modell war vorne mit einer Einzelradaufhängung an Doppelquerlenkern versehen. Die Modelle ab dem LT-40-Typ waren lastwagenmäßig mit Starrachsen ausgerüstet. Das modern konstruierte Fahrerhaus war aufwendig mit aktiven und passiven Sicherheitselementen sowie mit einem ergonomisch gestalteten Fahrerplatz versehen.

Im Gegensatz zu den VW-Transportern kamen wassergekühlte Reihenmotoren mit konventionellem Hinterachs- oder mit Allradantrieb zum Einbau.

Der 75 PS starke Vergasermotor von Audi kam zunächst zum Einbau in den LT 35. Um das Fahrzeug auch mit einem Dieselmotor auszustatten, schloss das Volkswagenwerk, da noch kein eigener Dieselmotor zur Verfügung stand, mit dem britischen Motorenhersteller Perkins einen Vertrag über die Lieferung eines Vierzylindermotors, der dann ab Mitte 1976 zur Verfügung stand. Der 65 PS starke Wirbelkammermotor wurde in dem damals zum Perkins-Unternehmen gehörenden Massey-Ferguson-Hanomag-Werk in Hannover-Linden gebaut. Rund 32000 Modelle wurden mit diesem Motor ausgestattet.

VW LT 45 · 1978–1985

Da der Perkins-Motor nicht die an ihn gestellten Erwartungen erfüllte und z. B. seine Drehzahl stark von der Drehzahl des Vergasermotors abwich, was zur Verwendung von zwei verschiedenen Getrieben führte, entwickelte das Volkswagenwerk aus dem Golf-Dieselmotor ein 2,4-Liter-Triebwerk mit 75 PS Leistung. Auch dieser Motor arbeitet im Wirbelkammerverfahren. Ein Volkswagen-Einheitsgetriebe mit vier oder auf Wunsch fünf Gängen für die Vergaser- und mit fünf Gängen für die Dieselversionen steht seitdem zur Verfügung. Durch Tieferlegung des Motors konnte die bisher ungünstig hohe Motorabdeckung niedriger gehalten werden.

1978/79 erweiterten die 2- und 2,5-Tonner LT 40 und LT 45 das Kleinlastwagenprogramm aus Hannover. Im gleichen Jahr konnte mit einer Fertigung von 30500 Exemplaren das 100000. LT-Fahrzeug seit Produktionsbeginn ausgeliefert werden.

Die Modellpalette war dabei inzwischen auf Kastenwagen, Pritschenwagen mit normaler oder langer Ladefläche, Kipper, Doppelkabiner mit kurzer Ladepritsche und auf verschiedene Spezialversionen angewachsen. Zwei verschiedene Radstände konnten gewählt werden. Die Marktanteile im deutschen Kleinlastwagenbereich reichten über die 40-Prozent-Marke hinaus.

1979 wurde die ursprüngliche Vierzylinder-Vergasermaschine durch die Vergaserversion des Dieselmotors ersetzt, die mit leichter Drehzahlerhöhung 90 PS leistete.

Den äußerst gut gelungenen Sechszylinder-Dieselmotor brachte das Volkswagenwerk in diesem Jahr auch in einer aufgeladenen Version heraus, die 102 PS abgibt und sich durch einen günstigen Drehmomentverlauf auszeichnet.

Gleichzeitig wurden die Fahrerhäuser leicht verändert. Die Innenausstattung wurde verbessert, die Kabine konnte geräumiger gestaltet werden. Mit dem extrem langen Radstand konnten nunmehr die LT-40/45/ 50-Modelle geliefert werden.

Erneut wurde das Fahrerhaus im Jahre 1985 innen verbessert. Die Scheinwerfer sind seitdem in rechteckiger Form gestaltet. Schließlich schloss 1987 der LT 55 für 3,4 Tonnen Nutzlast die noch bestehende Lücke zum kleinsten Modell der MAN-VW-Baureihe.

Eine Baureihe für sich bildet der LT 4×4, der mit extrem guten Fahreigenschaften im Gelände aufwartete. Dem serienmäßigen Schaltgetriebe war ein bei Bedarf untersetzbares Verteilergetriebe nachgeschaltet, welches die Kraft des Motors 1:1 auf Hinter- und die zuschaltbare Vorderachse übertrug. Beim Fahren mit der Untersetzung des Verteilergetriebes und wahlweise gesperrten Differentialen schaffte der mit Motoren von 75 PS bis 109 PS bestückte LT Steigungen von 45°. Den LT 4×4 gab es als LT 40 und LT 45 in allen Ausführungen, die für den 4x2 auch erhältlich waren, allerdings nur mit dem mittleren Radstand (2950 mm).

Die zweite Generation des LT war bei ihrem Erscheinen 1996 baugleich mit dem Mercedes-Benz Sprinter. Sie wurde gemeinsam von Mercedes-Benz und Volkswagen völlig neu entwickelt (Eurofahrgestell). Die LT wurden komplett bei Volkswagen Nutzfahrzeuge im Werk Hannover gefertigt, die Sprinter bei Mercedes in Düsseldorf. Bei der Karosserie kamen abweichend zum Vorgänger kraftschlüssig verklebte Front- und Heckscheiben, sowie Lacke auf Wasserbasis zum Einsatz. Als Mehrausstattung konnten eine mechanische Differentialsperre, Klimaanlage, Luftzusatzheizung sowie Fahrer- und Beifahrerairbag geordert werden.

Hauptsächlich angetrieben wurde der VW LT von 5-Zylinder-Dieselmotoren mit 2,5 Litern Hubraum und elektronisch geregelter Verteiler-Einspritzpumpe. Basis bildete die Saugvariante mit 55 kW (75 PS) die als SDI bezeichnet wurde. Weitere Varianten waren die Turbodieselmotoren

VW LT 35 · 1985–1994

mit Direkteinspritzung TDI und einer Leistungsbandbreite von 61 kW (83 PS) bis 80 kW (109 PS). Ergänzend gab es einen 4-Zylinder-Turbodieselmotor mit 2,8 Litern Hubraum, der von der Firma MWM an VW geliefert wurde und 92 kW (125 PS) leistete (später 131 PS). Dieses Aggregat wurde ab 2000 mit einer modernen Common-Rail-Einspritzung versehen und gewann dadurch an Laufkultur und Motorleistung (116 kW bzw. 158 PS). Zur Unterstützung der Motorkühlung wurde ein Lüfter mit Visco-Kupplung verwendet. Seit der Einführung gab es auch einen 2,3-Liter-Ottomotor von Mercedes-Benz mit 105 kW (143 PS), der allerdings praktisch unverkäuflich war und somit später entfiel. Diese Variante war auch als einzige mit einem Automatikgetriebe kombinierbar. Alle diese Aggregate wurden längs eingebaut und gaben die Kraft über eine Einscheiben-Trockenkupplung an ein synchronisiertes 5-Gang-Getriebe ab.

Es gab den LT 2 mit drei verschiedenen Radständen (3000 mm, 3550 mm und 4025 mm) sowie zwei unterschiedlichen Dachhöhen. Der längste Radstand ist gut an den gelben Seitenmarkierungsleuchten erkennbar. Aufbauvarianten waren Kasten, Kombi, Pritsche oder Fahrgestell mit Fahrerhaus bzw. Doppelkabine. Volkswagen bot auch ein Reisemobil auf der Basis des LT, in Zusammenarbeit mit Karmann in Osnabrück, unter dem Namen Florida an.

Das Fahrwerk hatte zur Verkleinerung des Wendekreises vorn eine quer liegende Blattfeder und zwei Einrohr-Stoßdämpfer, hinten kamen zwei längs verbaute Blattfedern zum Einsatz. Motor und Getriebe übertrugen die Kraft auf die Hinterachse, die ab dem LT 46 mit Zwillingsbereifung versehen war. Diese war auch beim LT 35 als Sonderausstattung erhältlich. Die Zahnstangenlenkung war in allen Varianten mit Servounterstützung ausgestattet. Die Bremsanlage war an Vorder- und Hinterachse mit Scheibenbremsen versehen, die vorn und ab LT 46 auch hinten innenbelüftet waren. Die Feststellbremse wirkte auf die Hinterräder und bestand aus einer kleinen, in die hintere Bremsscheibe integrierten Trommelbremse. Entsprechend der Einsatzaufgabe gab es eine Vielzahl unterschiedlicher Achsübersetzungen. Ein Allradantrieb wurde, abweichend zum Vorgänger, nicht mehr angeboten.

Auch die dritte Generation, von nun an nicht mehr LT, sondern Crafter genannt, ist nahezu baugleich mit dem Mercedes-Benz Sprinter. Optisch unterscheidet er sich, vor allem durch den wuchtigen Kühlergrill, deutlich von seinem Vorgänger. Als Antrieb dienen Fünfzylinder-Dieselmotoren mit Common-Rail-Einspritzanlage, Turbolader und Rußpartikelfilter.

Bus/Transporter: VW-Bus oder offiziell VW-Transporter ist der Name des werksintern als VW Typ 2 benannten Kleintransporters, also des zweiten zivilen Volkswagens nach dem VW-Käfer (VW Typ 1). Viele nennen ihn Bulli. Die Herkunft dieser Kurzform wird in der Zusammensetzung der Worte „Bus“ und „Lieferwagen“ vermutet. Das Volkswagenwerk schreibt die Namensgebung dem rundlichen (bulligen) Erscheinungsbild der charakteristischen VW-Bus-Front zu. Den Spitznamen hatte er bereits werksintern, bevor der Name „Bulli“ in der Öffentlichkeit gebräuchlich wurde.

Der VW-Bus erblickte 1948 als Prototyp eines Kleintransporters das Licht der Welt und ging ab 1950 in die Serienproduktion. Er ist ein typisches Kind des Wirtschaftswunders der damals noch jungen Bundesrepublik. Das Design seiner Frontpartie findet sich unter anderem bei der bekannten Diesellok V200 der Bundesbahn wieder und spiegelt den damaligen Zeitgeschmack und die Dynamik des Mobilitätsbedürfnisses als Zeichen des Aufbruchs in eine neue Zeit. Inzwischen wird der Transporter (T) in

der 5. Generation hergestellt, die deshalb mit T1 bis T5 bezeichnet werden, nicht zu verwechseln mit der Baureihenbezeichnung Typ 2.
Der VW Transporter wird als Kleinbus, Kastenwagen und Pritschenwagen angeboten.
Charakteristische Merkmale des T1, dessen Serienfertigung im März 1950 begann, sind der V-förmig zulaufende Bug mit dem großen VW-Logo sowie die zweigeteilte Frontscheibe („split window"), die aus zwei ebenflächigen im flachen Winkel zueinander geneigten Verbundglasscheiben bestand. Sie waren damals preisgünstiger herzustellen als gewölbte Scheiben. Das hatte zur Folge, dass die Scheibenwischer nur aus einer geraden Blechschiene mit eingesetzter Gummilippe zu bestehen brauchten, die bei Regen und Schnee zwei kleine Halbmonde als Sichtfeld auf die beiden Windschutzscheiben zeichneten. Auch alle anderen Scheiben der Standardversion des T1 waren ebenflächig. Fahrer- und Beifahrertür waren mit Schiebefenstern mit Knebelrasten und je einem schmalen drehbaren Ausstellfenster mit verriegelbarem Vorreiber ausgestattet.
Die einige Monate später begonnene Produktion des mit Dachfenstern und einer Verglasung der hinteren Karosserieecken versehenen „Fensterbusses", unter Fans später als „Samba-Bus" bekannten Modells besaß hingegen bereits gewölbte Scheiben und ein großes Stoffschiebedach.
Die Technik des T1 war weitgehend vom VW-Käfer abgeleitet worden. Der Heckantrieb wurde vom VW-typischen luftgekühlten Boxermotor mit anfänglich 24,5 PS in Bewegung gesetzt, zur Federung dienten hinten ein und vorne zwei Drehfederstäbe, gebremst wurde mit Trommelbremsen. Er besaß hinten eine Pendelachse und vorne eine zweifach gelagerte Bundbolzenachse mit Rosslenkung, deren Lenkbewegung vom Lenkhebel übertragen wurde. Das Vierspeichenlenkrad stand steil und war größer als beim Käfer.
Im Gegensatz zum Käfer hatte der T1 jedoch eine selbsttragende geschweißte Karosserie. In den ersten Transportern wurde auch das Getriebe des Käfers verwendet; die notwendige Untersetzung für die größeren und schwereren Transporterfahrzeuge wurde von Radsatzgetrieben übernommen, die sich an den Bremsträgerblechen am Ende der Achsrohre befanden. Diese Technik stammte vom VW-Kübelwagen. In den Achsrohren der Busse drehten sich daher die Antriebswellen im Gegensatz zum Käfer rückwärts, was durch den spiegelbildlichen Einbau des Differentials ermöglicht wurde. Die ersten Modelle besaßen noch eine Seilzugbremse und statt hydraulischen Stoßdämpfern mechanisch wirkende Ausgleichshebel. Jeder Achsschenkel war über drei Drehbolzen mit den beiden Drehfederstäben beweglich verbunden. Exakte Führung, Beweglichkeit und Verschleiß der Bolzen hingen von der regelmäßigen Schmierung der dazugehörigen Schmiernippel ab.

Der Absatz des Transporters entwickelte sich so erfolgreich, dass die Produktion am 8. März 1956 von Wolfsburg nach Hannover verlegt werden musste. Sein Aussehen und seine Technik begann sich mit den Modelljahren ebenfalls zu verändern:
Anfangs war der Transporter nur in grau oder blau zu haben und hatte bis 1954 keine Heckstoßstange. Die in den Seitenholmen der Fahrer- und Beifahrertüren einge-

VW-Transporter T1 · 1950–1967

bauten schwenkbaren Winker wurden nach einer Gesetzesänderung ab 1960 erst durch kegelförmige, ab 1963 durch flache elektrische Blinkleuchten ersetzt, die sich oberhalb der Frontscheinwerfer befanden. Ebenso veränderte sich die Heckpartie. Zunächst ganz ohne oder mit einer kleinen Heckscheibe, wurde die Verglasung stetig größer, der Motorraum und die Motorraumklappe dagegen kleiner. Das wurde durch Verlegung des Reserverades vom Motorraum in die Fahrgastzwischenwand möglich. Nun konnte das Fahrzeug auch oberhalb des Motorraums eine Heckklappe zum Beladen erhalten, die einfach mit einer Stützstange offengehalten werden konnte. Die Rückleuchten, anfangs klein und rund, erhielten mit dem T1b ihre charakteristische ovale Form mit integriertem Blinklicht.

Seit 1961 war die Motorleistung des VW-Busses der des Käfers voraus. Der Bus bekam einige Komponenten der

VW-Transporter T2 · 1967–1979

neu eingeführten Typ-3-Modelle (VW 1500, später 1600) und leistete zunächst mit einem 1350-cm³-Motor 37 PS, ab 1965 mit 1500 cm³ 44 PS. Dieser Motor wurde auch zu Tuningzwecken gern in Käfer eingebaut. Die stärkere Motorleistung hatte aber auch eine Verstärkung der Bremsanlage zur Folge. Die Trommeln mussten verbreitert werden und erhielten einen größeren Durchmesser. Gleichzeitig erhielt der Bus ab 1965 einen Hauptbremszylinder mit hydraulischem Zweikreisbremssystem.

Da die größeren Motoren mehr verbrauchten, musste der Tank für den 44-PS-Motor ab 1963 von 45 auf 50 Liter vergrößert werden.

Ab 1963 gab es für alle VW-Transportermodelle bereits wahlweise statt der zweiflügligen Klapptür die VW-Bus-charakteristische Schiebetür. Sie wurde für alle Modelle ab dem T2 zum Markenzeichen der VW-Kleintransporterfamilie.

Großer Beliebtheit erfreute sich der Transporter von Anfang an bei kleinen und mittleren Gewerbetreibenden, kleinen Baufirmen, bei Reisediensten für Kleingruppen und insbesondere beim öffentlichen Dienst wie Polizei, Feuerwehr, Bundesbahn, Bundespost und auch bei der Bundeswehr.

Der T2 stellt die technische und optische Weiterentwicklung des T1 dar, ist jedoch eine eigenständige Baureihe und wurde ab 1967 gebaut.

Der eckige T3 mit seiner typischen Kastenform kam 1979 auf den Markt. Während T1 und T2 vom VW-Typ 1 („Käfer“) abgeleitet waren und sich prinzipiell nur durch verstärkte Fahrwerkskomponenten und die selbsttragende Karosserie vom Käfer unterschieden, stellt der T3 das erste unabhängig von anderen Modellen entwickelte Transportermodell von VW dar. Abgesehen von der optisch total veränderten Karrosserieform besaß er auch viele techni-

VW-Transporter T3 · 1979–1992

sche Neuentwicklungen, wie beispielsweise die Einzelradaufhängung mit Dreiecksquerlenkern und Schraubenfedern, anstatt der bisherigen Längslenkerachse mit Drehfederstäben und einer Zahnstangenlenkung. Das Reserverad war beim T3 in einer speziellen Vorrichtung vorne unter dem Fahrzeugbug angebracht.
Der Motor war nach wie vor im Heck angeordnet, obwohl dieses Konzept bereits beim Erscheinen des T3 als überholt galt, weil so immer noch keine durchgehende Ladefläche von VW zur Verfügung gestellt werden konnte, während nun auch andere Hersteller mit ihren Modellen verstärkt auf den Kleintransportermarkt drängten. Entsprechend schlecht verkaufte sich diese Version des Bullis im Export. In Deutschland, den Niederlanden oder Österreich fand er aber nach wie vor seine Käufer.
Neben dem „Transporter" führte VW nun auch offiziell die Bezeichnung „Bus" ein, und ab 1981 das Modell „Caravelle" (ab Ende '83 in den Varianten C, CL, GL und Carat).
Der T3 gilt als robust und zäh, wie seine Vorgänger. Wegen ihrer robusten Bauweise wurden die Bullis gelegentlich mit „Schlachtschiffen" oder „Autoscootern" verglichen, auch weil sich unter den Stoßstangen Stahlbügel verbargen, die durch parallele Träger miteinander verbunden waren und so eine verbesserte Aufprallstabilität boten.
Mit der Einführung des T4 ab 1989 ging bei Volkswagen die Ära des Heckantriebs und des Heckmotors zu Ende. Außerdem war der T4 das erste Transportermodell von VW, das in drei unterschiedlich langen Karosserieversionen und Radständen erhältlich war. Das neue, zeitgemäße Antriebskonzept mit vorn quer liegendem Reihenmotor mit Antrieb der Vorderräder hatte zudem den Vorteil einer von hinten nach vorne durchgehenden tief liegenden Ladefläche.

VW-Transporter T4 · 1989–2003

Das Fahrwerk verfügte über Einzelradaufhängung, an der Vorderachse gab es eine Doppelquerlenkeranordnung mit einer Federung über Torsionsdrehstäbe. Hinten war eine zweigeteilte Schräglenkerachse mit Schraubenfedern eingebaut, die den tiefen Ladeboden ermöglichte. Als Lenkung kam eine Zahnstangenlenkung zum Einsatz, die bei Transportern mit Fünfzylindermotoren von einem hydraulischen Servoaggregat unterstützt wurde. Ab 1995 hatten alle T4 serienmäßig eine Servolenkung. Die beiden Vierzylindermodelle waren bei der Markteinführung noch mit 14“-Felgen ausgerüstet. An der Hinterachse kam bis 1996 eine Trommelbremse zum Einsatz. Die Bremsanlage war, wie bereits seit dem T2 üblich, mit einer lastabhängigen Bremskraftverteilung ausgerüstet, um eine gleichmäßiges Abbremsen aller Räder in allen Beladungszuständen zu gewährleisten. Ein Automatikgetriebe war nur mit Fünfzylindermotoren und eine Klimaanlage nur mit Motoren ab 2,0 l Hubraum verfügbar. Mit dem Modellwechsel des T4 1996 im Herbst 1995 erfolgte die „Große Produktaufwertung“ (GP). Auffällig daran war die Verlängerung der Vorderwagenkarosserie um acht Zentimeter bei Multivan und Caravelle. Der bis dahin rechteckige Kühlergrill erhielt das zum damaligen Zeitpunkt VW-typische „Smile-Face“, die Scheinwerfer des langen Vorderwagens wurden darüber hinaus keilförmig und er erhielt weiße statt gelbe Blinkleuchten. VW wollte damit die Pkw-Varianten Caravelle und Multivan optisch von den Transportermodellen abheben. Mit Einführung des langen Vorderwagens wurde auch erstmalig der Einbau des VR6-Motors – der damaligen Spitzenmotorisierung mit 103 kW / 140 PS – möglich. Ab 1998 war eine leistungsgesteigerte Variante des TDI-Motors mit 111 kW/150 PS erhältlich, äußerlich erkennbar an einem rotem „I“ im Schriftzug. Zeitgleich wurde auch eine leistungsschwächere Version des TDI mit 65 kW / 88 PS angeboten, dann mit einem blauen „I“. Ab dem Jahr 2000 ersetzte eine überarbeitete Version des VR6-Motors mit 150 kW / 204 PS das Vorgängertriebwerk, optisch durch einen Schriftzug

VW-Transporter T5 · ab 2003

V6 mit roter „6“ erkennbar. An allen Rädern waren jetzt Scheibenbremsen verbaut.

Der T5 stellt eine Weiterentwicklung des T4 dar und wird seit 2003 als fünfte Generation des VW-Transporters produziert. Wie der Vorgänger verfügt der T5 über einen quer eingebauten Frontmotor und Vorderradantrieb. Der joystickartige Schalthebel wurde in die Schalttafel verlegt und betätigt das Getriebe über Seilzüge. Die eleganteren Sondermodelle Caravelle, Multivan und California (Wohnmobil) unterscheiden sich in der Frontgestaltung vom einfachen Transporter durch Chromleisten. Der T5 weist nur wenige technische Neuerungen im Vergleich zu seinem Vorgänger auf. Die Nockenwellensteuerung der Fünfzylinder-Dieselmotoren wurden von den anfälligen Zahnriemen auf Zahnräder umgestellt. Die Fünf- und Sechszylinder-Modelle sind optional auch mit Automatikgetriebe und Allradantrieb erhältlich, der jetzt analog zu den Pkw-Modellen von Volkswagen 4motion heißt. Die Motor- und Rollgeräusche versuchte man besser in den Griff zu bekommen, indem ein sogenannter Fahrschemel eingeführt wurde (Entkopplung der Vorderräder vom Fahrgastraum). Die erzielten Ergebnisse sind gut, gehen aber zu Lasten des Gewichts und Kraftstoffverbrauchs. Der T5 wird sowohl in Hannover-Stöcken als auch im polnischen Posen gebaut. Beim T5 California wird das Basisfahrzeug (aus Hannover-Stöcken) in Hannover-Limmer zum Reisemobil ausgebaut.

Das Luxus-Modell der Multivan-Reihe trägt den Namen Multivan Business. Der Van ist ab 120000 Euro zu haben und ist serienmäßig mit Bi-Xenonscheinwerfern, Navigationssystem, Klimaautomatik, elektrischer Schiebetür, Einzelsitzen in Vollederausstattung, Entertainmentsystem und diversen Holzzierteilen ausgestattet.

Seit Ende 2006 sind die Dieselversionen des T5 auch mit Rußpartikelfilter erhältlich.

Ab Mitte 2007 bietet VW den Transporter mit verlängertem Radstand an. Die Fahrzeuglänge wächst somit auf 5,29 Meter.

NUTZFAHRZEUGE DER DDR

Die Isla de Ometepe in Nicaragua ist ein wunderschöner Flecken Erde. Sie besteht im wesentlichen aus zwei Vulkanen, die sich majestätisch aus dem mehr als 8000 Quadratkilometer großen See erheben. Die Menschen dort leben vor allem von der Landwirtschaft. Zugleich ist die Insel eine Art Reservat für eine in Deutschland fast ausgestorbene Gattung: Nutzfahrzeuge aus der DDR. Die Wägen gelangten nach dem Sieg der sandinistischen Revolution in den mittelamerikanischen Staat – auf dem Wege der sozialistischen Bruderhilfe. Auf Ometepe tun die Lastwägen und Kleintransporter noch heute ihren Dienst, indem sie etwa die Kaffeeernte oder auch die Kaffeeerntehelfer von A nach B transportieren. Das Beispiel zeigt, dass die Geschichte der DDR-Lastwägen noch nicht vorbei ist – auch wenn ihre neuen Kapitel kaum noch in Deutschland geschrieben werden, sondern in Mittelamerika, in Asien und in Afrika. Hierzulande ist der W50 noch gelegentlich bei Feuerwehren anzutreffen. Wenn die Löschfahrzeuge bei größeren Feuerwehreinheiten ausgemustert wurden, übernahmen viele kleine Einheiten die wegen der wenigen Einsatzstunden noch intakten Wägen.

Die ersten Schritte der Lastwagenproduktion in der DDR waren steinig. Der Zweite Weltkrieg hatte viele Fahrzeugfabriken zerstört oder völlig beschädigt hinterlassen. Von dem, was übrig geblieben war, demontierten die sowjetischen Besatzer vieles, etwa das in Plauen ansässige Werk der VOMAG, die in der Vorkriegszeit Schwerlastwagen produziert hatte. Auch das ehemalige Opelwerk in Brandenburg, wo der legendäre „Blitz" produziert worden war, verschwand so von der Bildfläche.

Während in Westdeutschland die Produktion von Nutzfahrzeugen schnell wieder anlief, allein 1946 wurden in der britisch-amerikanischen Bi-Zone 9160 Lkw produziert, entstanden in der Sowjetisch Besetzten Zone (SBZ) im selben Jahr 191 Exemplare eines Dreitonnertypen. Durch die Trennung der Wirtschaftsräume von West und Ost fielen vor allem den Betrieben in der SBZ viele Zulieferer weg. Die Autoindustrie der gesamten SBZ wurde 1948 in der zuvor auf Sachsen beschränkten IFA VVB (Industrievereinigung Fahrzeugbau Vereinigung Volkseigener Fahrzeugbetriebe) zusammengefasst. Sie umfasste etwa 40 Betriebe.

Als die Produktion schließlich anlief, wurden zunächst vor allem Vorkriegsmodelle wieder aufgelegt, etwa in Zittau. Im Januar 1950 liefen die ersten IFA Phänomen Granit 27 vom Band, die zunächst baugleich mit dem Vorkriegsmodell Phänomen 1500 S waren. Der Granit 27 hatte einen luftgekühlten Vier-Zylinder-Viertakt-Ottomotor an Bord, der aus knapp 2,7 Litern Hubraum eine Leistung von 50 PS schöpfte. Das reichte für eine Höchstgeschwin-

IFA H6 · 1952–1959

IFA
PR-04035

digkeit von 81 km/h. Die Nutzlast betrug zwei Tonnen. Der Granit 27 war ein Multitalent. Er diente als Basis für Krankenwagen ebenso wie für kleine Omnibusse, Kastenwägen und Löschfahrzeuge. Zwei Jahre später kam eine Allradversion hinzu.

Für kleinere Bedürfnisse gab es in den Nachkriegsjahren die Marke Framo. Im in Frankenberg/Hainichen ansässigen Automobilwerk wurde 1949 der zehn Jahre zuvor erschienene V500 wieder aufgelegt, in einer schon zu Kriegszeiten leicht modernisierten Version unter dem Namen V501. Herz des Kleintransporters mit 750 Kilogramm Nutzlast war ein thermosiphongekühlter Zwei-Zylinder-Zweitakt-Ottomotor mit einem halben Liter Hubraum. Das reichte für 17 PS und maximal 60 km/h. 1951 erhielt das Modell einen neuen Namen: V901. Dieser stand dafür, dass das Auto nun mit einem neuen, ursprünglich für Pkw konstruierten Motor mit 900 Kubikzentimetern Hubraum ausgestattet war. Es handelte sich um einen Drei-Zylinder-Zweitakter, der eine Leistungssteigerung um 7 PS, also um knapp 50 Prozent, erbrachte. Nun schaffte der Kleintransporter 70 km/h.

Eine Art von Neukonstruktion gab es in den Anfangsjahren aber doch: den bei Horch in Zwickau gebauten H3, ein Kind der Not. Der Bedarf an Nutzfahrzeugen war groß. Bei Horch waren zwar schon seit zwanzig Jahren keine Nutzfahrzeuge mehr gebaut worden, doch lagen in dem vom Krieg stark mitgenommenen Betrieb noch Maybach-Motoren auf Lager. Es handelte sich um wassergekühlte Sechs-Zylinder-Ottomotoren mit 100 PS und 4,2 Liter Hubraum. Zudem wurden die Pläne für den in Chemnitz während der Kriegsjahre entworfenen Union 1500 herangezogen, und aus dieser merkwürdigen Melange entstand der H3, ein, wie der Name andeutet, Fahrzeug mit drei Tonnen Nutzlast, 100 PS und einer Höchstgeschwindigkeit von 65 km/h. Dass dem H3 keine lange Produktionszeit beschieden sein würde, stand von Anfang an fest, er sollte nur dazu dienen, Restbestände noch sinnvoll zu gebrauchen. Die Restbestände reichten noch über die ursprünglich geplanten 300 Exemplare hinaus. Zwischen 1947 und 1949 entstanden 852 H3. Dafür musste sogar zusätzlicher Produktionsraum geschaffen werden, in Werdau entstand eine Außenstelle der Fabrik.

Mit Beginn der fünfziger Jahre begann der Nutzfahrzeugbau in der DDR auf eigenen Füßen zu stehen. Nachdem die Ressourcen für den H3 erschöpft waren, galt es, einen neuen Dieselmotor zu entwickeln. Dies geschah unter der Führung des ehemaligen VOMAG-Chefkonstrukteurs Wilhelm Keilhack, der als einer von wenigen in der DDR das nötige Knowhow für Motoren dieser Größe besaß. 1950 ging in Zwickau der H3A in Serie. Mit seinem wassergekühlten Vier-Zylinder-Wirbelkammer-Dieselmotor entfaltete das neue Fahrzeug aus sechs Litern Hubraum 80 PS. Die Nutzlast stieg auf 3,5 Tonnen. Optisch war das neue,

Barkas-Framo V 901 2 Z · 1954–1956

das erste in der DDR entwickelte Lkw-Modell, schnell zu erkennen, weil es mit einer Langhauber-Kabine ausgestattet war.
Der H3A hatte einen großen Bruder, den H6. Dieses Modell wurde 1951 in Leipzig vorgestellt. Es wurde in Werdau gebaut und war mit 6,5 Tonnen Nutzlast der erste – und letzte – Schwerlastwagen aus der DDR. Motorisiert war der H6 mit einem wassergekühlten Sechs-Zylinder-Wirbelkammer-Dieselmotor, mit neun Litern Hubraum und 120 PS (ab 1959 leistete der H6 150 PS). Es gab auch eine Omnibusversion. Doch war der Konstruktion kein allzu langes Leben beschieden. Nach gut 7000 gebauten Modellen wurde der H6 1959 eingestellt.
Anfang der fünfziger Jahre entstand auch der für das Militär gedachte allradgetriebene Dreiachser G5, der wie der H6 in Werdau fabriziert wurde, weil in beiden Modellen viele ähnliche technische Teile verbaut wurden. Der G5 wurde zur Ausgangsbasis für viele verschiedene militärische Spezialmodelle.
Die Entwicklung eines Nachfolgers des H3A hatte schon früh begonnen, 1952. Sie kam aber nur schleppend voran. Wie auch in der Pkw-Produktion wurde der Eifer der Ingenieure immer wieder durch Direktiven von oben und die mangelhafte Versorgungslage gebremst. Sechs Jahre später schließlich wurde der S4000 eingeführt, bereits nach vier Monaten wurde er vom stärkeren Nachfolger S4000-1 ersetzt. Die entscheidenden Fortschritte dieser Reihe waren die erhöhte Nutzlast – wie üblich transportierte auch hier der Name die Information – von vier Tonnen und der im S4000-1 um 10 PS stärkere Motor. Weil im Werk Sachsenring Zwickau Kapazitäten für den Trabant freigeschaufelt werden mussten, wurde die Produktion des S4000-1 1960 nach Werdau verlegt – und deshalb dort der H6 eingestellt.
Ruhiger verlief die Entwicklung während der Fünfziger im Bereich Kleintransporter. Der Framo-Modellreihe gewährte man 1954 eine optische Auffrischung. 1956 gab es zudem einen neuen Motor, den eigentlich für den Wartburg 311 konzipierten Drei-Zylinder-Zweitakter. Im Framo leistete das weiterhin mit 900 Kubikzentimeter Hubraum ausgestattete Aggregat 28 PS und beschleunigte das Vehikel auf 72 km/h. Die Nutzlast stieg um 50 auf 800 Kilogramm. Der technisch simple Framo V901 wurde zum Standardmodell in der DDR und zwischen 1951 und 1961 insgesamt 30.000-mal gebaut, in der Regel entweder als Kasten- oder als Pritschenwagen. 1957 änderte sich der Markenname: Aus Framo wurde Barkas. Zugleich rückte eine komplette Neukonstruktion im Bereich der Kleintransporter näher.
Im abseits gelegenen Werk Zittau war man unterdessen während der fünfziger Jahre damit beschäftigt, die Vorkriegsmodelle weiterzuentwickeln. Zum Granit 27 gesellte sich 1953 der mit zwei Tonnen Nutzlast beladbare Granit

IFA S 4000-1 · 1960–1967

VEB
VEB KRAFTVERKEHR
EISENACH
RUF 5321

Barkas B 1000 · 1965–1990

30, mit luftgekühlten Drei-Liter-Motoren sowohl in Otto- als auch in Dieselversion (diese mit dem Namen Granit 32). Der Granit 30 leistete 55 PS, ab 1954 sogar 60 PS. Er erreichte eine Höchstgeschwindigkeit von 85 km/h (mit Allradantrieb 80 km/h). Der Granit 32 brachte es auf 52 PS und 79 km/h Höchstgeschwindigkeit. 1955 bekamen die Autos eine optische Auffrischung verpasst. Die Scheinwerfer etwa waren nun in die Karosserie integriert.

Zur gleichen Zeit klagten die enteigneten früheren Inhaber des Werkes vor Gericht gegen die Verwendung der Namen „Phänomen“ und „Granit“. Also wurden die Autos für kurze Zeit in Garant umgetauft. 1957 wurde die Fabrik in VEB Robur Werke Zittau umbenannt. Ab da war neue Markenname für die Autos Robur (lateinisch für „Steineiche“).

Nach dem 1960 erschienenen Robur LO 1800 (Nutzlast 1,8 Tonnen) brachten die Zittauer 1961 den grundsätzlich technisch ähnlichen, nur tragkräftigeren Robur LO 2500 auf den Markt. Wiederum waren Zweirad- oder Allradantrieb erhältlich, ebenso wie luftgekühlte Otto- oder Dieselmotoren, beide 70 PS stark. Diese Konstruktion war auf möglichst große Flexibilität, was Aufbauten betrifft, hin ausgelegt. Die Nutzlast war auf 2,5 Tonnen gestiegen. Der LO 2500 kam in den folgenden Jahren auch als Kastenwagen und als Omnibus mit Kapazität für 18 Personen auf den Markt. Mit 18 Personen allerdings waren bei 70 PS keine befriedigenden Fahrleistungen mehr zu erreichen. Die Nutzfahrzeuge aus Zittau waren zwar beliebt, doch die Fertigungszahlen von 5000 bis 7000 pro Jahr bei weitem nicht ausreichend angesichts der insgesamt 5000 Mitarbeiter an den verschiedenen Standorten. Zudem wurden in diesem VEB so gut wie keine Investitionen in die Fertigungstechnik getätigt. Im Laufe der sechziger Jahre, parallel zum Aufstieg der Produktionsstätte Ludwigsfelde, geriet die Autoproduktion in diesem südöstlichen Zipfel der DDR immer mehr in die Sackgasse. Allein die enge Bindung an die Armee hielt das Werk am Leben. Das Ende war schon beschlossen. Doch der Bedarf an Nutzfahrzeugen war weiterhin groß. Also durfte es dann in Zittau doch weitergehen. Die beiden Grundmodelle 1800 und 2500 wurden über die Jahre so weiterentwickelt, dass zumindest die Nutzlast steigen konnte. Zu einer gänzlich

Robur LO 3000 · 1973–1985

neuen Modellreihe kam es aber nicht mehr. Zum wichtigsten Modell wurde der Robur LO 3000 mit drei Tonnen Nutzlast. Er wurde inklusive aller Varianten wie Allradantrieb oder Dieselmotor bis 1990 87000-mal gebaut.
1965 wurde zur Geburtsstunde des bedeutendsten Lkw aus der DDR, des W50. Das Modell war zuvor schon jahrelang im Geheimen vorbereitet worden. Die Ingenieure des Fahrzeugwerks Werdau bastelten ohne Genehmigung an einem neuen Standard-Lastwagen. Als Staatschef Walter Ulbricht 1962 auf dem Bauernkongress überraschend einen neuen Fünftonner für die Landwirtschaft einforderte, konnten die findigen Werdauer Autoentwickler ihr Konzept aus der Schublade ziehen. Es wurde zur Grundlage des W50. Um dieses Auto in großen Stückzahlen zu produzieren, wurde der VEB Ludwigsfelde in der Nähe von Berlin kurzerhand mit enormem Aufwand erweitert und somit zum Zentrum der Nutzfahrzeugproduktion in der DDR.
Vom W50 wurden von 1965 bis 1990 insgesamt mehr als 570000 Exemplare gebaut. Den Antrieb besorgte ein wassergekühlter Vier-Zylinder-Wirbelkammer-Dieselmotor mit 6,5 Litern Hubraum. Das Aggregat entfaltete in der ursprünglichen Version 110 PS, ab 1967 125 PS. Das Getriebe bestand aus fünf Gängen, die zwischen dem zweiten und dem fünften synchronisiert waren. Der W50 war mit verschiedenen Personenkapazitäten zu erhalten: zweitürig mit zwei Sitzen, zweitürig mit vier Sitzen und sogar viertürig mit Platz für acht Insassen.
Mit dem W50 hatte man sich nicht nur vom Haubentyp verabschiedet, sondern zudem ein einfaches und zugleich robustes Fahrzeug geschaffen, das sich für die unterschiedlichsten Aufbauten hinten eignete. Die größte Schwäche des W50 aber war der für den Betrieb mit Volllast oder Anhänger zu schwache Motor.
Zwei Jahre nach der Einführung kam der W50LA auf den Markt, der sich durch einen zuschaltbaren Allradantrieb auszeichnete. An diesem Modell war nicht nur die Nationale Volksarmee interessiert. Es wurde zum Exportschlager, 30 Prozent gingen ins nicht-sozialistische Ausland. In den achtziger Jahren lag die Exportrate teilweise bei 70 Prozent. Das war von der Staatsführung durchaus so gewollt, sorgte aber in der heimischen Wirtschaft zunehmend für eine Unterversorgung.

Die Geschichte des W50 verlief in mancher Hinsicht ähnlich wie die des Personenwagens Trabant. Anfänglich durchaus auf der Höhe der Zeit, blockierte die Führung auch wegen der Versorgungsengpässe über Jahrzehnte nötige Weiterentwicklungen. Die Konkurrenz in anderen Ländern aber ruhte nicht. So war in den achtziger Jahren auch der W50 technisch hoffnungslos veraltet.
1987 kam ein Nachfolger auf den Markt. Der L60 brachte vor allem durch seinen wassergekühlten Sechs-Zylindermotor mit gut neun Litern Hubraum bei 180 PS und das synchronisierte Acht-Gang-Getriebe technisch einen kleinen Fortschritt, optisch änderte sich aber nicht viel. Mit dem L60 in der Version als Pritschenwagen ließen sich sieben Tonnen Nutzlast durch die Gegend karren. Nur wurde diese Weiterentwicklung nicht mehr lang gebraucht (Ohnehin wurde der Vorgänger W50 parallel weitergebaut). Das Ende der DDR und damit auch der dortigen Nutzfahrzeugproduktion stand bereits vor der Tür.
Die Periode Anfang der sechziger Jahre war nicht nur in Bezug auf größere Nutzwagen die ergiebigste der DDR-Geschichte. Auch im Kleintransporterbereich war die Zeit für ein neues Modell gekommen. Der komplett neu entwickelte Barkas B 1000 kam 1961 auf den Markt. Bereits seit zehn Jahren hatten die Entwickler an einem Nachfolger der Framo-Reihe getüftelt, die, abgesehen vom Motor, noch aus Vorkriegszeiten stammte. Der B1000 wurde nicht mehr, wie gewohnt, über die Hinter-, sondern über die Vorderachse angetrieben. Der Motor stammte wie schon beim Vorgängermodell aus der Wartburg-Entwicklung. Ab 1962 wurde dem B1000 das neue Aggregat mit einem Liter Hubraum implantiert. Zwar war der Motor immer noch ein wassergekühlter Drei-Zylinder-Zweitakter. Nun leistete er aber 42 PS. Damit ließ sich an der 100-km/h-Marke kratzen, zu mehr als 95 km/h reichte es dann aber doch nicht. Ein ganz wesentlicher Fortschritt war die gesteigerte Nutzlast. Mit dem B1000 konnte man eine Ladung von einer Tonne kutschieren. Zunächst war der Kleintransporter als Kastenwagen und als Kombi erhältlich. 1965 kam auch eine Pritschenversion hinzu.
Der B1000 wurde ähnlich wie der Lastwagen W50 zum Vermächtnis der Nutzwagenproduktion der DDR. Auch am B1000 wurde zwar hier und da noch gebastelt. Doch im Prinzip blieb die robuste Konstruktion knapp 30 Jahre und 175000 gebaute Exemplare lang der Standard-Kleintransporter – bis zum Ende der DDR.
Danach ereilte alle in diesem kurzen Abriss genannten noch gebauten Modelle das gleiche Schicksal: Zwar wurden hier und da noch Rettungsversuche unternommen, etwa indem westdeutsche Motoren eingebaut wurden. Doch auch, weil der osteuropäische Markt zusammenbrach, hatten die DDR-Modelle keine Chance mehr und verschwanden schnell vom Markt. Doch sie leben weiter – in Nicaragua zum Beispiel.

Multicar M 25 · 1978–1991

TECHNISCHE DATEN (AUSWAHL)

BORGWARD

Typ	T	SP	Z	PS	Hubr.	Gew.
B3000	3,4	1942	6	78	3745	2790
B3000	3,1	1942	6	75	4962	3285
B4000/B533	4	1950	6	85	4962	3390
B2000/B2500	2,5	1951	4	60	3308	2085
B1500	1,5	1952	4	42	1758	1475
B1500	1,5	1952	4	60	1758	1390
B4500	4,5	1953	6	95	4962	3545
B1500/B511	1,5	1954	4	60	84,5	4700
B 2000 A/O	0,7	1955	6	82	2337	2450
B 2000 A/O	1,5	1955	6	82	2337	2600
B 2500 A/O		1955	6	82	2337	2600
B 2500 F	1,7	1955	4	60	3308	3270
B 4500/B 555	4,5	1957	6	110	4997	3545
B 1500 F/B611	1,5	1957	4	42	1758	1695
B 1500 F/B 611	1,5	1957	4	60	1493	1650
B 522	2,6	1959	6	82	2337	2400
B 622	2,8	1959	4	70	3331	2550
B 655	5,2	1959	6	110	4997	3600
B 2000 A/O	0,7	1960	6	80	2238	2500

BÜSSING

Typ	T	SP	Z	PS	Hubr.	Gew.
5000 S	5	1945	6	105	7412	5250
7000 S	7	1949	6	150	13539	7000
5500 S	5,5	1950	6	120	7983	5500
8000 S	8	1950	6	180	13539	7840
12000	12	1951	6	180	13539	11300
6000 S	6,3	1952	6	120	7983	5950
8000 S-13	8	1952	6	180	13539	8000
8000 U	7,8	1952	6	180	13539	8500
4000	4,5	1953	6	100	5430	4200
6500 S	6,5	1953	6	150	9842	6300
7500 S	7,5	1954	6	150	9842	6350
7500 U	8/9	1954	6	150	9842	6000
12000 T	12	1954	6	200	15025	11300
LS 7	6,4	1954	6	130	6754	5450
LU 7	6,6	1955	6	130	6754	5400
LS 11	8,2	1955	6	170	10872	6300
LU 11	8,6	1955	6	170	10872	6650
LS 5	5	1957	6	110	5430	3350
LS 7	6,4	1957	6	145	7150	5400

Typ	T	SP	Z	PS	Hubr.	Gew.
LU 7	6,2	1957	6	145	7150	5400
LS 1111 F/3	18	1957	6	170	10872	9000
LS 55 Burglöwe	4,8	1958	6	110	5430	3300
LU 55 Burglöwe	4	1958	6	110	5430	3650
LS 5	6,2	1958	6	115	5430	4500
LU 75	7,6	1959	6	110	5430	4400
LS 77	7,2	1959	6	145	7150	4800
LU 77	7,2	1959	6	145	7150	4800
LS 75	7,6	1959	6	115	5430	4400
LS 11	7,6	1959	6	192	11410	8400
LS 77 F	6,5	1959	6	145	7150	5450
Supercargo	8,8	1959	6	145	7150	5150
Commodore	8,9	1959	6	192	11410	7100
Commodore F	8,4	1959	6	192	11410	7100
LU 11	7,1	1960	6	192	11410	8900
Burglöwe	6,5	1962	6	126	5890	3960
LS 555	5,5	1962	6	110	5430	5000
Commodore	7,7	1962	6	192	11410	8275
Commodore	10	1962	6	192	11410	5900
Commodore	11	1962	6	192	11410	7000
Burglöwe Univ.	6,3	1963	6	126	11410	4180
Burglöwe SAK	6	1963	6	132	7416	5200
Burglöwe Univ.	5,5	1963	6	126	5430	4500
Supercargo	8	1963	6	145	7150	8000
Supercargo U	8,5	1963	6	150	7416	5145
Supercargo SK	8	1963	6	170	11410	6100
Commodore SE	14	163	6	192	11410	6250
Commodore	19	1963	6	192	11410	6650
Burglöwe 09-110	5	1965	6	110	5890	3950
Supercargo 14-185	8	1965	6	185	11600	6400
Supercargo 22-150	14,7	1965	6	150	7416	7300
Commodore U	8,6	1965	6	210	11600	7400
Commodore UK	8,1	1965	6	192	11410	7900
Commodore 16-210 S	10	1965	6	210	11600	6080
Commodore SK	8,6	1965	6	200	11410	7400
Commodore SS	10	1966	6	200	11410	5750
Commodore SK	9,8	1966	6	200	11410	6200
Commodore FS	9,9	1966	6	200	11410	6100
BS 11 L	6,2	1967	6	126	5890	4750
BS 14 L	8,2	1967	6	185	11580	6400
BS 16 L	8,7	1967	6	185	11580	7230
BS 16 L	8,8	1967	6	240	12136	7180
BS 19 L	12,5	1967	6	210	11580	6450

Erläuterungen: **T** Tonnage, **PS** PS-Leistung, **SP** Beginn der Serienproduktion, **Hubr.** Hubraum, **Z** Zylinderzahl, **Gew.** Gewicht

Typ	T	SP	Z	PS	Hubr.	Gew.
BS 22 L	13,4	1967	6	240	12316	8570
BS 22 S	14	1967	6	240	12316	7975
BS 11 K	5,9	1967	6	126	5890	5050
BS 14 K	7,9	1967	6	185	11580	6900
Commodore UK	8,1	1967	6	210	11580	7900
BS 14 AK	7,9	1967	6	150	7416	6700
BS 11 LT	6,6	1968	6	135	7416	5000
BS 12 LT	7,1	1968	6	135	7416	5080
BS 13 L	7,7	1968	6	156	7416	5280
BS 15 L	8,5	1968	6	192	11580	6500
BS 16 L	8,7	1968	6	240	12316	7230
BS 19 L	12,5	1968	6	240	12316	6450
BS 22 L	13,4	1968	6	240	12316	8570
BS 15 AK	8,2	1968	6	150	7416	6800
BS 19 K	10,7	1968	6	240	12316	8300
BS 13 L/A	7,6	1969	6	135	7416	5500
BS 14 L/A	8,2	1969	6	135	7416	5800
BS 14 L/A	8,2	1969	6	156	7416	5800
BS 15 L/A	9,2	1969	6	156	7416	5800
BS 15 L/A	8,5	1969	6	217	11580	6500
BS 16 L/B	8,7	1969	6	217	11580	7290
BS 16 L	8,5	1969	6	240	12316	7460
BS 16 UK	8,1	1969	6	240	12316	7900
BS 16 L/B	8,5	1969	6	280	12316	7520
BS 16 L/B	8,4	1969	6	310	12316	7580
BS 20 S2	12,4	1969	6	240	12316	7600
BS 22 L/B	13,2	1969	6	280	12316	8780
BS 22 L	13,1	1969	6	310	12316	8840
BS OM 20	2	1969	4	80	4560	2340
BS OM 27	2,7	1969	4	80	4560	2410
BS OM 35	3,5	1969	4	85	4560	2675
BS OM 40	3,9	1969	4	85	4560	2860
BS OM 45	4,4	1969	4	92	4940	3010
BS 12 L	6,8	1970	6	156	7416	5510
BS 15 L	8,7	1970	6	210	11580	5770
BS 16 SK	8,1	1970	6	240	12316	7900
BS 16 L	8,5	1970	6	240	12316	7460
BS 22 K	11,1	1970	6	240	12316	8560
BS 26 K	14,7	1970	6	240	12316	8560
BS 32 K	22,3	1970	6	240	12316	8550
BS 12 L	6,5	1971	5	192	9650	5810
BS 13 L	7	1971	5	192	9650	5840
BS 14 L	7,9	1971	5	192	9650	6075
BS 15 L	8,4	1971	5	240	9650	6075
BS 16 L	8,5	1971	6	320	12316	7490
BS 16 L	8,4	1971	6	320	12316	7690
BS 22 L	12,8	1971	6	320	12316	9165
BS 16 UK	7,8	1971	6	320	12316	8190
BS 22 L	13,3	1971	6	320	12316	9000
BS 26 K	15,1	1971	6	320	12316	10895

Typ	T	SP	Z	PS	Hubr.	Gew.
11.136 U	6,5	1972	6	136	5491	4450
13.136 U	8,2	1972	6	136	5491	4730
12.192 U	6,5	1972	5	192	9650	5810
13.192 U	7	1972	5	192	9650	5840
14.192 U	7,9	1972	5	192	9650	6075
15.192 U	8,4	1972	5	192	9650	6075
16.256 U	8,5	1972	6	256	12316	7330
16.320 U	8,4	1972	6	320	12316	7490
22.320 UNL	12,7	1972	6	320	12316	9250
13.136 UK	7,5	1972	6	136	5491	5450
16.320 UK	7,8	1972	6	320	12316	8190
26.320 UNL	12,7	1972	6	320	12316	9250

MERCEDES-BENZ

Typ	T	SP	Z	PS	Hubr.	Gew.
L 701	3,3	1944	6	68	3630	2495
L 4500	4,5	1945	6	112	7274	5300
L 5000	5	1949	6	120	7274	5450
L 3250	3,2	1949	6	90	4580	2900
L 3500	3,5	1949	6	90	4580	2950
L 4500	4,5	1950	6	100	4580	3300
L 6500	6,5	1950	6	145	8276	6500
LA 3500	3,5	1951	6	90	4580	2685
L 5500	5,5	1951	6	120	7274	5300
L 4500	4,5	1953	6	100	4580	3600
LP 311	3,7	1954	6	100	4580	3300
L 315	7,2	1954	6	145	8276	6000
LA 315	8,2	1954	6	145	8276	6000
LP 315	8,2	1954	6	145	8276	6700
L 325	6,5	1954	6	125	7295	5450
L 329	6,5	1956	6	145	8276	5500
LP 329	6,3	1956	6	145	8276	5700
LG 315	5,1	1956	6	145	8276	7600
L 326	8,6	1956	6	192	10810	6110
LP 326	9,2	1956	6	192	10810	6800
L 319 D	1,8	1956	4	43	1767	1750
Unimog 411	1,5	1956	4	30	1767	1950
L 319	1,8	1957	4	65	1897	1750
LA 329/LP	6	1957	6	145	8276	5500
L 330 Exp.	6,6	1957	6	125	8276	5450
L 331 Exp.	8,8	1957	6	150	10810	6150
L 321	5,5	1957	6	110	5104	3475
LP 321	5,6	1957	6	110	5104	3830
L 332	11,2	1958	6	172	10810	6250
LP 332 Exp.	11,2	1958	6	172	10810	7130
LP 333	8,9	1958	6	200	10810	6900
L 329	6,6	1958	6	172	10810	5400
LP 329	6,4	1959	6	172	10810	5600
L 337	7,2	1959	6	172	10810	4770
LP 337	7,7	1959	6	172	10810	4720

Typ	T	SP	Z	PS	Hubr.	Gew.
L 322	6,5	1959	6	110	5104	3650
LP 322	6,2	1959	6	110	5104	3960
L 312	4,7	1959	6	100	4580	3325
L 327	7,5	1959	6	110	5104	4150
LP 327	7,5	1959	6	110	5104	3400
L 337	7	1959	6	172	10810	4740
L 321	9	1960	6	100	4580	3500
LP 321	9	1960	6	100	4580	3630
LAK 329	7,5	1960	6	172	10810	7030
L 338	8	1960	6	180	10810	5350
LP 338	8	1960	6	180	10810	5500
LP 338	8	1960	6	180	10810	5500
LP 333	8	1960	6	180	10810	7000
LP 334	9,2	1960	6	192	10810	6740
L 334 B	8,7	1960	6	200	10810	7120
LP 334 B	8,3	1960	6	200	10810	7640
L 319 D	1,8	1961	4	50	1988	1975
L 319	1,8	1961	4	68	1897	1750
L 323	4	1961	6	100	4580	3350
L 328/36	4,8	1961	6	100	4580	3430
L 323/L 710	3/4	1961	6	100	4580	3350
LP 323/L 710	3/4	1961	6	100	4580	3450
L 322	6,5	1961	6	126	5675	3750
LP 322	6,5	1961	6	126	5675	4050
L 322/36	6,5	1961	6	126	5675	3750
L 327	7,5	1961	6	126	5675	4150
LP 327	7,5	1961	6	126	5675	4690
LAK 329/42	7,5	1961	6	180	10810	7030
L 334	9,1	1961	6	200	10810	6720
L321/ L328	9	1962	6	110	5104	3500
LP 321/LP 328	9	1962	6	110	5104	3650
LA 329 B	14,8	1962	6	180	10810	7150
L 332 B	11,5	1962	6	180	10810	7300
L 344 C	12	1962	6	200	10810	6910
LP 344 C	12	1962	6	200	10810	7180
L 322/L 1113	4	1963	6	126	5675	3900
LP 322/LP 1113	4	1963	6	126	5675	4050
L 323	3/4	1963	6	100	5675	3350
LP 323	/4	1963	6	100	5675	3450
L 311 B	9	1963	6	180	10810	7000
L 332 C	11,5	1963	6	180	10810	7300
LA 1518	7,5	1963	6	185	10810	7150
LP 1418	8	1963	6	185	10810	5500
L 1620	8,7	1963	6	200	10810	7120
LP 1620	8,3	1963	6	200	10810	7640
L 1413/L 327	9,3	1964	6	126	5675	4625
L 1418	8	1964	6	180	10810	5350
L 332/348	11,5	1964	6	180	10810	7300
L 1618	9	1964	6	180	10810	7000
L 1918	11,5	1964	6	180	10810	7300

Typ	T	SP	Z	PS	Hubr.	Gew.
L 1620	8,7	1964	6	210	10810	7120
LP 1620	8,3	1964	6	210	10810	7640
L 1920	12	1964	6	210	10810	6910
LP 1920	12	1964	6	210	10810	7180
L 2220	15	1964	6	210	10810	10560
LP 608	3	1965	4	80	3780	2850
LP 810	4	1965	6	100	5675	4000
LP 1013	6	1965	6	126	5675	4500
LP 1213	7,5	1965	6	126	5675	4500
LP 1418	8	1965	6	185	10810	6200
Unimog U 34	1,2	1966	4	34	1766	2300
LP 1216	8	1966	6	160	7980	4500
L 1413/L 327	7,5	1966	6	150	5675	4500
LPS 2020	12	1966	6	210/218	10810	6700
L 406 D	1,8	1967	4	55	1998	1750
L 408	1,8	1967	4	80	1897	1750
L 408 D	1,9	1967	4	80	3782	2310
LP 808	4,5	1967	4	85	3782	2970
LP 911 B	5	1967	6	110	5675	4100
L 1313	8,5	1967	6	120	5675	4200
LPS 2023	12,9	1967	6	230	11580	6700
LP 2223	13	1967	6	230	11580	8850
LPS 2024	12,8	1967	6	230	11580	6700
L 1623	8,4	1967	3	230	11580	7580
LP 1623	8,5	1967	6	230	11580	7350
L 1923	11,5	1967	6	230	11580	7080
LP 1923	11,5	1967	6	230	11580	7350
L 2623	14	1967	6	230	11580	11500
Unimog U 421	1,3	1968	4	55	2197	2400
L 406 D	1,8	1968	4	60	2197	1975
L 408	1,8	1968	4	85	2197	1750
L 408 D	1,8	1968	4	80	3782	1975
L 508 D	2,4	1968	4	80	3782	2330
L 608 D	3,1	1968	4	80	3782	2480
L 911 B	5	1968	6	110	5675	3750
L 1113 B	7	1968	6	130	5675	3925
LP 1113 B	6,5	1968	6	130	5675	4115
L 1513	9,5	1968	6	130	5675	5100
LP 1513	9,5	1968	6	130	5675	5300
L 1813	12,5	1968	6	130	5657	5300
L 1817	12	1968	6	170	8210	5900
L 1819	12	1968	6	192	8210	5900
LP 1619	9	1968	6	192	10810	6540
Unimog U 80	2,8	1969	4	80	3782	3200
Unimog U 416	2,4	1969	6	90	5675	3600
Unimog U 100	2,4	1969	6	100	5675	3600
Unimog U 125	2,4	1969	6	125	5675	3600
L1313	8,5	1969	6	168	5675	4200
LP 2224	13	1969	6	240	11580	8850
LA 2624	11	1969	6	240	11580	13300

Typ	T	SP	Z	PS	Hubr.	Gew.
Unimog U 421	1,5	1970	4	60	2456	2500
LP 811	4,5	1970	6	110	5375	3300
L 913	5,5	1970	6	130	5375	3400
LP 1617	10	1970	6	170	8720	5620
L 1517	9,5	1970	6	172	8720	5100
LP 1517	9,5	1970	6	172	8720	4610
L 1519	9,5	1970	6	172	8720	4900
LP 1519	9,5	1970	6	192	8720	5115
LP 1632	8	1970	V10	320	15950	7820
LP 1619 B	10	1971	6	192	8720	5620
LP 2232	12,5	1971	V10	320	15950	9450
Unimog U 110	2,5	1972	6	110	2778	2970
LP 1424	8	1972	6	240	11580	6620
LP 1626	8	1972	V8	256	12760	7530
LP 2226	12,5	1972	V8	256	12760	9250
LAPK 1632	7	1972	V10	320	15950	8675
LAPK 2632	14	1972	V10	320	15950	11150
L 911 B	5	1973	6	130	5765	3750
LP 813	4,5	1973	6	130	5765	3750
1626	8,5	1973	V8	256	12760	7500
407 D	2,4	1974	4	68	2399	2400
409 D	2,6	1974	4	88	2399	1960
409	2,4	1974	4	90	2277	2400
2226	12,7	1974	V8	256	12760	8240
2232	13,2	1974	V10	320	15950	8310
1013	5,5	1975	6	130	5765	4470
1413	8,5	1975	6	130	5765	5200
1613	10	1975	6	130	5765	5500
1017	5,5	1975	6	168	5765	4530
1417	8	1975	6	168	5765	5600
1617	10	1975	6	168	5765	5800
1419	7,5	1975	V6	192	9580	5800
1619	9,7	1975	V6	192	9580	6100
1424	8,4	1975	V8	240	12760	6360
1624	9	1975	V8	240	12760	6600
2224	16	1975	V8	240	12760	6800
1013	6,5	1976	6	130	5675	3450
Unimog 1300 L	3	1976	6	130	5675	4550
Unimog 1700 L	3,5	1976	6	168	5675	5500
2219	17	1976	V6	192	9570	6150
Unimog 600 L	1,9	1977	4	60	2404	2300
LP 709	3,5	1977	4	85	3780	3030
LP 809	5	1977	4	85	3780	3150
Unimog 1100 L	3,2	1977	6	110	5675	3500
L 613 D	3,4	1977	6	130	5675	3070
2224	15	1977	V8	240	12760	6600
L 1928	11	1978	6	280	11580	7380
LP 1113	7,5	1979	6	130	5675	3450
1719	9	1979	V6	192	9570	7000
L 2624	14,5	1979	6	230	11580	11300

Typ	T	SP	Z	PS	Hubr.	Gew.
1632	8,5	1979	V10	320	15950	7500
1625	9	1980	V8	250	14620	7000
2228	12,5	1980	V8	280	14620	9500
2628	15	1980	V8	280	14620	8580
1633	8	1980	V8	330	14620	8000
1936	12,2	1980	V8	354	14620	6795
1638	8	1980	V8	375	14620	8100
407 D	1,9	1981	4	72	2399	2065
1922	12,9	1981	V6	216	10960	6300
1924	11	1981	6	240	11580	7080
2233	12,5	1981	V8	330	14620	9500
2636	15	1981	V10	355	18263	8710
L 410	1,9	1982	4	95	2299	2065
1222	6,8	1982	V6	216	10960	4920
1422	8	1982	V6	216	10980	5955
1622	12	1982	V6	216	10980	6500
1617 C	8,2	1982	6	170	5958	4830
709	3	1983	4	90	3672	3150
809	4,5	1983	4	90	3972	3150
Unimog 1250	3,3	1983	V6	125	5675	4650
814	4,8	1983	6	136	5958	3500
914	5,5	1983	6	136	5958	3550
1419 C	8	1983	6	192	5675	5390
1114	6,5	1984	6	136	133	2800
1117	6,5	1984	6	170	5958	4150
1120	6,5	1984	6	200	133	2600
1314	8,5	1984	6	136	5958	4270
1317	8	1984	6	170	5958	4450
3120	8	1984	6	200	5958	4600
1414 C	9,5	1984	6	170	5958	5500
1614	12	1984	6	136	5958	4735
1617 C	8,2	1984	6	170	5958	4830
1636	8	1984	V10	355	18270	8100
817	4,8	1985	6	170	5958	3550
1420	8	1985	6	204	5958	5900
1635	8,1	1985	V8	354	14620	7900
2235	14	1985	V8	354	14620	9050
2244	14	1985	V8	435	14620	9100
508 D	2,1	1986	4	86	3782	2830
608	2,6	1986	4	86	3782	2920
613	3,4	1986	6	130	5675	3070
LP 813	4,1	1986	6	130	5675	3360
LP 913	5,7	1986	6	130	5675	3500
911 B	4,7	1986	6	110	5675	4005
1017	5,5	1986	6	168	5675	4710
1213	7	1986	6	130	5675	4705
1217	6,9	1986	6	170	5675	4835
1313	8,7	1986	6	130	5675	4255
1417 C	8,3	1986	6	170	5675	5660
1513	9,9	1986	6	130	5675	4840

Typ	T	SP	Z	PS	Hubr.	Gew.
1620 C	12	1986	6	204	5675	4970
1625	11,5	1986	V8	250	14620	6614
2220 C	17	1986	6	204	5675	6730
1513	9,9	1986	6	130	5675	4840
1620 C	12	1986	6	204	5675	4970
1625	11,5	1986	V8	250	14620	6615
2220 C	17	1986	6	204	5675	6730
507 K	2	1987	4	72	2399	2575
609 DK	2,6	1987	4	90	3972	2945
709 DK	2,4	1987	4	90	133	2800
809 DK	4,2	1987	4	90	3972	3205
1617 C	12	1987	6	170	5968	4980
2235	16	1987	V8	354	14620	7560
2635	15	1987	V8	354	14620	8725
1838 SK	11,1	1991	V8	381	12763	6460
1850 SK	11	1991	V8	503	14620	6900
1853 SK	11	1994	V8	530	14620	6770
1840 Actros 1	11,2	1996	V6	394	11946	6420
1887 Actros 1	11,1	1996	V8	571	15928	6890
814 D Vario	3,7	1996	R6	136	4250	3780
815 Atego 1	3,9	1998	4	152	4250	3430
1836 Actros 2	11,1	2002	V6	354	11946	6580
1840 Axor 2	11,3	2004	R6	401	11967	6650

FAUN

Typ	T	SP	Z	PS	Hubr.	Gew.
M6	3	1946	6	100	4170	5460
M8	3,7	1947	6	100	4170	6200
M 6	3	1948	4	90	5322	5650
F 45	4,5	1948	4	90	5322	6200
F 45	4,5	1948	6	100	4170	6100
F 60	6	1949	6	130	7983	8050
L 7	7,5	1949	6	150	13538	8500
L 7 V	7,5	1949	6	180	13538	6500
F 60 Sepp	7,1	1950	6	130	7983	6400
F 603	12	1954	6	130	7983	8000
L 900 K	16	1954	6	180	13538	12000
F 54/F 64	5	1955	4	85	5322	3700
F 56	5	1955	6	108	4706	3700
L 66	7,2	1955	6	125	7983	6200
F 68 Franz	8,4	1955	V8	170	10640	6700
F 68 V	8,6	1955	V8	170	10640	6800
L 908	12	1956	V8	170	10640	9900
L 912	16,5	1956	V12	250	15966	12000
F 24 B 255	1,7	1957	4	55	1498	1550
F 24 D 275	2	1957	4	70	3138	3100
K 20 (Muldenk.)	20	1957	V12	250	15966	16000
F 76 V	6,5	1957	6	150	7983	5500
F 78/38 V	6,5	1957	V8	160	8659	5500
F 78/49 V	8,6	1957	V8	170	10640	6800

Typ	T	SP	Z	PS	Hubr.	Gew.
F 687/49 V	9	1960	V8	195	12650	7500
K 10/26 A	10	1960	6	125	7983	9900
F 284 D/290	2	1961	4	70	3138	2300
F 50/435	9,6	1961	4	85	5322	4450
F 50/4400 V	11	1961	V6	125	7983	5350
L 908/425 A	12	1961	V8	178	12667	9600
L 912 P 46	12	1961	V12	265	19000	17000
F 687/49 V	7,1	1962	V8	200	12667	8900
F 24 B/255	1,7	1963	4	60	1698	1700
F 50/435	4,5	1963	4	85	5322	4450
L 10 Eurotrans		1963	V	275	12667	9000
F 24 DL/340	2	1964	4	60	3400	2300
F 284 D	2,7	1965	4	75	2650	2600
F 64/30	5,5	1965	4	85	5320	4500
F 64/6/30	5,5	1965	V6	126	9500	3200
F 688/ 41 KAN	7,5	1966	V8	115 x 140	2300	dto.
F 6103/40 VK	11,6	1966	V10	250	14600	10350
F 6083 K	14	1967	V8	210	11650	8000
F 6104 V	17,7	1967	V10	250	14550	10300
F 284 D	2,7	1967	4	80	2980	2500
F 689 K	8,2	1968	V8	230	12667	7750
F 610 K	8	1968	V10	250	14550	8000
F 6083 K	12	1968	V8	230	12667	10000

FORD

Typ	T	SP	Z	PS	Hubr.	Gew.
B 3000 Ruhr	3	1943	4	52	3285	2360
V 300 Rhein	3	1946	V8	95	3924	2540
BB-Spezial	2	1948	4	52	3285	2050
FK 3500 D	3,5	1951	6	90	4080	2880
FK 3500 V 8 L	3,5	1952	V8	95	3924	2540
FK 3500 DL	3,5	1952	6	90	4080	3600
FK 3500 DA	3,5	1952	6	90	4080	3095
FK 3500 V8 A	3,5	1952	V8	95	3924	3350
FK 4000 D	4	1953	6	90	4080	3150
FK 3500 DL	3,5	1953	6	90	4080	3200
FK 4000 S/D	4	1954	6	90/95	4462	3700
FK 2500	2,5	1955	V8	95	3924	2030
FK 2500	2,5	1955	V5	80	2797	2090
FK 3500	3,5	1955	V6	120	4195	2600
FK 4500 AL	4,5	1955	V6	120	4195	4150
G 398 SAM	2,9	1956	V6	92	3924	4400

HANOMAG

Typ	T	SP	Z	PS	Hubr.	Gew.
HD5N	5,1	1949	6	100	8553	5500
L28/1,5	1,5	1950	4	45	2799	1900
L28/2	2	1951	4	50	2799	2100
Pick-up	0,8	1952	4	50	2799	1845
L28/2,5	2,5	1953	4	65	2799	2600

Typ	T	SP	Z	PS	Hubr.	Gew.
L28/3	3	1954	4	70	2799	2625
AL28/65	1,5	1955	4	65	2799	2665
AL28/70	1,5	1955	4	70	2799	2665
Kurier	2	1958	4	50	2799	1890
Garant	2,5	1959	4	65	2799	2325
Markant	3,2	1959	4	70	2799	2430
Kurier L	1,9	1959	4	50	2799	1965
Kurier II	1,7	1961	4	50	2799	2250
Markant L	3,2	1961	4	70	2799	2075
Garant	2,6	1962	4	65	2799	2850
Kurier	1,9	1963	4	60	2799	1890
Kurier II	1,9	1963	4	60	2799	2040
Kurier O	1,9	1963	4	60	1797	1655
Kurier OL	1,9	1963	4	60	1797	1730
Kurier II OL	1,9	1963	4	60	1797	2040
AL 28	2,5	1963	4	70	2799	2810
Garant	2,7	1963	4	70	3331	2280
Markant	3,5	1965	4	80	3331	2450
Garant L	2,7	1966	4	70	3331	2350
Garant S	3	1966	4	70	3331	2390
Markant L	3,5	1968	4	80	3331	2500
F 45 O	2,4	1967	4	80	2835	3100
F 45/30	2,1	1967	4	65	2835	2150
F 55/39	2,6	1967	4	80	3142	2675
F 65/39	3,6	1967	4	80	3142	2700
F 66/39	3,5	1967	6	100	4253	2715
F 75/39	4,5	1967	4	80	3142	2860
F 76/39	4,5	1967	6	100	4253	2975
F 85/39	5,4	1967	6	100	4253	3065
F 46	2	1967	4	80	3142	2245
F 86/41	5,3	1970	6	115	4713	3155
F 46	2,3	1970	4	85	3782	2605
F 55 Ka/KB	2,8	1971	4	85	3782	2710
F 40 Ka/KB	1,7	1971	4	60	3782	2240
F 65 Kb	3,1	1971	4	85	3782	3190

HENSCHEL

Typ	T	SP	Z	PS	Hubr.	Gew.
HS 6	6	1949	6	140	8553	5400
HS 140	6,6	1950	6	140	8553	5650
HS 100	4,5	1951	6	100	5431	4500
HS 150	8	1952	6	150	150	2300
HS 115	5,2	1953	6	115	6126	5350
HS 115	5,2	1953	6	130	6126	5300
HS 170 T	8,5	1953	6	170	11045	7500
HS 3-170	20	1953	6	170	11045	9475
HS 100	5,5	1955	6	105	5431	4500
HS 120	6,2	1955	6	125	6126	5050
HS 165 T	9,2	1955	6	165	11045	6750
HS 145 T	8,2	1955	6	145	11045	6300

Typ	T	SP	Z	PS	Hubr.	Gew.
HS 115 A	5	1955	6	125	6126	5600
HS 145 T	8,2	1956	6	180	11045	6300
HS 90	4,5	1957	4	90	4080	3300
HS 95	5,2	1957	6	110	6126	3800
HS 120 T	6,7	1957	6	120	6126	5225
HS 120 T	6,7	1957	6	145	5934	5255
HS 3-125	9,3	1957	6	125	6126	7200
HS 120	6,2	1958	6	150	6126	5050
HS 120 T	6,8	1958	6	150	5934	5500
HS 100	6,5	1959	6	132	6126	4450
HS 95	5,2	1959	6	115	6126	4000
HS 170	11,4	1959	6	180	11045	7000
HS 3-180	16	1959	6	180	11045	14000
HS 3-180	11	1959	6	180	11045	7000
HS 3-125	9,3	1959	6	150	6126	6650
HS 165 TI	9,1	1960	6	192	11045	6900
HS 140 K	8	1960	6	192	11045	6800
HS 140 AK	7,9	1960	6	168	11045	7250
HS 140 S	10,8	1960	6	192	11045	5200
HS 165 TI	8,9	1960	6	192	11045	7100
HS 140 AK	8,3	1961	6	192	11045	7625
HS 3-125 K	12,4	1961	6	132	6126	7550
HS 34 TAK	16	1961	6	192	11045	14000
HS 12 HK	6,8	1962	6	132	6126	5150
HS 12 TL	6,8	1962	6	150	6126	5175
HS 12 HL	7,1	1962	6	132	6126	4900
HS 14 TL	8	1962	6	180	11045	5925
HS 19 HL	12	1962	6	192	11045	6800
HS 22 HBM	15,7	1962	6	150	6126	6225
HS 15 TL	8,5	1963	6	192	11045	6225
HS 15 HAK	7,9	1963	6	180	11045	6975
HS 16 TBM	11,3	1963	6	132	6126	4675
HS 19 HL	12,2	1963	6	192	11045	6800
HS 22 HAK	13,2	1963	6	192	11045	8375
HS 22 TS	15,5	1963	6	230	11045	6475
HS 22 TLN	16	1963	6	180	11045	5875
HS 26 HAK	12	1964	6	192	11045	9875
HC 5 EG	2	1964	4	60	3340	2465
HC 7 TL	4,1	1964	4	78	3865	3350
HC 9 TL	5	1964	6	119	5800	3785
HC 10 TL	5,7	1964	6	119	5800	3480
HC 11 TL	7,1	1964	6	119	5800	4335
HS 15 TS	14,5	1965	6	200	11045	5425
HS 16 TL	9	1965	6	210	11045	7000
HS 19 TL	11,9	1965	6	210	11045	7075
HS 20 HAK	11,7	1965	6	132	6126	8300
HS 22 TL	8	1965	6	210	11045	5050
HS 26 HK	15,7	1965	6	192	11045	10225
HS 12 TL	6,7	1966	6	150	6126	5225
HS 16 TL	8,2	1966	6	210	11045	7075

Typ	T	SP	Z	PS	Hubr.	Gew.
HS 16 TL	8,2	1966	6	240	11045	7100
HS 22 TL	13,7	1966	6	240	11045	8250
S 12 TS	7,7	1966	6	132	6126	4325
S 15 TS	9,6	1966	6	200	11045	5375
S 22 TS	15	1966	6	210	11045	6775
HS 16 HAS	9,6	1966	6	210	11045	6350
HS 26 HK	12	1966	6	210	11045	9325
HS 16 HAK	7,6	1966	6	180	11045	6975
HS 26 HAK	12	1966	6	192	11045	9550
HS 34 TAK	20	1966	6	192	11045	14000
F 111 L	6,1	1967	5	130	6490	4375
H 111 K	5,7	1967	5	130	6490	4730
F 112 L	6	1967	6	180	7790	4425
H 112 K	5,7	1967	6	160	7790	4800
F 122 L	6,7	1967	6	160	7790	5225
F 122 K	6,8	1967	6	160	7790	5200
H 140 Ak	8,3	1967	6	160	7790	6275
F 140 L	8,9	1967	6	160	7790	5450
F 141 L	8,1	1967	6	186	11943	6250
F 150 M	10	1967	6	160	7790	4925
F 151 S	9,2	1967	6	160	7790	5800
H 151 AK	7,8	1967	6	186	11943	7025
F 161 L	8,9	1967	6	230	11943	7075
H 161 S	10	1967	6	230	11943	5800
F 201 S-2	11,8	1967	6	230	11943	7125
F 221 LE	13,5	1967	6	230	11943	8450
F 221 M	15	1967	6	186	11943	6825
F 221 BM	15	1967	6	215	11943	6700
H 221 HK	12	1967	6	230	11943	9475
F 261 AK	15,8	1967	6	230	11943	10625
H 261 AK	15	1967	6	230	11943	10650
F 321 AK	19	1967	6	230	11943	12800
F 151 S	9,3	1967	6	230	11943	5250
F 150 L	8,9	1968	6	170	7790	5675
F 131 L	7,7	1969	6	170	7790	5250
F 221 LEL	12,9	1969	6	230	11943	8500
F 163 LL	8,8	1970	V10	320	15900	7400
H 122 AK	6,2	1970	6	160	7790	5750
F 161 L	8,9	1970	6	240	11943	7075
F 221 LE	13,5	1970	6	240	11943	8500
H 261 AK	11,7	1970	6	240	11943	9850
F 130 L	8,3	1971	6	130	5675	4625
F 150 L	9,3	1971	6	192	8720	5475
F 163 L	8,3	1971	V10	320	15950	7625
F 203 S-2	12	1971	V10	320	15950	19000
F 223 LN	13,2	1971	V10	320	15950	8750
F 193	8,7	1971	V10	320	15950	8000
F 263 AK	13,6	1971	V10	320	15950	11300
F 162 AK	7,3	1971	V10	320	15950	8625

KAELBLE

Typ	T	SP	Z	PS	Hubr.	Gew.
K 625 L	6,5	1946	6	135	13253	6900
K 625 L	6,5	1948	6	130	13253	6900
K 410 K	3,5	1949	4	70	6462	4000
K 630 L	7	1949	6	150	14330	7000
K 610 K	5,5	1950	6	125	9693	6500
K 410 K	3,5	1950	4	80	6462	4200
K 631 L	8,3	1950	6	150	14330	7000
K 631 LF	8,3	1951	6	150	14330	7250
K 832	9	1951	V8	200	19100	7400
KDV 832	16	1952	V8	200	19100	8000
K 612	6,6	1953	6	120	9673	7200
K 680 L	8,2	1954	6	180	14330	7800
K 415	3,5	1955	4	95	7063	4600
K 645 K	8	1955	6	145	10594	7000
K 645 LF	8,2	1955	6	145	10594	6800
KDV 833 E	22	1957	V8	240	19100	10700
KDV 836 E	30	1957	V8	300	19100	15600
K 650	5,8	1957	6	150	8102	6200
K 650 LF	6,4	1957	6	150	8102	5600
KDV 12 E6	12,4	1958	6	192	8102	11600
KDV 836 E	30	1959	V8	300	19100	21500
KDV 650 E	11,8	1959	6	150	8102	12200
K 652 LF	9	1960	6	192	8102	700
DKV 32 E 8 T	32	1960	V8	270	19100	21500
MD 140 a		1960	V8	250/340	18470	
KV 21 E 6 T	27	1961	6	270	11945	12800
KDV 12 E 6	12	1961	6	150	8102	12200
K 20 E	20	1962	6	180	11945	15000
KV 24 E	24	1962	V8	240	19100	18200
KV 27 E	27	1962	6	280	11945	21400
KDV 22 E	22	1962	V8	240	19100	17600
KDV 24 E	24	1962	6	280	11945	18000
KDV 32 E	32	1962	V8	300	19100	24300
KA E 6	17	1965	6	195	11945	14200
KDV 24 S	22	1966	V8	300	19100	13000
K 20	19	1968	6	205	11945	14600
KVW 34	34	1968	V8	425	18472	25600
KV 25	25	1970	6	280	11945	20000
KV 34	34	1970	V8	325	18472	25000
K 20 B	20	1970	6	240	11580	15000
KV 25 B	27	1970	V10	320	11950	21000
KVW 35	35	1970	6	450	19860	29000
KVW 35	35	1970	V12	435	13960	29000

KRUPP

Typ	T	SP	Z	PS	Hubr.	Gew.
L 45	4,5	1946	6	110	7844	4700
LG 45	4,5	1946	6	75	7844	5150

Typ	T	SP	Z	PS	Hubr.	Gew.
L 50	5,1	1949	6	110	7844	4900
LG 50	5,1	1949	6	75	7844	5100
L 50	5	1949	3	90	4080	5110
LD 50	6	1950	4	125	5440	5500
Titan	11	1950	2x3	190	8724	8000
Titan	11	1951	2x3	210	8724	8200
Cyklop	13	1951	2x3	210	8724	11000
Mustang L 60	6,5	1951	4	145	5816	6000
Büffel L 50	5,5	1951	3	110	4362	5150
Titan Super	8	1953	2x3	210	8724	8000
Drache AL 80	6,7	1953	4	145	5816	8300
Gigant AM 180	25	1954	2x3	210	8724	14000
Drache AL/AK 8	6,7	1955	4	145	5816	8800
Drache AL/AK 6	6,3	1955	3	110	4362	5700
Tiger	8,3	1955	5	185	7270	7700
Tiger L 8	8,4	1955	5	185	7270	7600
Mustang L 8 M 4	8	1955	4	150	5816	7000
Mustang L 8 F 4	8,2	1955	4	150	5816	7000
Büffel L 6 B 3	6,1	1955	3	110	4362	5900
Widder L 5 W 3	5	1955	3	110	4362	4300
Büffel L 7 B 3	7,1	1956	3	120	4362	5800
Elch L 5,5 E 3	5,5	1956	3	110	4362	4450
Mustang L 80 M 4	8,6	1957	4	160	5816	6800
Widder L 60 W 3	6	1957	3	115	4362	4660
Elch L 70 E 3	6,5	1957	3	125	4362	5445
Drache AL/AK 6	6,3	1957	3	120	4362	5700
Büffel L 70 BF 4	6,2	1957	4	160	5816	5740
Büffel L 70 B 4	7	1957	4	160	5816	4950
Genf L 75 G 5	8	1957	5	200	7270	7350
Mustang L 90 M 4	8,5	1959	4	168	5816	6930
Elch L 70 E 3	6,5	1959	3	126	4362	5445
Tiger L 100 Tg 5	8,2	1959	5	185	7270	7830
Widder L 60 W 3	6,1	1959	3	126	4362	4700
L 401	5	1959	4	110	3251	3880
L 501	6,1	1959	4	120	3251	4000
L 601	6,6	1959	4	120	3251	4025
AK 701	6,9	1959	4	145	4752	5025
L 701	6,9	1960	4	150	4752	5075
801	8,4	1960	4	168	5816	5800
LF 901	8,5	1960	5	200	7270	7150
SF 901	6,6	1960	5	200	7270	6050
L 100 Tg 5	8,2	1960	5	200	7270	8370
L 801	8,5	1961	4	175	5816	5700
L 60 W 3	6,9	1962	3	126	4362	4790
K 701	7,1	1962	4	150	4752	6400
S 801	9,3	1962	4	180	5816	4930
F 941	10,9	1962	4	150	4752	5050
K 1051	11,4	1962	4	175	5816	7600
MK 15 C 5	15	1962	5	200	7270	13400
AK 701	7,4	1963	4	156	4752	6400

Typ	T	SP	Z	PS	Hubr.	Gew.
Mustang L 801	8,8	1963	4	186	5816	6320
Mustang LF 801	8,9	1963	4	186	8516	6290
KF 301	12,8	1963	4	156	4752	9120
KF 941	9,4	1963	4	156	4752	6600
K 960/4800	8,7	1963	V6	200	9640	7250
LF 960/4800	9,3	1963	V6	200	9640	6700
MK 17	17	1963	5	200	7270	13800
MK 30-280	30	1963	7	280	10174	22500
MK 30-430	29	1963	V8	430	15570	23000
AK 760	8	1964	V6	186	9640	6580
L 801 Mustang	8,8	1964	4	186	5816	6320
LF 806	8,8	1965	V6	186	9640	6340
LF 960	9,1	1965	V6	210	9640	6900
LF 1060	12,6	1965	V6	210	9640	6340
AK 1060	8,3	1965	V6	200	9640	7680
LF 1080	12,5	1965	V8	250	12850	6540
AK 864	8,2	1966	V6	186	9640	6780
K 960	8,7	1966	V6	210	9640	7260
LF 980	8,8	1966	V8	250	12850	7160
AK 360	12	1966	V6	210	9640	9730
LF 380	22	1966	V8	250	12850	13180
MK 17	30	1966	5	200	7270	17000
MK 27	47	1966	7	280	10170	27000
LF 980	8,8	1967	V8	265	12850	7160
K 980	8,4	1967	V8	265	12850	7580
LF 1080	12,5	1967	V8	265	12850	6540
AK 1080	7,8	1967	V8	265	12850	8150
F 306	14,8	1967	V6	186	9640	7130

MAGIRUS – IVECO

Typ	T	SP	Z	PS	Hubr.	Gew.
S 3000	3	1939	4	70	4942	3450
S 3000	3	1948	4	75	5322	3560
S 3500	3,5	1949	4	85	5322	3700
S 3500 Sirius	3,5	1951	4	90	5322	3700
S 6500	6,5	1951	V8	175	10644	5950
A 3500	3,5	1953	4	90	5322	4100
A 12000	12	1955	V8	170	10644	9000
Mercur 6 A	4,5	1956	V6	125	7983	4100
Saturn S 5500	5,8	1956	V6	125	7983	4600
Mercur S 4500	4,5	1957	4	90	5322	4200
Saturn 145	7,1	1958	V6	145	9500	4850
Saturn 145 AK	6,2	1958	V6	145	9500	5800
Sirius 90 L	3,5	1959	6	90	5100	3350
Mercur 120	4,5	1959	V6	120	7412	4200
Saturn 145 F	7	1959	V6	145	9500	5000
Jupiter 150	9,5	1959	V6	150	9500	9000
Jupiter 6x6	7	1960	V8	178	12667	7450
Jupiter 195	9,5	1960	V8	195	12667	6650
Saturn 195 F	7	1960	V8	195	12667	5000

Typ	T	SP	Z	PS	Hubr.	Gew.
Saturn 150 L	7,7	1961	V6	150	9500	5250
Sirius K	3,5	1962	4	85	5322	3950
Mercur K	4,8	1962	4	85	5322	4250
Saturn 200 FS	11,5	1962	V8	200	12667	6500
Saturn 150 AK	6,9	1962	V6	150	9500	6050
Pluto 200 FL	9,3	1962	V8	200	12667	6650
Mercur 120 L	4,7	1962	V6	150	7412	4150
195 D 22 AK	12,3	1964	V8	195	12667	9150
200 D 20 FS	10	1964	V8	200	12667	6600
200 D 16 K	8,9	1964	V8	200	12667	7100
200 D 16 FL	9,3	1964	V8	200	12667	6650
235 D 22 FL	13	1964	V10	235	15833	9000
90 D 7 FL	4	1965	6	90	5100	3450
126 D 11 FS	6,7	1965	V6	126	7412	4225
135 D 10 FL	5,5	1965	V6	135	7478	4500
150 D 13 FS	8,1	1965	V6	150	9500	4855
180 D 12 FL	5	1965	V8	180	9972	7000
210 D 16 FS	8,7	1965	V8	210	12667	7300
100 D 7 FL	3,8	1966	6	100	5100	3625
126 D 11 K	6,3	1966	V6	126	7412	4850
150 D 14 K	8,1	1966	6	150	8730	5900
150 D 21 AK	11,6	1966	6	150	8730	8900
M 210 D 22 FS	14,5	1967	V8	230	12667	7355
M 210 D 16 FS	16	1967	V8	230	12667	9700
M 250 D 22 FL	12,7	1967	V10	250	14596	9250
M 250 D 22 FS	14,5	1967	V10	250	14569	7550
M 75 D 6 FL	3,4	1968	4	75	3770	2515
M 110 D 7 FL	3,9	1968	V6	110	5655	3330
M 110 D 9 FL	5,2	1968	V6	110	5655	3790
M 110 D 11 FL	6,6	1968	V6	135	7478	4400
M 125 D 12 FL	7,5	1968	V6	135	7478	4500
M 135 D 12 K	7	1968	V6	135	7478	4950
M 230 D 16 AK	8,2	1968	V8	230	12667	7750
M 230 D 22 AK	12,5	1968	V8	230	12667	9450
M 230 D 26 AK	14,6	1968	V8	230	12667	11350
M 250 D 22 FK	12,7	1968	V10	250	14569	9300
M 80 D 6 FL	3,4	1969	4	80	3770	3550
M 80 D 7 FL	4,6	1969	4	80	3770	2880
M 80 D 8 FL	5,1	1969	4	80	3770	2880
M 120 D 11 FL	6,1	1969	6	120	5655	4440
M 290 D 22 FL	12,9	1969	V10	290	14130	9050
M 120 D 12 AK	6,7	1970	V6	120	5655	5250
M 135 D 12 AK	6,6	1970	V6	135	565	5400
M 170 D 11 FL	6,3	1970	V6	170	8482	4850
M 170 D 16 FL	9,6	1970	V6	170	8482	6400
M 170 D 12 AK	6,5	1970	V6	170	8482	5435
M 170 D 21 K	14	1970	V6	170	8482	9450
M 230 D 16 FL	9,1	1970	V8	230	11310	6900
M 230 D 16 AK	8,2	1970	V8	230	11310	7750
M 230 D 26 AK	14,6	1970	V8	230	11310	11350

Typ	T	SP	Z	PS	Hubr.	Gew.
M 310 D 16 K	8,2	1972	V10	305	14702	7750
M 310 D 22 AK	6,6	1972	V10	305	14702	5700
M 340 D 16 FLL	8,5	1972	V12	340	16965	7450
130 D 9 FL	4,5	1973	6	130	6128	4430
130 D 11 FL	6,1	1973	6	130	6128	4900
130 D 12 AK	6,7	1973	6	130	6128	5560
130 D 14 FL	8,9	1973	6	130	6128	5050
160 D 11 FL	5,7	1973	6	160	6128	5450
160 D 12 AK	6,4	1973	6	160	6128	6200
170 D 14 FL	8,5	1973	V6	176	8482	5500
170 D 12 AK	6,1	1973	V6	176	8482	6500
232 D 13 FL	7,1	1973	V8	232	11310	5850
232 D 26 AK	15,2	1973	V8	232	11310	10800
270 D 16 FL	8,3	1973	V10	270	14702	7680
310 D 26 AK	13	1973	V10	305	14702	11600
340 D 16 FL	14,4	1973	V12	340	16965	8965
130 D 14 FL	8,7	1974	6	130	6128	5220
130 D 16 FL	10	1974	6	130	6128	5750
130 D 15 K	8,7	1974	6	130	6128	6222
160 D 16 FL	10	1974	6	160	6128	5880
160 D 15 K	8,5	1974	6	160	6128	6490
170 D 15 K	8,3	1974	V6	176	8482	6700
270 D 15 K	8	1974	V8	232	11310	7950
310 D 22 FL	13,8	1974	V10	305	14702	8200
170 D 12 AK	6,4	1975	V6	176	8482	6200
232 D 13 FL	7,1	1975	V8	232	11310	5860
232 D 15 AK	8	1975	V8	232	11310	6820
90 M 6 FL	3,5	1976	4	87	4086	3120
90 M 7 FL	4,3	1976	4	87	4086	3190
170 D 11 FL	6,1	1976	V6	176	8482	5100
170 D 16 FL	9,7	1976	V6	176	8482	6220
232 D 26 K	15,6	1977	V8	232	11310	10310
270 D 22 FL	8,7	1977	V10	270	14702	7240
310 D 22 FL	13,4	1977	V10	120 x 130	2650	L, 6x4
310 D 16 K	8,2	1977	V10	305	14702	7760
310 D 26 K	15,4	1977	V10	305	14702	10560
256 ; 22 FL	14	1978	V8	256	12763	8000
256 D 16 K	8,3	1978	V8	256	12763	7610
256 D 26 K	15,6	1978	V8	256	12763	10380
310 D 16 K	8,2	1978	V10	305	14702	7760
168 M 12 FL	5	1980	6	168	6128	6200
130 M 8 FL	3,8	1981	6	130	6128	3675
256 M 19 K	8,3	1981	V8	256	12763	7976
290 M 19 FL	8	1981	V8	290	12763	7920
80 – 13	3,6	1982	6	130	6128	3800
90 – 13	5,4	1982	6	130	6128	3800
110 – 13	6,4	1982	6	130	6128	4520
110 – 16	6,2	1982	6	160	6128	4755
130 – 13	8,4	1982	6	130	6128	4590
130 – 16	8,1	1982	6	160	6128	4825

Typ	T	SP	Z	PS	Hubr.	Gew.
80 – 16 AT	3,6	1983	6	160	6128	3860
90 – 13 AT	5,5	1983	6	130	6128	3860
110 – 13 AT	6,6	1983	6	130	6128	4400
130 – 13 AT	8,4	1983	6	130	6128	4500
150 – 18 AH	8,2	1983	V6	175	8402	6730
150 – 23 AH	8,1	1983	V8	232	11310	6820
190 – 32 AH	7,6	1983	V10	320	15953	8340
260 – 32 AH	10	1983	V10	320	15953	11110
180 – 24	8,4	1984	6	240	9570	7540
190 – 33	7,7	1984	6	330	13798	8280
80 – 16 A	4,2	1985	6	160	6128	3370
95 – 14	5,8	1985	6	134	5499	3570
109 – 14	7	1985	6	134	5499	3810
110 – 16 AT	6,6	1985	6	160	6128	4360
115 – 17	8,2	1985	6	170	5499	3800
120 – 16 ANW	6,5	1985	6	160	6128	6040
130 – 16 AT	8,5	1985	6	160	6128	4610
135 – 17 R	8,3	1985	6	170	5499	5030
150 – 16 AN	9	1985	6	160	6128	6490
159 – 17	11	1985	6	170	5499	4995
120 – 13 ANW	12,6	1987	6	130	6128	5880
135 – 17 T	13,3	1987	6	177	5861	4990
145 – 17 T	14,5	1987	6	177	5861	4300
175 – 17 T	17	1987	6	177	5861	5050
175 – 24 T	17	1987	6	239	9500	5550
190 – 26 T	17	1987	6	267	9500	6450
260 – 30 AHWT	24	1987	V8	306	12763	11375
340 – 34 AH	17	1988	6	340	13798	15100
170 – 25 AHW	8,6	1988	6	264	9570	7200
170 – 34 AHW	17	1988	6	340	13798	8090
260 – 34 AHW	12,6	1988	6	340	13798	11400
330 – 36 HW	11,9	1988	6	360	13798	12100
190 – 32	9,1	1988	V8	318	9570	7900
170 – 23 AH	10,9	1989	V8	237	13382	6140
180 – 23 AH	10,2	1991	V8	237	13382	7800
190 – 32 Turbo Tech	11,2	1990	R6	318	95000	6800
Iveco Trakker	25	2004	R6	480	12880	12800

MAN

Typ	T	SP	Z	PS	Hubr.	Gew.
ML 4500	4,5	1941	6	110	7983	5550
MK	4,5	1946	6	120	7983	5250
MK 25	5	1950	6	120	7983	5600
MK 26	6,5	1950	6	130	8725	5800
F 8	8,3	1951	V8	180	11633	7700
735	7	1956	6	135	8276	5900
745 L 1	7	1956	6	145	8276	6600
745 L 2	7	1956	6	155	8276	6600
845 L	8	1956	6	145	8276	7000
620 L 1 F	6,6	1957	6	120	8276	5365

Typ	T	SP	Z	PS	Hubr.	Gew.
750 L 1 F	6,6	1957	6	145	8276	5300
415 L	4,7	1957	6	115	5891	4300
415 L 1 F	4,5	1957	6	115	5891	4500
520 L	5,5	1957	6	120	5891	4300
860 L	8,2	1957	6	160	8725	6800
635 L 1	6,6	1960	6	135	7030	4400
770 L 1	6,6	1960	6	172	9654	5400
770 L 1 F	7,2	1960	6	172	9654	6900
1070 L 1 FED	11,2	1961	6	172	9654	6600
10210 TL 1	9	1961	6	210	9654	7000
770 H	8,5	1962	6	172	9654	5500
770 F	8,2	1962	6	172	9654	5760
1070 HK	9	1962	6	172	9654	7000
650 H	7,2	1963	6	150	7030	4615
650 F	7,1	1963	6	150	7030	4835
735 HK	8,1	1963	6	135	7030	5900
5.126 F	3,7	1967	6	126	5275	3725
6.115 H	4,9	1967	6	115	5891	4055
6.126 F	5,2	1967	6	126	5891	3730
7.126 H	6,8	1967	6	126	5891	4140
7.127 F	6,7	1967	6	126	5275	4255
7.135 H	7	1967	6	135	7030	4400
8.126 F	7,8	1967	6	126	5275	4520
8.156 H	7,2	1967	6	156	7030	4750
13.230 H	8,9	1968	6	230	10689	7010
13.230 F	8,5	1968	6	230	10689	7415
13.275 F	7,9	1968	V8	275	14952	8090
16.230 FN	13,5	1968	6	230	10689	8450
16.275 FN	13	1968	V8	275	14952	8930
19.230 DF	12,8	1968	6	230	10689	9150
13.256 F	8,5	1969	6	256	10344	8610
9.186 FS/G	9	1970	6	186	9659	5850
22.230 DH	18	1970	6	230	10689	12200
22.256 DH	18	1970	6	256	10344	12200
5.136 F	3,7	1971	6	136	5488	3740
6.136 H	5,2	1971	6	136	5488	3460
7.136 F	5,2	1971	6	136	5488	3760
7.136 H	6,5	1971	6	136	5488	4465
8.136 F	7,9	1971	6	136	5488	4390
8.168 H	7,7	1971	6	160	7252	5235
8.168 F/K	6,3	1971	6	160	7252	5550
9.136 H	8	1971	6	136	5488	4985
9.168 H	8,4	1971	6	168	7252	5950
9.168 F	8,8	1971	6	168	7252	6200
9.192 H	8,4	1971	6	192	10340	6120
12.136 F	7,9	1972	6	136	5488	4390
13.168 H	7,7	1972	6	168	7252	5235
13.168 F	7,9	1972	6	168	7252	5595
15.168 H	8,4	1972	6	168	7252	5950
15.168 F/Gr	8,8	1972	6	168	7252	6200

Typ	T	SP	Z	PS	Hubr.	Gew.
15.192 H	8,4	1972	6	192	10340	6120
15.192 F/Gr	8,5	1972	6	192	10340	6465
15.216 H	8,8	1972	6	216	10340	6170
13.192 U	7	1973	5	192	9650	5840
15.192 U	8,4	1973	5	192	9650	6075
15.200 H	8,8	1973	6	200	11045	6195
15.200 F	8,3	1973	6	200	11045	6655
15-240 H	8,8	1973	6	240	11045	6195
15.240 F	8,3	1973	6	240	11045	6655
16.168 H	9,2	1973	6	168	7252	6710
16.200 H	8,5	1973	6	200	11045	7300
16.200 F	9,5	1973	6	200	11045	6600
13.168 H	8,2	1975	5	168	9199	5260
16.168 F	7,7	1975	5	168	9199	5730
13.192 F	7,5	1975	5	192	9199	5955
16.168 F	9,6	1975	5	168	9199	6365
16.256 HA	11	1975	V8	256	12756	8500
16.256 F	9,1	1975	V8	256	12756	7475
30.320 DH	18	1975	V8	320	12756	11420
15.240 H	8,9	1977	6	240	11413	6090
15.240 F	8,7	1977	6	240	11413	6250
16.168 F	9,7	1977	5	168	9511	6230
16.192 F	9,5	1977	5	192	9511	6470
16.240 F	9,4	1977	6	240	11413	6570
16.240 F	9,2	1977	6	240	11413	6790
19.240 U	8,4	1977	6	240	12310	7520
19.280 F	8,6	1977	6	280	11413	7400
16.240 HK	9	1977	6	240	11413	6920
19.280 HK	7,6	1977	6	280	11413	7640
N 4510 4x4	5	1977	V8	256	12763	9460
N 4520 6x6	7	1977	V8	320	12763	11580
N 4530 6x6	7	1977	V8	320	12763	11800
N 4540 8x8	10	1977	V8	320	12763	14200
22.192 FNL	14,1	1978	5	192	9511	7860
13.168 H	7,6	1979	5	168	9511	5360
13.168 F	7,1	1979	5	168	9511	5860
14.192 F	8	1979	5	192	9511	5980
14.192 U	8	1979	5	192	9511	5930
19.241 U	8,3	1980	6	240	11413	7630
19.281 F	8,5	1980	6	280	11413	7440
19.231 F	8,3	1980	6	230	11413	7630
19.231 U	8,3	1980	6	320	11413	7700
22.241 UNL	13	1980	6	240	12316	9000
26.281 DF	13,5	1980	6	280	11413	8480
26.321 DF	13,4	1980	6	320	11413	8520
19.321 F	8,4	1981	6	320	11413	7250
19.321 U	8,2	1981	6	320	11413	7460
19.281 H	9,9	1982	6	280	11413	6060
12.136 F	6,6	1983	6	136	5687	5200
12.170 F	6,5	1983	6	170	5687	5225
12.192 F	6,4	1983	6	192	5687	5355
14.136 F	8,6	1983	6	136	5687	5390
14.168 F	7,8	1983	6	170	5687	6170
14.170	8,5	1983	6	170	5687	5430
14.192 FL	8,2	1985	6	192	5687	5790
14.220 FL	7,4	1985	6	220	11413	6505
19.332 F	12	1987	6	330	11967	6435
19.362 F	12	1987	6	360	11967	6435
19.361 FA	12	1987	6	360	11967	7000
19.362 F	10	1987	6	360	11967	9070
24.192 FVL	13	1987	5	192	9511	6915
24.220 FNL	13	1987	6	220	11413	7060
24.240 FNL	13	1987	6	240	11413	8160
24.291 FNL	13	1987	6	290	11967	7500
24.292 FNL	13	1987	6	290	11967	7670
24.331 FNL	13	1987	6	330	11967	7510
24.332 FNL	13	1987	6	330	11967	7565
24.361 FNL	13	1987	6	330	11967	8750
26.291 DF	15	1987	6	290	11967	7710
26.281 DHA	15	1987	6	280	11413	8240
26.331 DF	15	1987	6	330	11967	9310
26.321 DH	15	1987	6	320	11413	7550
26.365 DF	15	1987	V10	365	18270	8700
32.340 DF	20	1987	6	240	11413	8105
32.281 DH	20	1987	6	280	11413	7808
32.361 DF	20	1987	6	360	11967	8075
8.103 F	4,5	1994	R4	100	4580	3000
9.223 F	6	1994	R4	150	4580	3000
12.163	7,5	1996	R4	160	4580	5000
18.264	13	1996	R6	260	6871	5000
8.114	4	2000	R4	113	4580	3500
10.224	6,5	2000	R6	220	6871	3500
TG – A 31	11	2000	R6	310	11967	7000
TG – A 510	11	2000	R6	510	12816	7000

MAN-VW

Typ	T	SP	Z	PS	Hubr.	Gew.
9.90 F	2,7	1979	4	90	3791	3210
8.90 F	4,1	1979	4	90	1791	3333
8.136 F	4	1979	6	136	5687	3430
9.136 F	5,5	1979	6	136	5687	3490
10.136 F	6,4	1979	6	136	5687	3600
6.100	2,9	1987	4	102	6871	3600
8.100	4,3	1987	4	102	6871	3700
8.150	4,1	1987	6	150	6871	3900
9.150	4,3	1987	6	150	6871	4000
10.150	5,8	1987	6	150	6871	4200

OPEL

Typ	T	SP	Z	PS	Hubr.	Gew.
Blitz 1,5	1,5	1946	6	55	2473	1525
Blitz 3	3,3	1950	6	68	3630	2550
Blitz 3,2	3,2	1950	6	64	3417	2500
Blitz 1,75	1,7	1952	6	58	2473	1720
Blitz 1,75 – 2	2	1955	6	62	2473	1720
Blitz 1,75	1,7	1959	6	62	2603	1735
Blitz 1,9	1,9	1959	6	62	2603	1950
Blitz 1,9	1,9	1960	6	70	2603	1815
Blitz 2,1	2,1	1964	6	70	2603	1865
Blitz 1,8	1,8	1965	4	70	1895	1710
Blitz 1,9	1,9	1965	4	70	1895	1880
Blitz 2,1	2,1	1966	6	80	2461	1830
300 – 6	2,2	1967	6	80	2461	1750
300 – 6	2	1967	6	80	2461	1935
Blitz 1,7	1,7	1968	4	70	1895	1850
Blitz 2,1	2,1	1968	4	60	2112	1950
Blitz 2,4	2,4	1968	6	80	2461	1925
Blitz 2,4	2,4	1970	4	60	2112	1985

VOLKSWAGEN

Typ	T	SP	Z	PS	Hubr.	Gew.
LT 35	1,8	1976	4	75	1984	1700
LT 35 D	1,8	1976	4	65	2710	1840
LT 35 D	1,8	1979	6	75	86,4	4300
LT 40	2	1979	4	75	1984	1915
LT 40 D	2	1979	6	75	2384	2015
LT 45	2,6	1979	4	75	1984	1915
LT 45 D	2,5	1979	6	75	2384	2015
LT 35	1,7	1983	6	90	2384	1795
LT 40	2	1983	6	90	2384	1995
LT 40	1,6	1983	6	90	2384	2260
LT 40 D	1,6	1983	6	75	2384	2320
LT 40 TD	1,9	1983	6	102	2384	2650
LT 40 TD	1,6	1983	6	102	2384	2330
LT 45 TD	2,5	1983	6	102	2384	2065
LT 50 D	2,8	1983	6	75	2384	2155
LT 50 TD	2,5	1983	6	102	2384	2470
LT 55 D	3,4	1987	6	75	2384	2155
LT 55 TD	3,1	1987	6	102	2384	2470
LT 45	2	1987	6	90	2384	2370
LT 45 D	2	1987	6	75	2384	2370
LT 45 TD	2	1987	6	102	2384	2440

NUTZFAHRZEUGE – DDR

Fahrzeuge aus Zwickau

Typ	T	SP	Z	PS	Hubr.	Gew.
Horch H 3	3	1947	6	100	4198	3300
Horch Z 3	2	1952	4	80	6024	4550
Horch H 3 S	3,5	1956	4	80	6024	3500
Sachsenring S 4000	4	1958	4	80	6024	3970
Sachsenring S 4000 T	2,8	1958	4	80	6024	5180

Fahrzeuge aus Werdau

Typ	T	SP	Z	PS	Hubr.	Gew.
IFA H 6	6,5	1952	6	120	9036	6650
IFA S 6 D	5	1955	6	120	9036	5400
IFA S 6 Tank	6,1	1958	6	150	9840	5860
IFA G 5	5,1	1952	6	120	9036	8400
IFA S 4000-1	4	1960	4	90	6024	3870
IFA S 4-1 S	6	1961	4	90	6024	4000

Fahrzeuge aus Ludwigsfelde

Typ	T	SP	Z	PS	Hubr.	Gew.
IFA W 50 L	5,3	1965	4	110	6560	4400
IFA W 50 LA	4,7	1967	4	125	6560	5375
IFA L 60 1218 4x2	7	1987	6	180	9160	5500

Fahrzeuge aus Frankenberg/Hainichen

Typ	T	SP	Z	PS	Hubr.	Gew.
Framo V 501/2	0,75	1949	2	17	496	790
Framo V 901	0,75	1951	3	24	900	950
Framo V 901/22	0,8	1954	3	24	900	950
Framo/Barkas V 901/2	0,8	1956	3	28	900	950
Barkas B 1000	1	1961	3	28	900	1200
Barkas B 1000	1	1965	3	42	991	1240
Barkas B 1000-1	1	1990	4	58	1272	1275

Fahrzeuge aus Zittau

Typ	T	SP	Z	PS	Hubr.	Gew.
Phänomen Granit 27	2	1950	4	50	2678	2070
Phänomen Granit 27 A	1	1952	4	50	2678	2800
Phänomen Granit 27 D/Zg	1	1952	4	50	2678	2600
Phänomen Granit 32	2	1953	4	52	3181	2390
Robur LO 1800 A	1,8	1960	4	70	3346	3200
Robur LD 2500 A	2,5	1963	4	70	3927	2875
Robur LO 1801 A	1,8	1967	4	70	3346	3450
Robur LO 2002 A	2,1	1973	4	75	3346	3350
Robur LD 2002 A	2,3	1981	4	68	3927	3150
Robur LD 2202 A	2,4	1984	4	68	3927	3050
Robur LO 3000/3000 A	2,9	1979	4	68	2927	2900
Robur LO 3001/3001 A	3,1	1985	4	75	3346	2600
Robur LD 3004	2,9	1991	4	73	4086	2810
Robur LD 2004	2,5	1991	4	73	4086	3000

Fahrzeuge aus Waltershausen

Typ	T	SP	Z	PS	Hubr.	Gew.
Multicar M 21	2	1960	1	6,5	653	930
Multicar M 22	2	1964	2	13	800	985
Multicar M 24-0	2,2	1977	4	45	1996	1320
Multicar M 25	2,2	1978	4	45	1996	1580
Multicar M 25 L	1,8	1983	4	45	1996	1700
Multicar M 25.1 A	2,2	1985	4	46	2238	1600

INHALT

Bildnachweis:

Baxter, C.; Bleichmann, Richard; Dircksen, Michael; Dorfer, Thomas; Foebel, A.; Franzel, Andreas; Hansen, Harald; Jollyroger, Utente; Kabel, Matthias; Kletz, Florian; Konopka, Volka; Kühn, Stefan; Kunzmann, Stefan; Lindgreen Lars-Göran; Meyer, Andreas; Oesker, Ralph; Paupka, Rainer; Schäffer, Florian; Schmalfuß, Marion; Schmenger, Peter; Schnitzler, Norbert; Sebulke Matthias; Sendelbach, Hendrik; Späth, Christian; Storbeck, Sven; Stricker, Rudolf; Tauber, Kurt; Tombers, Sven

Unser ganz besonderer Dank gilt Herrn Olaf Nordsiek, der uns sein umfangreiches Archiv großzügig zur Verfügung gestellt hat. Da einige Vorlagen nicht eindeutig zugeordnet werden können, werden berechtigte Honoraransprüche selbstverständlich abgegolten.

Herstellung und Organisation: Dr. Christian Zentner, München
Text: Wolfgang H. Gebhardt, Sebastian Krass
Lektorat: Daniela Kronseder
Umschlaggestaltung: Paul Zentner
Layout: Petra Obermeier, München

Lieferbare Titel aus dem Otus Verlag: **www.otus.ch**

ISBN 978-3-907200-54-4